Binner · Umfassende Unternehmensqualität

Springer

Berlin
Heidelberg
New York
Barcelona
Budapest
Hongkong
London
Mailand
Paris
Santa Clara
Singapur
Tokio

Hartmut F. Binner

Umfassende Unternehmensqualität

Ein Leitfaden zum Qualitätsmanagement

Mit 51 Abbildungen und 57 Tabellen

Springer

Hartmut F. Binner
Fachhochschule Hannover
Fachbereich Maschinenbau
Ricklinger Stadtweg 120
30459 Hannover

ISBN-13: 978-3-642-64632-4   e-ISBN-13: 978-3-642-60965-7
DOI: 10.1007/978-3-642-60965-7

Die Deutsche Bibliothek – Cip-Einheitsaufnahme
Binner, Hartmut F. : Umfassende Unternehmensqualität:
Ein Leitfaden zum Qualitätsmanagement; mit 57 Tabellen / Hartmut F. Binner. –
Berlin ; Heidelberg ; New York ; Barcelona ; Budapest ; Hongkong ; London ;
Mailand ; Paris ; Santa Clara ; Singapur ; Tokio : Springer, 1996
    ISBN-13: 978-3-642-64632-4

Satz: Datenkonvertierung durch M. Schillinger-Dietrich
SPIN: 10496261   68/3020 - 5 4 3 2 1 0 - Gedruckt auf säurefreiem Papier

Vorwort

Qualität ist ein Erfolgsfaktor, mit dem sich die Wettbewerbsfähigkeit des Unternehmens am Markt wesentlich verbessern läßt.

Zwischen der Qualität des erzeugten Produktes (für den Markt) und der Qualität des installierten Qualitätsmanagement-Systems (im Unternehmen) muß unterschieden werden. Nicht zwangsläufig führt die Zertifizierung von unternehmensspezifischen Qualitätsmanagement-Systemen zu einer Qualitätsverbesserung der Produkte und Dienstleistungen.

Ein durchgängig strukturierter Organisations- und Führungsansatz ist nötig, um diese Wechselbeziehung im Sinne einer umfassenden Unternehmensqualität unlösbar miteinander zu verknüpfen. Dieses General-Management-System muß kundenorientiert, mitarbeiterorientiert und prozeßorientiert aufgebaut sein [Anwendung der General-Management-Strategie, Binner 93].

Erst wenn das Ziel *umfassende Qualität* über diese Strategie von allen Beteiligten im Unternehmen verinnerlicht ist, werden kontinuierliche Verbesserungsprozesse durch die Mitarbeiter auch in verbesserter Produkt- und Dienstleistungsqualität deutlich sichtbar. Hierbei soll dieser praktische Leitfaden eine Hilfestellung geben.

Hannover, im Frühjahr 1996   Hartmut F. Binner

Inhaltsverzeichnis

1 Wettbewerbsfaktor Qualität

1.1 Einleitung

Qualität ist zu beschreiben als die Erfüllung definierter oder vertraglich vereinbarter Forderungen. Damit muß der Unternehmer akzeptieren, daß steigende Anforderungen einen Zwang zur dauernden Verbesserung der Qualität in seinem
Hause verursachen. Die Erfüllung dieser steigenden Ansprüche permanent abzu-
sichern ist eine Herausforderung, der sich das Unternehmen zu stellen hat, will es
wirtschaftlich erfolgreich am Markt überleben.

Anforderungen an Qualitätssteigerungen resultieren aus mehreren parallelen
Entwicklungen:

- Eine zunehmende Komplexität der Produkte bei gleichzeitiger Verkürzung
  der Produktlebenszyklen erfordert kapitalintensive Produktionsmittel.
  Zusammen mit der sich verschärfenden Konkurrenzsituation am Markt
  entsteht ein erheblicher Kostendruck auf die Unternehmen.
- Kundenanforderungen nach spezifischen Produktvarianten können von den
  Unternehmen nur durch eine hohe Flexibilität bei der Produktherstellung
  erfüllt werden.
- Gesetzliche Anforderungen zwingen den Unternehmer zu einem Nachweis-
  bedarf zur Risikovorsorge.

Die europäischen Normen zum Qualitätsmanagement mit den darin enthaltenen Anforderungen an Qualitätsmanagement-Systeme sind vorbildlich. Die
Zertifizierung als Nachweis der Qualitätsfähigkeit von Qualitätsmanagement-Systemen erhält einen hohen Stellenwert bei der Auftragserteilung.

Hinzu kommen unternehmensinterne Anforderungen, die sich aus der Erfüllung spezifischer Unternehmensziele ableiten lassen. Auch die Einhaltung der
ständig steigenden Qualitätsanforderungen ist ein Unternehmensziel. Deshalb be-
kommt das Qualitätsmanagement erst innerhalb einer Gesamt-Management-
Strategie eine hohe Geltung.

Qualitätsmanagement ist eine Führungsaufgabe, in der folgende Komponenten abzudecken sind.

1. Definition eines umfassenden unternehmensspezifischen Qualitätsbegriffes,
   der Kundenzufriedenheit garantiert,

2. eine unternehmensspezifische Kultur und Philosophie, deren Grundsätze alle Forderungen des vorher formulierten, umfassenden Qualitätsbegriffes erfüllt,

3. Mobilisierung und Motivierung der Mitarbeiter, um die Führungsvorgaben in der Praxis und beim Umgang mit dem Kunden auch umzusetzen,

4. Partnerschaft mit Lieferanten auf der Basis von Offenheit und Kommunikation, bei gleichzeitiger Übertragung von Verantwortung an die Zulieferer,

5. Qualifizierung aller Beteiligten bezüglich der Kenntnis qualitätsrelevanter Zusammenhänge in allen Geschäfts- bzw. Aufgabenbereichen,

6. Einführung eines Qualitätsmanagement-Systems gemeinsam mit allen Beteiligten,

7. detaillierte Abbildung dieses Qualitätsmanagement-Systems innerhalb eines Qualitätsmanagement-Handbuches im Unternehmen,

8. Auditierung und Zertifizierung dieses Qualitätsmanagement-Systems,

9. Anwendung moderner präventiver Qualitäts-Methoden zur Fehlervermeidung und Fehlleistungsreduzierung,

10. Durchführung der Qualitätsprüfung als Kernfunktion des Qualitätsmanagements zur Nachweiserfüllung der Qualität,

11. Aufbau eines aktuellen und transparenten Qualitäts-Controlling innerhalb durchgängiger hierarchisch und vertikal vernetzter Qualitätsregelkreise im Unternehmen zur ständigen Qualitätsverbesserung.

Diese Reihenfolge entspricht auch in der Numerierung exakt dem Aufbau dieses Buches. Dabei muß verstanden werden, daß eine Erfüllung der Qualitätsanforderungen unter den derzeitigen Rahmenbedingungen nur möglich ist, wenn:

*   unter dem Stichwort *Kundenorientierung* die Wünsche und Vorstellungen der Kunden angemessen berücksichtigt werden,

*   die Führungsstruktur unter dem Stichwort *Mitarbeiterorientierung* so den Bedürfnissen der Mitarbeiter angepaßt wird, daß jeder Mitarbeiter Verantwortung für die Qualität übernimmt,

*   unter dem Stichwort *Prozeßorientierung* die Abläufe durchgängig und übergreifend so organisiert werden, daß eine optimale Anwendung der Methoden und Werkzeuge ohne organisatorische Barrieren oder funktionale Restriktionen möglich wird.

Durch die klare Strukturvorgabe wird dem Leser eine Hilfestellung gegeben, die Fülle der vorhandenen Informationen richtig einzuordnen.

1.2 Was ist Qualität und wie wird sie erreicht?

Bei der Diskussion um die Begriffsinhalte der Qualität treten häufig Probleme auf, weil in der Verbindung mit weiteren qualitätsbezogenen Begriffen wie Qualitätsmanagement, Qualitätsmanagement-System oder Nachweisführung die Unterschiede zwischen den Inhalten nicht sauber voneinander getrennt vorliegen. Klare Definitionen sind deshalb nötig.

Qualität:

Nach DIN 55350/ISO 8402 ist die Qualität in Analogie und zur European Organisation for Quality Control (EOQC) sowie der American Society for Quality Control (ASQC) folgendermaßen definiert:

> Qualität ist die Gesamtheit der Merkmale und Merkmalswerte eines Produktes oder einer Dienstleistung bezüglich ihrer Eignung, festgelegte und vorausgesetzte Erfordernisse zu erfüllen.

Die Forderungen an die Qualität leiten sich hierbei aus der *Funktion*, *Gebrauchs- und Sicherheitstauglichkeit* sowie der *Zuverlässigkeit* des hergestellten Produktes oder der erbrachten Dienstleistung ab. Zur Qualität der produktbezogenen Ergebnisse der betrieblichen Leistungserstellung kommen zusätzliche qualitätsrelevante Forderungen, die aus der Bereitstellung oder Nutzung dieses Produktes am Markt resultieren. Deshalb werden Dienstleistungsbegriffe wie *Termintreue*, *Lieferfähigkeit* oder *Serviceleistung* ebenfalls zu erfüllende Qualitätsmerkmale (Kapitel 1.4).

Das Qualitätsmanagement hat im Unternehmen die Aufgabe, die materielle oder immaterielle Produktqualität zu garantieren.

Nach DIN 55350 ist das Qualitätsmanagement die Gesamtheit der Tätigkeiten der Qualitätssicherung mit der Qualitätsplanung, der Qualitätslenkung und der Qualitätsprüfung. Implizit gehört dazu auch noch die Qualitäts-Förderung. Die Ausführung dieser Tätigkeit findet im Rahmen des im Unternehmen installierten Qualitätsmanagement-Systems statt.

Entsprechend der Begriffsnormung DIN EN ISO 8402 wird der bisher in Deutschland benutzte Oberbegriff *Qualitätssicherung* nun durch den Begriff *Qualitätsmanagement* ersetzt. Die Entwicklung der unterschiedlichen Begriffsinhalte in der Norm DIN 55350, ISO 8402 und ISO 9001 bis 9004 wird in Kapitel 5 ausführlich behandelt.

In diesem Buch wird *Qualitätsmanagement* normgerecht als übergeordneter Begriff verwendet, der alle Qualitätsmanagement-Aktivitäten in allen hierarchischen Ebenen, insbesondere unter Einbeziehung der Führungsaufgaben, umfaßt. *Qualitätssicherung* wird nur noch auf die Ausführung der operativen Qualitätsfunktionen – Qualitätsplanung, Qualitätslenkung, Qualitätsprüfung – bezogen.

Die Qualität von Qualitätsmanagement-Systemen ist über die Qualitätsmanagement-Darlegung (früher Nachweisführung) zu dokumentieren. Zu dieser Darlegung bestehen wiederum Forderungen, die als Qualitätsmanagement-Darlegungsforderungen (früher Nachweisforderungen) bezeichnet werden.

Es existiert somit neben der Qualitätsanforderung an die Produkte auch eine Qualitätsnachweisforderung an das Qualitätsmanagement-System. Die Produktqualität und die Qualität des Qualitätsmanagement-Systems sind deshalb begrifflich getrennt zu betrachten.

Das Qualitätsmanagement im Unternehmen hat die Aufgabe, Qualität produktbezogen bei der Entwicklung, Herstellung und Nutzung des Produktes sicherzustellen. Daraus ergibt sich die Qualitätsbetrachtung des Qualitätsmanagement-Systems selber. Diese Qualität des Qualitätsmanagement-Systems wird durch die Qualitätsmanagement-Darlegung (früher Qualitätsnachweisführung) bei allen im Unternehmen vorhandenen Qualitätsmanagement-Elementen (in Kapitel 5 und 6 beschrieben) abgesichert.

Die begriffliche Trennung der Qualität des Produktes und der Qualität des Qualitätsmanagement-Systems ist auch wichtig für die Unterscheidung von Qualitäts-Elementen und Qualitätsmanagement-Elementen. Qualitäts-Elemente sind Beiträge von Tätigkeits- oder Prozeßergebnissen zur Fertigstellung eines Produktes. Die Elemente des Qualitätsmanagements sind die Einheiten innerhalb eines Qualitätssicherung-Systems, die nötig sind, um tatsächlich qualitätsgerechte Produkte herzustellen.

Eigentlich sollte die Erfüllung der Qualitätsanforderungen am Produkt entscheidend von der Qualität des vorhandenen Qualitätsmanagement-Systems im Unternehmen abhängig sein. Wie Praxisanalysen zeigen, ist dies überraschenderweise nicht so. Bei Untersuchungen eines deutschen Großunternehmens mit über 2000 Zulieferern wurde festgestellt, daß die Qualität der Qualitätsmanagement-Systeme dieser Zulieferer mit der Qualität ihrer Produkte nicht zu vergleichen war.

Die Feststellung der Qualität des Qualitätsmanagement-Systems erfolgt heute fast ausschließlich über die Darlegung nach der DIN EN ISO 9001 bis 9003.

Leider reicht die in der DIN EN ISO 9001 bis 9003 beschriebene Darlegung bezüglich des Qualitätsmanagement-Systems nicht aus. *Die Qualität und ständige Wirksamkeit der installierten Qualitätsmanagement-Systeme nach dieser Norm sind eine erstrebenswerte, aber keineswegs eine ausreichende Bedingung für das Erreichen der erforderlichen Qualität der hergestellten Produkte oder Dienstleistungen.* Wie im folgenden Kapitel 1.3.2 ausgeführt, sind noch weitergehende systembezogene Maßnahmen erforderlich. Dies ist ein Grund dafür, daß heute häufig noch die Qualität der Produkte und die Qualität der Qualitätsmanagement-Systeme weitgehend unabhängig sind.

Die Einrichtung eines Qualitätsmanagement-Systems darf nicht zum Selbstzweck werden. Wenn es nur darum geht, über eine Formalisierung der Abläufe eine möglichst schnelle Zertifizierung zu erhalten, dann hat dieses Qualitätssystem sein eigentliches Ziel, nämlich die Verbesserung der Produktqualität mit dem Ziel der Konkurrenzfähigkeit und Kundenanbindung nicht erreicht.

Ein sehr bekanntes Zertifizierungsunternehmen in der Bundesrepublik hat dies mit den Worten auf den Punkt gebracht, daß es *bei der Zertifizierung nicht nur um den Nachweis der Erfüllung der genormten systembezogenen Forderungen* (insbesondere der noch in Kapitel 6 ausführlich betrachteteten DIN EN ISO 9000 bis 9004) *geht, sondern firmenbezogen um die Erfüllung aller internen und externen Forderungen.* Dazu gehört selbstverständlich auch die Erfüllung aller sicherheitstechnischen, rechtlichen, sozialen, arbeitsmedizinischen und hygienischen sowie regelwerksbezogenen Forderungen.

Den Kunden zufriedenstellende Qualität zu bieten ist der Wettbewerbsfaktor, nicht die Zertifizierung bzw. das Zertifikat.

1.3 Ausgangssituation im Unternehmen

Bei den Qualitätsanforderungen an die Unternehmen handelt es sich um Forderungen an die Qualität der Produkte, aber auch an die Qualität der Prozesse, Verfahren und Abläufe (Tafel 1.1). Hinzu kommen gesetzliche Anforderungen, wie z.B. durch das Produkthaftungsgesetz, Gewährleistungsrecht oder durch Arbeitsschutz-, Arbeitssicherheits- und Umweltschutzgesetze. Weitere Anforderungen ergeben sich aus Normen und sonstigen Regelwerken, Markt- und Kundenanforderungen sowie den internen Anforderungen des Unternehmens an die Wirtschaftlichkeit, Produktivität, Flexibilität und Prozeßqualität. Ohne umfassendes Qualitätsmanagement im Unternehmen sind diese Anforderungen nicht erfüllbar.

Weil die japanische Industrie in den letzten Jahren bedeutende Erfolge auf dem Markt durch die hohe Qualität ihrer Produkte erreicht hat, müssen die Konzepte der fernöstlichen Konkurrenz beachtet werden.

Tafel 1.1. Beispiele für Forderungen an die Qualität von Produkten und Prozessen

Externe Forderungen an das Unternehmen:

Forderungen aus Gesetzen und Richtlinien:

- Arbeitshygienebestimmungen
- Arbeitsmedizin
- Arbeitsschutzgesetze
- Arbeitssicherheitsgesetze
- Gewährleistungsrecht
- Nachweispflicht
- Normen und Regelwerke
- Produkthaftungsgesetz
- Umweltschutzgesetze
- Unfallverhütungsvorschriften

Markt- und Kundenforderungen:

- Dienstleistungen
- Flexibilität
- Gesundheitsverträglichkeit
- Kommunikation
- Lieferantenbewertung
- Qualitätsvereinbarungen
- Termintreue
- Zuliefererverantwortung
- Zusatznutzen

Interne Forderungen

Unternehmensbezogene Anforderungen an die Geschäftsprozesse:

- Effektive Ablauforganisation
- Einhaltung der Funktionsmaße
- Einhaltung der Instruktionen
- Einhaltung der Materialspezifikationen
- Einhaltung der Toleranzbereiche
- Einhaltung der Verfahrensanweisungen

- Modernster Stand der Technik
- Normenkonformität
- Qualitätskostenminimierung
- Risikobewertung
- Systematische Produktbeobachtung
- Systematische Schadensanalysen
- Wirksamkeit des Informationssystems
- Wirtschaftlichkeit

Die japanische Strategie geht davon aus, daß Qualität Kosten spart, eine hohe Qualität also auch besonders hohe Einsparungen bringt. Die Ursache dafür liegt in der Fehlervermeidung. Begangene Fehler bewirken Nacharbeit, Zeitverluste, Terminüberschreitungen, zusätzliche Ressourcenverschwendung und letztlich eine starke Unzufriedenheit beim Kunden. Deshalb besitzt die Fehlervermeidung einen hohen Stellenwert innerhalb der japanischen Qualitätsmanagement-Strategie.

Im Sinne einer kontinuierlichen Verbesserung sorgt jeder Mitarbeiter selbst dafür, daß er nur fehlerfreie Produkte an die nachfolgende Abteilung weiter gibt (Mitarbeiterorientierung, Kapitel 3). Die Bedeutung der kontinuierlichen Verbesserung für die Erfüllung der Qualitätsanforderungen liegt darin, daß Qualitätszielwerte nicht als gegeben hingenommen, sondern ständig optimiert werden.

Viele japanische Methoden, wie auch die ständige Optimierung der Qualitätsvorgaben, wurden nicht von den Japanern selbst entwickelt, sondern in den 30er und 40er Jahren von amerikanischen Qualitätsexperten vorgedacht und erst nach dem Ende des zweiten Weltkrieges in Japan konsequent umgesetzt. Aufgrund der gewaltigen Markterfolge mit dieser Strategie spricht man heute allerdings nur noch von japanischen Methoden. Diese beziehen sich nicht alleine auf das Qualitätsmanagement, sondern auch auf alle anderen Führungsbereiche und -prozesse. Beispielhaft sei die Lean-Production mit ihren flachen Hierarchiestufen genannt. Auch Just-in-time zur Verringerung der eigenen Materialbestände ist von europäischen Unternehmen nach japanischem Vorbild übernommen worden. Fach- und abteilungsübergreifende Teamarbeit zur Erledigung der projektorientierten Auftragsabwicklung besitzt innerhalb der genannten Strategien einen hohen Stellenwert. Diese Ansätze sind innerhalb einer modernen Qualitätsstrategie mit zu berücksichtigen. Die Kenntnis der japanischen Methoden und ihr Einsatz unter europäischen Rahmenbedingungen (Kapitel 10) sind deshalb ein sehr wichtiger Ansatz zur Wettbewerbsverbesserung.

Es darf aber auch nicht verkannt werden, daß gerade deutsche Entwicklungen in den letzten Jahren hin zu einer Null-Fehler-Produktion führen sollten.

1.3.1 Wettbewerbs- und Kundenanforderungen

Der Kunde steht im Mittelpunkt aller Bemühungen des Unternehmers. Ihn an das Unternehmen zu binden, also seine Kundentreue zu erzeugen, wird wesentlich durch erfüllte Qualitätsanforderungen beeinflußt. Kundentreue bedeutet: Berechenbarkeit des Marktes und Stabilität.

Dabei wird vom Kunden *Qualität im engeren Sinne* als eine Selbstverständlichkeit vorausgesetzt. Geometrie, Funktion, Gestaltung und Aussehen, die die Beschaffenheit eines Produktes festlegen, bilden die Basis.

Durch die ständige Angleichung von Konkurrenzprodukten ist allerdings diese Basis kein besonderes Merkmal. Andere Qualitätskomponenten entscheiden, für welches Produkt der Kunde seine Kaufentscheidung trifft.

Die Attraktivität des Unternehmens für den Kunden wird wesentlich davon geprägt, wie umfassend seine Problemstellungen aufgegriffen und individuell gelöst werden.

Qualität im weiteren Sinne ist deshalb die Beschaffenheit und Einstellung des Unternehmens, alle Kundenwünsche vollständig und reklamationsfrei, z.B. hinsichtlich Flexibilität, Zuverlässigkeit, Lieferfähigkeit, Service, Termin oder Termintreue, zu erfüllen. Nur über diese Komponenten läßt sich eine Kundenanbindung über Kundentreue erreichen, gemäß dem Motto:

Qualität existiert, wenn der Kunde wiederkommt
und nicht das Produkt.

1.3.2 Gesetzliche Anforderungen

Verschärfte Sicherheitsbestimmungen erhöhen für den Unternehmer das Risiko auch der strafrechtlichen Haftung für mangelhafte bzw. fehlerhafte Produkte. Diesem *Haftungsrisiko* kann der Unternehmer nur dann begegnen, wenn er die einwandfreie Qualität seiner Produkte sicherstellt. Qualitätssichernde Maßnahmen, soweit sie systematisch im Unternehmen betrieben werden, können das Haftungsrisiko reduzieren. Allerdings umfassen die in den aktuellen Normen zum Qualitätsmanagement beschriebenen Elemente eines Qualitätsmanagement-Systems, hierbei wird besonders Bezug genommen auf die DIN EN ISO 9000 bis 9004, nur Teile der aus rechtlicher Sicht erforderlichen Maßnahmen.

Die Rechtsprechung zur Produkthaftung verpflichtet die Unternehmen, vertreten durch Inhaber, Geschäftsführer oder Vorstände, im Rahmen ihrer Organisationsverantwortung alle notwendigen und erforderlichen Maßnahmen zu treffen, damit nur ausreichend sichere Produkte in den Verkehr gebracht werden. Maßstab für die Bewertung der Erfüllung dieser Anforderungen ist das technisch Mögliche und wirtschaftlich Zumutbare, gemessen an dem Stand der Technik und den voraussehbaren Folgen beim Versagen der einzelnen Erzeugnisse bei den unterschiedlichen Anwendungen.

Dabei hilft die Anwendung und Umsetzung der DIN EN ISO 9000 ff. nur teilweise. Aus Sicht der Produkthaftung ist der Charakter des Inhalts der Normenreihe DIN EN ISO 9001 bis 9003 unverbindlich, unvollständig und ergänzungsbedürftig.

Die Gründe für diese Defizite liegen beispielsweise in:

- vieldeutigen oder unklaren begrifflichen Ansätzen,
- unzureichend beschriebenen oder fehlenden Schwerpunkten,
- einer ungenügenden oder fehlenden Auswertung des Standes der Technik (z.B. VDI-, VDE-, DIN-Vorschriften).

Die Anwendung der genannten DIN EN ISO Modelle der Normreihe 9001 bis 9003 ohne produktspezifische und anwendungsbezogene, individuelle Ergänzungen verletzt wesentliche Pflichten aus der Organisationsverantwortung der Unternehmen, für die allein die zur juristischen Vertretung der Unternehmen Berechtigten – die Unternehmensleitungen – undelegierbar verantwortlich sind. Im Schadensfall sind daher die unvollständig aufgeführten Qualitätsmanagement-Elemente, die dann auch nach unvollständigen Kriterien für die zu übernehmenden Leistungen ausgewählt wurden, unzureichend und schützen die Beteiligten nicht vor rechtlichen Konsequenzen, die sowohl die Haftung als auch strafrechtliche Aspekte betreffen.

Als notwendige Tatbestandsvoraussetzung für eine Rechtsgutverletzung gemäß Produkthaftungsgesetz (§ 1) gelten: Fehler eines Produktes, Verletzung des Körpers, der Gesundheit oder einer Sache. Es wird danach nur noch geprüft, ob das Produkt einen Fehler hatte. Wer diesen Fehler verursacht oder verschuldet hat, spielt für das Entstehen der Haftung keine Rolle mehr.

Erweitert wurde dabei auch die *Definition des Herstellers.* Hersteller ist, wer

- das Endprodukt,
- einen Grundstoff oder
- ein Teilprodukt

hergestellt hat, oder wer sich durch Anbringen

- seines Namens,
- seines Warenzeichens oder
- eines sonstigen Kennzeichens

als Hersteller ausgibt (Quasihersteller). Alle am Entstehen eines Fehlers Beteiligten haften als Gesamtschuldner nach § 5 für den vollen Schaden. Der Geschädigte kann den Gesamtschaden von jedem Unternehmen einklagen, der das fehlerhafte Halbzeug oder das fehlerhafte Zuliefererteil lieferte bzw. daran fehlerauslösende Bearbeitungen durchführte oder fehlerhafte Produkte in Baugruppen in das Endprodukt einbaute.

Als Hersteller gilt auch, wer im Rahmen seiner geschäftlichen Tätigkeit Produkte in die europäische Gemeinschaft einführt. Der EU-Importeur haftet voll für die Sicherheit der von ihm in der EU und in Verkehr gebrachten Produkte als Stellvertreter für Hersteller außerhalb der EU. Ist der Hersteller eines Produktes, das zu einem Schaden führt, nicht feststellbar, so gilt jeder Lieferant als Hersteller des Produktes, solange er nicht innerhalb eines Monats den Hersteller oder denjenigen benennt, der ihm das Produkt geliefert hat.

Deshalb müssen die Händler in Zukunft Nachweis führen, wenn sie nicht selbst anstelle des Herstellers haften wollen. Sie müssen technisch eindeutig und unzweifelhaft Bezugsquellen nachweisen. Kann ein Händler den Lieferanten nicht innerhalb eines Monats nach Aufforderung durch einen Anspruchsteller benennen und kann er diese Angabe später nicht schlüssig beweisen, haftet er endgültig (§ 4, Abs. 3).

Ansprüche aus der vertraglichen Produkthaftung können durch allgemeine Geschäftsbedingungen im beschränkten Umfang nicht mehr ausgeschlossen werden, weil das Produkthaftungsgesetz allgemein und ohne Ausnahme im voraus vereinbarte Haftungsausschüsse oder Haftungseinschränkungen nach § 14 als rechtlich unwirksam erklärt.

Ansprüche nach dem Produkthaftungsgesetz verjähren drei Jahre nach dem Zeitpunkt, zu dem der Anspruchsberechtigte von dem Schaden, dem Fehler und der Person des Ersatzpflichtigen Kenntnis erlangt hat oder hätte erlangen müssen (§ 12, Abs. 1) bzw. erlischt nach § 13, Abs. 1, zehn Jahre nach dem Zeitpunkt, zu dem das schadenverursachende Produkt in den Verkehr gebracht wurde.

Grundlage für die EG-Produkthaftung ist jetzt eine *neue erweiterte Definition des Fehlers eines Produktes*. Danach hat nach § 3 das Produkt einen Fehler, wenn es nicht alle Sicherheit bietet, die unter Berücksichtigung aller Umstände, insbesondere:

- seiner Darbietung,
- des Gebrauchs (mit dem billigerweise gerechnet werden kann, auch bestimmungswidriger Gebrauch),
- des Zeitpunktes, in dem es in den Verkehr gebracht wurde,

berechtigterweise erwartet werden kann.

Zu den rechtlichen Anforderungen, die aus der Normenreihe DIN EN ISO 9000 bis 9004 nicht erfüllt sind, gehören z.B :

- eine systematische Produktbeobachtung,
- der Nachweis der technischen Aussagefähigkeit von Prüfverfahren für voraussehbare Einsatzbedingungen,
- ein wirksames Informationsbeschaffungssystem zum Erfassen der relevanten anerkannten Regeln der Technik, des Technikstandes und deren gezieltes Auswerten,
- Aussagen über Inhalt und Umfang der Module des unternehmensinternen Informationssystems,
- Voraussetzungen für aussagefähige Schadensanalyse,
- eine wirksame Ablauforganisation,
- Grundsätze und notwendige Inhalte der Organisation,
- funktionsbezogene Merkmalsklassifikation nach ISO 2859/DIN 40080,
- Berücksichtigung von Umweltschutz-Gesichtspunkten,
- qualitätskostenrelevante Nutzen-Kosten-Vergleiche.

Weitergehend sind also laufende Schulung der Mitarbeiter, deren ständige angemessene Motivation, wirksame und aussagefähige Schadensanalysen mit zielbezogenen Auswertungen erforderlich.

Daraus lassen sich *notwendige Vorsorgemaßnahmen* zur Reduzierung des Produkthaftungsrisiko für Unternehmen ableiten. An oberster Stelle steht die Einführung eines normenkonformen Qualitätsmanagement-Systems zusammen mit dem Qualitätsmanagement-Zertifikat als Nachweis der Qualitätsfähigkeit des Unternehmens. Danach folgen Einzelmaßnahmen, die aus rechtlicher Sicht zur Haftungsrisikoreduzierung erforderlich sind: Organisationgrundsätze, Regelungen der Ablauforganisation, Vorgaben für ein Informationssystem, die Aussagefähigkeit von Prüfverfahren oder die Instruktion und Produktbeobachtung.

Neben dem Produkthaftungsgesetz müssen das Gewährleistungsrecht, die Arbeitsschutzgesetzgebung, das Arbeitssicherheitsgesetz, die Umweltschutzgesetzgebung und Vorschriften und Richtlinien zum Stand der Technik beachtet werden.

1.3.3 Unternehmensinterne Qualitätsanforderungen

Mit den Maßnahmen im Unternehmen zur Senkung des Produkthaftungsrisikos werden gleichzeitig unternehmensinterne Anforderungen an die Qualitätsmanagement-Systemqualität angesprochen.

Im Kern geht es dabei um die Fähigkeit des Unternehmens, fehlerfreie Produkte auf den Markt zu bringen, also um die Qualitätsfähigkeit. Dies wird erreicht durch die zielgerechte und wirtschaftliche Gestaltung aller Prozesse auf der dispositiven und operativen Ebene im Unternehmen, die bei der Herstellung von Produkten und Dienstleistungen erforderlich sind. Jeder Prozeß setzt sich dabei wieder aus einzelnen Teilprozessen bzw. Prozeßschritten zusammen, wobei der kleinste Schritt durch eine einzige Funktion gekennzeichnet sein kann. Jede einzelne Funktion muß bestimmte Forderungen erfüllen. Hierfür müssen Anweisungen oder Spezifikationen genannt sein.

Das Maß der Übereinstimmung von Anweisung und Ausführung definiert die Qualität des betreffenden Prozesses. Damit wird unternehmensintern systembezogene Qualität vorgebbar, meßbar und analysierbar.

Die Qualität industrieller Produkte wird über die Qualitätssicherung jedes einzelnen Prozeßschrittes erzielt. Charakteristisch für jede einzelne Prozeßfunktion ist, daß an ihrem Anfang eine meßbare Eingabe steht und an ihrem Ende eine meßbare Aussage. Jeder Prozeßschritt hat damit immer mindestens einen internen Lieferanten, von dem die Eingabe kommt und mindestens einen internen Kunden, der das um die Bearbeitung innerhalb des Prozeßschrittes werterhöhende Arbeitsergebnis als Ausgabe erhält. Mit jedem Prozeßschritt sollte die Werterhöhung zunehmen, deshalb ist es wichtig, daß bei dem ersten Schritt bereits Maßnahmen zur Sicherung der Prozeßqualität eingebaut sind. Anhand einer Wertezuwachs- bzw. Werteverlustkurve (Bild 1.1) kann leicht gezeigt werden, wie groß der materielle Schaden sein kann, wenn erst am Ende des Gesamtprozesses der Produktfehler festgestellt wird. Modernes Qualitätsmanagement wird deshalb immer prozeßbezogen und prozeßbegleitend stattfinden müssen.

Der Mitarbeiter ist der Verantwortliche für einen definierten Teilbereich, der kundenorientiert agiert und selber darauf achtet, daß seine Arbeit qualitätsgerecht erfolgt.

Die Sicherung der Prozeßqualität ist durch folgende Faktoren zu erzeugen, die dabei eingesetzten Qualitätsmanagement-Methoden sind in Kapitel 9 und 10 beschrieben:

1. Prüfbarkeit der Prozeßparameter, Prozeßparameter sind die definierten Qualitätsanforderungen an den Prozeß.
2. Steuerbarkeit durch Kenntnis der Steuergrößen und Störgrößen des Prozesses, deshalb muß nach den existierenden Stör- und Steuergrößen konsequent gesucht werden.

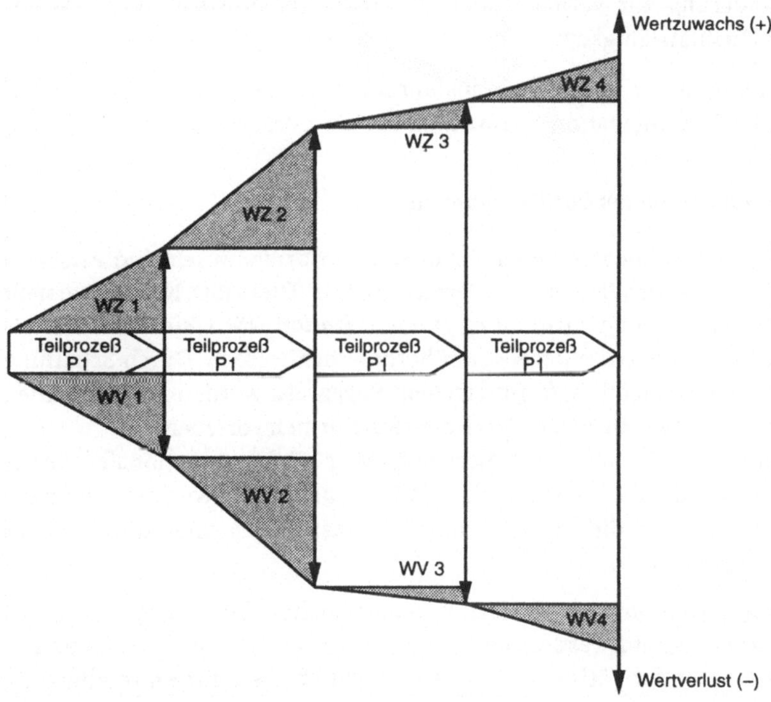

Bild 1.1. Wertezuwachs- und Werteverlustkurve

3. Bewußtheit der Prozeßführungsgrößen. Die Wirkung der inneren und äußeren Prozeßeinflüsse dürfen die Wirksamkeit des Prozesses nicht ernsthaft in Frage stellen, deshalb müssen die Wirkungen der Führungsgrößen über dem der Stellgrößen liegen.
4. Durchsetzung von beherrschbaren Prozessen. Über systematische Schwachstellenanalysen ist eine permanente Prozeßbeobachtung durchzuführen, um dadurch potentielle Fehler und Folgen analysieren zu können und Abstellmaßnahmen einzuleiten. Mit unbeherrschten Prozessen kann nicht fehlerfrei produziert werden.

Das einzuführende Qualitätsmanagement-System muß sich an den vorhandenen Prozessen orientieren. Dazu gehört immer der Aufbau eines Informationssystems, um eine aktuelle und transparente Aussage über die Qualitätsfähigkeit zu erreichen.

Die Kernpunkte, um die unternehmensinternen Qualitätsanforderungen zu erfüllen, liegen also in folgenden Vorgaben:

- Qualitätsrelevante Prozesse optimal gestalten,
- Transparenz des Qualitätsgeschehens,
- schnelle Reaktion auf Qualitätsprobleme,
- Bereitstellen aktueller Qualitätsinformationen,

- Risikominderung zur vorbeugenden Produkthaftungsabwehr durch Sicherung der Qualitätsfähigkeit.

Die Erfüllung dieser später noch ausführlich behandelten Punkte beinhaltet gleichzeitig die Dokumentation als Nachweis für die erbrachte Qualitätsfähigkeit.

1.3.4 Anforderungen aus der Qualitätsnormung

Aufgrund der internationalen Vereinfachungen im Normenwesen sind verschiedene DIN-Normen durch ISO-Normen ersetzt worden. Diese ISO-Normen, erstellt von der *International Organization of Standardization (ISO)*, sind fast alle als DIN-ISO-Norm ins deutsche Regelwerk übernommen worden. Durch Schaffung der Europäischen Gemeinschaft mit eigenem Regelwerk wurden EG-Richtlinien erstellt, die in der Regel die Übernahme der ISO-Normen vorsehen.

Die Normung wird auf nationaler, regionaler und internationaler Ebene durchgeführt. Die nationalen, regionalen und internationalen Normen sind nach dem Inhalt der Norm in die folgenden drei Hauptkategorien eingestuft, wobei es auch Kombinationen gibt:

- *Verständigungsnormen* mit Festlegungen zu Begriffen, Zeichen, Systemen,
- *Verfahrensnormen* mit Festlegungen zu Abläufen sowie zu Merkmalen und Merkmalswerten für Tätigkeiten, Verfahren und Prozesse zur Anwendung in der Planung, Realisierung und Nutzung von Einheiten oder zu deren Prüfung,
- *Produktnormen* mit Festlegungen zu Merkmalen und Merkmalswerten für materielle oder immaterielle Produkte (also auch Dienstleistungen) in Form von Sortenbeschreibungen und von Beschaffenheitsanforderungen, insbesondere anhand von Qualitätsanforderungen. Dazu gehören auch spezielle Qualitätsmerkmale wie Kompatibilität, Sicherheit, Instandhaltbarkeit und Umweltschutz.

Unmittelbar oder mittelbar hat ein großer Teil aller Normen mit dem Thema Qualität und Qualitätsmanagement zu tun:

- Jede Produktnorm enthält Einzelforderungen als Bestandteil der Qualitätsanforderung an das betreffende Produkt.
- Jede Verfahrensnorm enthält Einzelforderungen als Bestandteile der Qualitätsanforderungen an die betreffende Tätigkeit, das betreffende Verfahren, den betreffenden Prozeß.
- Viele Verfahrensnormen (z.B. die produkt- oder fachspezifischen Meß- und Prüfnormen oder die fachübergreifenden Normen, z.B. über statistische Verfahren) dienen unmittelbar dem Qualitätsmanagement eines Unternehmens oder einer Organisation.
- Zahlreiche fachübergreifende Verständigungsnormen betreffen direkt das Qualitätsmanagement und stellen notwendige Bindeglieder zwischen Fachsprachen dar.

Die oben genannten, in Normen festgelegten Einzelforderungen an eine Einheit sind ein Bestandteil der gesamten Qualitätsanforderung an die betreffende Einheit.

Andere Einzelforderungen können anderweitig festgelegt sein, z.B. in:

- Vorschriften (gesetzlichen Regelungen, Verordnungen, Verwaltungsvorschriften),
- Lieferverträgen bzw. Spezifikationen des Abnehmers und in Spezifikationen des Herstellers, wobei gegenseitige Verweisungen möglich sind, z.B. in Verträgen oder in Vorschriften auf technische Normen.

Qualitätsmanagement und Qualitätsverbesserung sind gemäß der bereits zitierten DIN 820, Teil 1 Zentralziele der Normung. Unter den vielen qualitätsrelevanten Einzelnormen hat unter den europäischen Harmonisierungsgesichtspunkten die DIN EN ISO Normenreihe 9000 besonderes Gewicht erhalten, obwohl in bezug auf das neue Produkthaftungsgesetz, wie unter Kap. 1.3.2 ausgeführt, erhebliche Mängel existieren.

Mit der DIN EN ISO 9000 bis 9004 wurde 1987 nach umfangreicher Vorarbeit durch die Mitglieder des technischen Kommitees ISO TC 176 ein Normenwerk in Kraft gesetzt, was die Grundlage für eine international abgestimmte Basis für den Aufbau von Qualitätssicherungs-Systemen beinhaltet (Tafel 1.2). Eine detaillierte inhaltliche Betrachtung erfolgt in Kapitel 6. Die Inkraftsetzung geschah allerdings gegen den Widerspruch der deutschen Delegation aufgrund der ablehnenden Haltung wichtiger Industriebereiche, z.B. des Verbandes der deutschen Automobilindustrie (VDA), des Vereins deutscher Maschinenbauanstalten (VDMA), des Zen-

Tafel 1.2. Übersicht zur DIN-EN-ISO-Normenreihe Qualitätsmanagement-Systeme

---

DIN-EN-ISO 9000 (05/90): Qualitätsmanagement- und Qualitätssicherungsnormen
- Leitfaden zur Auswahl und Anwendung der Normen zu Qualitätsmanagement- und Qualitätsmanagement-Darlegungsstufen (früher Nachweisstufen)

DIN-EN-ISO 9001 (05/90): Qualitätsmanagement-Systeme
- (Qualitätsmanagement-Darlegungsstufe) Modell zur Darlegung des Qualitätsmanagements in Entwicklung und Konstruktion, Produktion, Montage und Kundendienst

DIN-EN-ISO 9002: Qualitätsmanagement-Systeme
- (Qualitätsmanagement-Darlegungsstufe) Modell zur Darlegung des Qualitätsmanagements in Produktion und Montage

DIN-EN-ISO 9003 (05/90): Qualitätsmanagement-Systeme
- Qualitätsmanagement-Darlegungsstufe für Endprüfungen

DIN-EN-ISO 9004 (05/90): Qualitätsmanagement-Systeme
- Qualitätsmanagement und Elemente eines Qualitätsmanagement-System-Leitfadens

tralverbandes der elektrotechnischen Industrie (ZVEI) und des Verbandes der chemischen Industrie (VCI). Um deutschen Unternehmen den Zugang und die Nutzung dieser Normen, vor allem im internationalen Wettbewerb, zu erleichtern, wurden sie ohne Änderungen als DIN-ISO-Normen in das deutsche Normenwerk übernommen und 1990 ohne Änderungen als europäische Normen (EN) installiert.

Bei Anwendung dieser DIN EN ISO 9000 ff. Normenreihe ist zu beachten, daß es kein einheitliches, für alle Branchen verbindliches Qualitätsmanagement-System geben kann. Allein durch eine Sammlung von noch so vielen Qualitätsmanagement-Elementen entsteht kein schlüssiges Qualitätsmanagement-System. Es fehlt diesen Elementen die wechselseitige systematische Abstimmung auf die einzelnen Produkte, deren unterschiedliche Anwendungen und auf die unternehmensindividuellen Strukturen als notwendige Voraussetzungen für ein unternehmensbezogen wirksames Qualitätsmanagement-System.

Im *Nationalen Vorwort* sind die Grenzen der Wirksamkeit der unternehmensunabhängigen abstrakten Organisationsmodelle in allen fünf Normen eindeutig und umfassend formuliert. Sie münden in die Feststellung: *Ein genormtes Qualitätsmanagementsystem kann es daher nicht geben* (Aussage in der DIN EN ISO 9004). Damit ist der Charakter des Inhalts dieser Normenreihe als Darstellung unverbindlicher und notwendigerweise unvollständiger dafür ergänzungsbedürftiger Modelle auch in der deutschen Ausgabe unmißverständlich ausgedrückt.

Eine für die einzelnen Unternehmen vorzunehmende Differenzierung nach Produkten, Fertigungsverfahren, Anwendungen, Unternehmensstruktur (Betriebsgröße) und den darauf auszurichtenden unternehmensindividuellen Maßnahmen bei der Einführung eines Qualitätsmanagement-Systems ist nötig.

Nicht zwangsläufig setzt heute eine hohe Produktqualität ein normgerecht funktionierendes Qualitätsmanagement-System voraus. Diese Aussage gilt auch umgekehrt, wobei klar ist, daß eigentlich eine unlösbare Wechselbeziehung in der Praxis vorliegen sollte.

1.3.5 Anforderungen aus dem Umweltschutz

Der Anspruch der Umweltverträglichkeit steht heute als gleichwertige Forderung neben dem Qualitäts-Anspruch.

Je nach Sichtweise läßt sich die produktbezogene Umweltverträglichkeitsforderung auch als Teil der Qualitätsanforderungen betrachten, da innerhalb der Gebrauchstauglichkeit eines Produktes mehrere umweltrelevante Detailforderungen enthalten sind. Die Komponenten der Umweltverträglichkeit werden mit ihren Einzelpunkten unterteilt nach

- Gebrauchstauglichkeit,
- Ressourceneinsatz,
- unerwünschte Produkte,
- Gesundheitsschutz,

- Umweltschutz,
- ökonomische Realisierbarkeit.

Die *Gebrauchstauglichkeit* hat einen engen Bezug zum Qualitätsmanagement; ihr sind Forderungen wie *Funktionserfüllung, Zuverlässigkeit, zumutbare Handhabung, systemgerechte Anwendung, Langlebigkeit, Pflegeleichtigkeit,* aber auch Dienstleistungskomponenten wie *funktionierender Kundendienst, Ersatzteilverfügbarkeit oder Schulung und Beratung* zugeordnet.

Zu einer umfassenden Unternehmensqualität gehört deshalb für die Kunden auch die Erfüllung der Forderungen an die Umweltqualität.

1.4 Umfassende Unternehmensqualität

Die totale Erfüllung der beschriebenen Qualitätsanforderungen läßt sich nur über eine umfassende Unternehmensqualität erreichen.

Natürlich geht es bei dieser umfassenden Unternehmensqualität primär um die Erfüllung der Produkt- und Dienstleistungsqualität bei den vom Unternehmen hergestellten Waren und Dienstleistungen. Im engeren Sinne ist damit nach wie vor die Einhaltung der vorgegebenen Produktmerkmale oder Spezifikationen gemeint, die die Gebrauchssicherheit und Zuverlässigkeit garantieren sollen. Die notwendige Kundenorientierung als Grundlage für den Wettbewerbserfolg hat jedoch zu einem erweiterten produkt- und dienstleistungsbezogenen Qualitäts-Begriff als Gesamt-Qualitätsangebot zur Optimierung des Kundennutzens geführt.

Diesen erweiterten Qualitäts-Begriffen sind folgende produkt- und dienstleistungsbezogene Qualitätskomponenten zuzuordnen:

- *Produktqualität*: Vom Kunden vorausgesetzte Kerneigenschaften, bei denen es um die Beschaffenheit, Gebrauchstauglichkeit und Zuverlässigkeit des hergestellten Produktes geht.
- *Gebrauchsqualität*: Hierunter sind Eigenschaften wie Funktionserfüllung, Gestaltung, Sicherheit und niedrige Betriebskosten zu verstehen.
- *Geltungsqualität*: Hier geht es um das Prestige des Artikels, um seine Marke, um den Bekanntheitsgrad und Namen, der durch Werbung beeinflußt wird.
- *Aktualitätsqualität*: Es steht der gegenwärtige Trend, die Neuheit, bzw. die Mode im Vordergrund. Das Produkt darf beim Kunden nicht den Eindruck erwecken, daß es bereits veraltet ist und daß die Konkurrenz Neueres bietet.
- *Anlagequalität*: Gemeint ist die Verzinsung, der Gewinn, der Ertrag, oder die Investitionssicherheit. Der Kunde soll das Gefühl erhalten, daß dieses Produkt mit der Zeit eher an Wert gewinnt, als an Wert verliert.
- *Innovationsqualität*: Hierbei geht es um einen Vorsprung gegenüber der Konkurrenz durch verbesserte Produkte oder um Berücksichtigung von Technologiesprüngen.
- *Vertrauensqualität*: Es handelt sich um die Ehrlichkeit, Garantie, Offenheit, die das Unternehmen dem Kunden entgegenbringt.

- *Systemqualität*: Bedeutet Integration und Kompatibilität zu älteren Produkten oder zu einem geltenden Marktstandard mit weiteren Konkurrenzprodukten.
- *Entsorgungsqualität*: Beinhaltet die Entsorgungsproblematik, die Recyclingfähigkeit und den Wiederverkauf.
- *Servicequalität*: Das Angebot im Dienstleistungs- und Schulungsbereich während der Nutzungszeit des Produktes.

Wie diese Aufzählung zeigt, muß dem Kunden also weit mehr geboten werden, als die eigentliche Produktqualität, die er sowieso beim Kauf erwartet.

Service, Anpassung, Garantie, Wartung, Beratung, Projektierung, Problemanalyse, Schulung und Training sind Leistungen, mit denen der Kunde auch über den Kauf hinaus Kontakt zum Unternehmen hat. Hier kann durch Partnerschaft mit dem Kunden auf Dauer eine enge Kundenanbindung aufgebaut werden. Es geht also darum, alle Einzelkomponenten zum Wohle des Kunden so zu bündeln und zu verbessern, daß ein Vorsprung gegenüber der Konkurrenz entsteht.

Der externen, bzw. produkt- und leistungsbezogenen Betrachtung steht die interne, d.h. die systembezogene Betrachtung gegenüber. Hierbei geht es um die Wirksamkeit installierter Qualitätsmanagement-Systeme. Ebenso wie bei den produktbezogenen Qualitätskomponenten gibt es auch hier mehrere systembezogene Komponenten, die die Qualität des eingesetzten Qualitätsmanagement-Systems beeinflussen. Es handelt sich hierbei um:

- *Managementqualität*: Damit ist die Qualität des Managements bezüglich Unternehmenskultur, Wichtigkeit der Qualitätspolitik, Glaubwürdigkeit, Wertigkeit innerhalb der weiteren Managementstrategien und die Umsetzung dieser Kultur und Politik in allen Bereichen genannt.
- *Soziale Qualität*: Hierbei geht es um die Sozialkompetenz des Managements, um die mitarbeiterorientierte Führung mit der Vergabe von Handlungsspielräumen und um das Betriebsklima im Unternehmen.
- *Kooperationsqualität*: Die Kooperationsqualität ergänzt die soziale Qualität im Hinblick auf die Bereitschaft des Managements, partnerschaftlich mit den Mitarbeitern zusammenzuarbeiten und sie am Erfolg zu beteiligen.
- *Ausführungsqualität*: Hier steht der Mitarbeiter in der Verantwortung, motiviert und mobilisiert seine Arbeit so auszuführen, daß keine Fehler entstehen.
- *Kommunikationsqualität*: Die Ausführungsqualität kann nur dann fehlerfrei erfolgen, wenn alle Informationen für die Arbeitsausführung bereitgestellt sind und die Transparenz der Prozesse gewährleistet ist. Hierbei geht es auch um die Vermittlung überbetrieblicher Informationen zum Stand des Unternehmens im Markt.
- *Logistische Qualität*: Sie berücksichtigt die logistische Komponente. Dazu gehören die Eigenschaften wie hoher Lieferservice, kurze Durchlaufzeiten, Flexibilität bei der Arbeitsausführung.
- *Prozeßqualität*: Prozeßbeherrschung und Maschinenfähigkeit sind die Grundlagen für eine qualitätsgerechte und kostenwirtschaftliche Arbeitsausführung im direkten Wertschöpfungsprozeß.

- *Sicherheitsqualität*: Die Arbeitsabläufe in Verbindung mit den Arbeitsschutzmaßnahmen am Arbeitsplatz müssen entsprechend der gesetzlichen Vorgaben auch den Sicherheitsaspekt als Voraussetzung für qualitätsgerechtes Arbeiten erfüllen.
- *Entsorgungsqualität*: Umweltschonung, Immissionsschutz, Verträglichkeit sind nur einige systembezogene Umweltsystemkomponenten, die die Qualitätsfähigkeit des Unternehmens ergänzen.
- *Interne Servicequalität*: Die Vermittlung qualitätsrelevanter Zusammenhänge zur Erhöhung der Qualifikation der Mitarbeiter muß durch die Förderung, Betreuung, Schulung, Weiterbildung garantiert sein.

In Bild 1.2 sind diese Qualitätskomponenten als vier Säulen einer umfassenden Unternehmensqualität abgebildet. Säule 1 bezieht sich dabei auf die Qualität des Qualitäts-Managements und des Qualitätsmanagement-Systems. Bezugspunkte dafür sind die Unternehmensführung, die praktizierte Qualitätskultur und Qualitätspolitik im Unternehmen. Säule 2 umfaßt die Qualität der Arbeitsausführung und die Qualität der sozialen Kompetenz und Vermittlung. Bezugspunkte sind Vorgesetzte, Mitarbeiter und Lieferanten. Bei Säule 3 handelt es sich um die Qualität der Prozesse und Abläufe innerhalb der Arbeitssysteme mit den dort vorhandenen Arbeitsmitteln und den organisatorischen Regelungen.

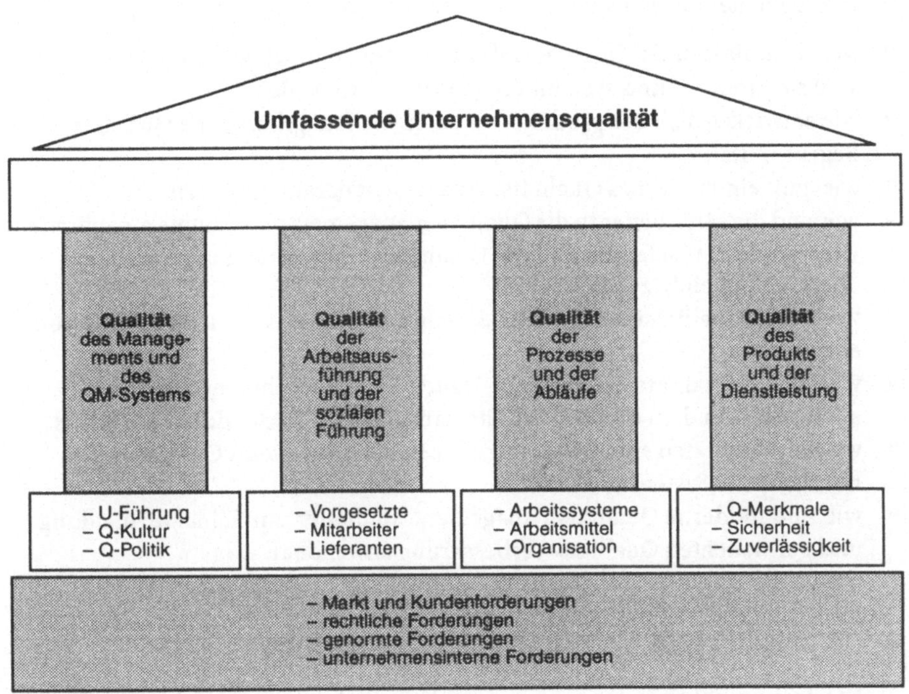

Bild 1.2. Umfassende Unternehmensqualität

Diese drei Säulen sind begleitend zur erweiterten Produkt- und Dienstleistungsqualität, hier als Säule 4 dargestellt, notwendig. Sie bilden gleichzeitig aus systemtechnischer Sicht die Komponenten der später ausführlich erläuterten Systembegriffe.

Die Einführung dieses Begriffes einer *umfassenden Unternehmensqualität* hat den Vorteil, daß eine produkt- oder systembezogene Differenzierung des Qualitätsbegriffes bei der Erfüllung der genannten Forderungen nicht mehr im Vordergrund stehen muß. Das *Gesamtergebnis* Unternehmensqualität ist das Hauptziel. Produkt- und dienstleistungsbezogene Qualitätsbestandteile, Qualitätsmanagement und Qualitätssystemkomponenten stehen bei dieser Festlegung in einer unlösbarer Wechselbeziehung zueinander.

Für die Umsetzung in die Praxis müssen für die einzelnen Komponenten einer umfassenden Unternehmensqualität die Ansprüche in Form von Qualitätsstandards formuliert werden.

In Kapitel 2 ist die Vorgabe dieser Qualitätsstandards die Grundlage für die Formulierung der Qualitätspolitik.

1.5 Zusammenfassung

Eine umfassende Unternehmensqualität durch das Qualitätsmanagement zu erreichen, bedeutet für den Verantwortlichen die Klärung folgender Fragen:

- welche umfassenden Qualitätsanforderungen kommen auf ihn zu und wie sind sie produkt- und systembezogen zu unterscheiden,
- wie entwickelt sich der produkt- und dienstleistungsbezogene Qualitäts-Begriff weiter,
- wie muß ein modernes Qualitätsmanagement darauf reagieren,
- wie sind die Mitarbeiter in die Qualitätsmanagementphilosophie einzubinden,
- wie werden die Lieferanten in die Qualitätsverantwortung unternehmensübergreifend einbezogen,
- wie ist ein Qualitätsmanagement-System auf der Basis der DIN EN ISO 9001 einzuführen,
- wie hat ein Qualitätsmanagement-Handbuch unternehmensspezifisch auszusehen, in dem dieses Qualitätsmanagement-System dokumentiert ist,
- welche Aktivitäten sind nötig, um ein Zertifikat für dieses Qualitäts-management-System zu erhalten,
- wie sind moderne Qualitätsmanagement-Methoden zur Fehlervermeidung und permanenten Qualitäts-Verbesserung anwendbar,
- wie ist die Qualitätsprüfung als Institution zur Feststellung von Qualitätsanforderungsabweichungen organisiert, und
- wie wird ein wirksames Qualitätscontrolling aufgebaut.

Die Beantwortung dieser Fragen spiegelt die Reihenfolge der folgenden Kapitel wieder. Auch der Bezug zu den jeweils betroffenen Qualitätsmanagement-Elementen der DIN EN ISO 9000 ist mit vorgenommen.

Die vom Unternehmen für einen erfolgreichen Wettbewerb notwendig zu erzeugende Produkt- und Dienstleistungs-Qualität ist nur dann wirtschaftlich und anforderungsgerecht, wenn:

1. die stattfindenden Veränderungsprozesse am Markt, in der Gesellschaft und in der Arbeitswelt in ihren Auswirkungen erkannt und die sich daraus entwickelnden Qualitätsanforderungen an das Unternehmen in ihrer Bedeutung für die Definition der zu erfüllenden Unternehmensqualität von den verantwortlichen Managern richtig eingeschätzt werden; der aus den Qualitätsanforderungen resultierende umfassende produkt- und systembezogene Qualitätsbegriff an das einzelne Unternehmen unter Berücksichtigung der vorhandenen externen und internen Rahmenbedingungen mit dem Ziel der Kundenmaximierung vollständig produkt-, prozeß-, tätigkeits- und führungsbezogen formuliert ist (siehe Kapitel 1);
2. das verantwortliche Qualitätsmanagement im Unternehmen innerhalb einer umfassenden General-Management-Strategie diese Qualitätsanforderungen verstanden hat und mit dieser darauf abgestimmten Führungs- und Organisationsstruktur ergebnisbezogen für ihre Erfüllung sorgt (Kapitel 2);
3. der Mitarbeiter als wichtigste Ressource im Unternehmen motivert und mobilisiert an seinem sicherheits- und arbeitsschutzgerechten Arbeitsplatz die Kundenorientierung im Qualitätssinne in der Praxis täglich neu beweist (Kapitel 3);
4. unternehmensübergreifend auch der Zulieferer in partnerschaftlicher Weise eingebunden ist, da er Qualitäts-Verantwortung mit zu übernehmen hat und den unter (1.) beschriebenen Veränderungsprozessen und den daraus resultierenden Anforderungserhöhungen unterliegt (Kapitel 4);
5. bei allen Beteiligten im Unternehmen eine qualitätsgerechte Qualifikation hinsichtlich des Wissens um die Grundlagen und Zusammenhänge durch geeignete Förderungsmaßnahmen vorausgesetzt werden kann (Kapitel 5);
6. ein funktionierendes Qualitätsmanagement-System unter Beachtung der in der DIN EN ISO 9000-9001 definierten Qualitätsmanagement-Elemente durchgängig im Betrieb eingeführt ist (Kapitel 6);
7. dieses Qualitätsmanagement-System in einem Qualitätsmanagement-Handbuch umfassend, d.h. bis hin zu den Qualitätsmanagement-Verfahrens-, Prüf- und Arbeitsanweisungen, am Arbeitsplatz detailliert beschrieben vorliegt (Kapitel 7);
8. damit die Grundlage für eine erfolgreiche Auditierung und Zertifizierung geschaffen wurde, die dem Unternehmen als Nachweis erfüllter Qualitätsmanagement-Forderungen und damit als wettbewerbsfördernd gegenüber Dritten dient (Kapitel 8);
9. alle bekannten modernen Qualitätsmanagement-Werkzeuge und Qualitätsmanagement-Methoden, besonders nach japanischen Vorbildern, bei der Erzeugung der Qualität im Unternehmen mit Anwendung finden (Kapitel 9);
10. die Qualitätsprüfung als letztes Glied und klassischer Kern des Qualitätsmanagements innerhalb der Qualitätsmanagement-Kette diese erzeugte

Qualität nach der Erfassung dokumentiert und damit die Bildung des betrieblichen Regelkreises ermöglicht (Kapitel 10);

11. das Qualitätscontrolling permanente Ansätze für einen koninuierlichen Verbesserungsprozeß liefert, dabei die Qualitäts-Kosten als Erfolgsmaßstab transparent und aktuell zur Verfügung stellt (Kapitel 11);

Ein umfassendes Unternehmens-Qualitätsmanagement, das alle genannten Forderungen erfüllen soll, verlangt von allen Beteiligten , sich weit über die in der DIN EN ISO 9000 bis 9004 festgeschriebenen Normen-Gesichtspunkte anzustrengen, damit die Produkt- und Qualitätsmanagement-bezogenen Qualitätsanforderungen in enger Wechselbeziehung zueinander erfüllt werden.

Qualitätsbewußtsein als die innere Einstellung, Qualitätsarbeit zu leisten, ist beim Management, bei den Mitarbeitern und bei den Zulieferern innerhalb eines möglichst vollständigen und durchgängigen Qualitätsmanagement-Systems die Voraussetzung, die Qualitätsanforderungen des Kunden vollständig zu befriedigen.

1.5.1 Branchenspezifische Ausprägungen

Die hier getroffenen Aussagen haben allgemeingültigen Charakter. Sie sind für Klein- und Mittelbetriebe genauso gültig wie für Großbetriebe. Bei der Prozeßbetrachtung müssen die unternehmensspezifischen und branchentypischen Ausprägungen Berücksichtigung finden. Die Herausforderungen und Ziele an den Märkten sind aber für die Unternehmen – wenn auch mit abweichenden Prioritäten – gleich.

Sehr unterschiedlich wird die Qualitätsprüfung selber ablaufen. Die Prüfungen und Prüfmittel müssen den Einsatzgebieten angepaßt werden.

Klein- und Mittelbetriebe können aufgrund flexibler Organisationsstrukturen die hier beschriebenen Qualitätsmanagement-Vorgaben sehr viel schneller als Großbetriebe umsetzen.

1.6 Literaturhinweise

Bauer, O.: Was der Betriebsingenieur von der Produkthaftung wissen muß. VDI-Jahrbuch Betriebstechnik 1991
Bauer, C.O.: Produkthaftung, Springer, Berlin, 1993
Binner, Hartmut F.: Strategie des General-Management
    Ausweg aus der Krise. Springer-Verlag, Berlin, 1993
Büchner, U.: Bedeutung der Qualitätssicherung im internationalen Wettbewerb.
    In: VDI Jahrbuch 91/92
DGQ (Hrsg., 1986b): Qualität und Haftung: Die Verantwortung des Herstellers für sein Produkt. 3. Aufl. Beuth Verlag, Berlin
Forschungsgemeinschaft Qualitätssicherung e.V. (Hrsg.: FQualitätssicherung):
    Tagungsband zur Forschungstagung Qualitätssicherung 92. 1991.

HDI Information H-III 20/90 (4, 1/90): Das Produkthaftungsgesetz

HDI Information H-III 3/90 2, 4/91): Produkthaftung und Normung

HDI Information: Qualitätssicherungssysteme - Normen und Zetifikate. H-III 10/89 (5., 06/92)

Jeschke, K.: Maßnahmen zur Null-Fehler-Produktion, Vortrag, IWF Braunschweig, 1995

Kuhlmann, A.: Einführung in die Sicherheitswissenschaft. Köln: Verlag TÜV Rheinland GmbH 1981

Lehmann, S.; Clausen, J.: Umweltorientiertes Management durch Öko-Bilanz und Öko-Controlling. In: VDI-Z 134 (1992), Nr. 7/8, S. 120-122

Lisson, A. (Hrsg.): Qualität die Herausforderung. 1. Auflage, Heidelberg/Köln: Springer Verlag/TÜV Rheinland 1987

Masing, W. (Hrsg.): Handbuch der Qualitätssicherung. 2. Aufl. Carl Hanser Verlag, München, 1988.

Masing, W.: Einführung in die Qualitätslehre. DGQ 7. Auf. 1989

Müller, K.G.: Wandes in der Qualitätssicherung. Bosch Technische Berichte 8/86, S. 146-152

Nix, H.G.: Zuverlässigkeit - Verfügbarkeit - Sicherheit, Regelungstechnische Praxis, Heft 8, 1984

Rothe, L.: Rechtliche Aspekte der Zertifizierung von Qualitätsmanagementsystemen. VDI-Information H-III 29/93

Schönbach, G.: 20 Schritte zur Qualität. RKW

Völkner, G.: Die Grenzen der Übertragbarkeit. In: Planung+Produktion, MITrendbuch 1992, S. 30-36

Weismantel, H.: Qualitätssicherung im Klein- und Mittelbetrieb. Handbuch der Qualitätssicherung. 1. Aufl. Kap. 50, München/Wien: Carl Hanser Verlag 1980

Westkämper, E. (Hrsg.): Null-Fehler-Produktion in Prozeßketten, in der Reihe Qualitätsmanagement (Mikosch, F., Hrsg.), Springer, Berlin Heidelberg, 1996

2 Qualitätsmanagement im Unternehmen

2.1 Ganzheitliche General-Management-Strategie

Einleitend wurde bereits dargelegt, daß die Erfüllung der Anforderungen der Normen DIN EN ISO 9000 allein nicht ausreicht, um die Wettbewerbsfähigkeit zu sichern.

Zu den Anforderungen Termintreue, Lieferfähigkeit und Umweltverträglichkeit gehören weitere, die durch das Management erfüllt werden müssen, wie Innovationsfähigkeit, Kostenwirtschaftlichkeit, niedrige Bestände, kurze Bearbeitungs-, Durchlauf- und Entwicklungszeiten und Flexibilität.

Es ist daher für den Erfolg nötig, daß unterschiedliche Management-Strategien bei Berücksichtigung der spezifischen Rahmenbedingungen gemeinsam zur Anwendung kommen. Die Zusammenfassung der Einzel-Strategien wird hier als übergeordnete General-Management-Strategie (G-M-S) bezeichnet. Wie Tafel 2.1 zeigt, ergänzen sich dabei einzelne Strategien in Form eines Management-Netzwerkes. Erfolgreiches Qualitätsmanagement ist nur dann erfolgreich, wenn Unternehmensmanagement, Teammanagement, Personalmanagement, Logistikman-

Tafel 2.1. Qualitätsmanagement – ein Management-Strategie-Netzwerk

Unternehmensmanagement:		Logistikmanagement:
Unternehmensvision	**Qualitätsmanagement:**	Prozeßdenken
Unternehmenskultur	Qualitätspolitik	Lieferantenanbindung
	Qualitätsmanagement-System	
Teammanagement:	Qualitätsmanagement-Handbuch	**Umweltmanagement:**
Selbstmanagement	Qualitätsmanagement-Methoden	Entsorgung
Erfolgsbeteiligung	Auditierung	Verträglichkeit
	Zertifizierung	
Personalmanagement:	DIN EN ISO 9000 ff.	**Controlling:**
Mitarbeiterauswahl	Qualitätsforderungen	Qualitätskosten
Mitarbeiterqualifizierung		Qualitätskennzahlen

Das Ziel heißt: Kundenzufriedenheit

agement, Umweltmanagement und Controlling im Rahmen eines ganzheitlichen Konzeptes Hilfestellung leisten.

Das Qualitätsmanagement mit dem Ziel, eine höchstmögliche *Kundenzufriedenheit* zu erreichen, hat innerhalb dieser General-Management-Strategie einen hohen Stellenwert. Durch lückenlose Qualität innerhalb aller dazu notwendigen Prozesse im Unternehmen werden letztlich

- weniger Material (bedingt durch weniger Ausschuß und Abfall),
- weniger Arbeitszeit (durch Entfall von Nacharbeit),
- weniger Maschinenkapazität (durch Entfall von Nacharbeit und Ausschuß),
- weniger Energie für den Einsatz der Maschinen

benötigt. Weniger Reklamationen beinhalten geringeren Serviceaufwand, weniger Streß für die Mitarbeiter verringert die Fehlerquote. Die *dadurch entstehenden Kostensenkungen* erhöhen den Handlungsspielraum des Unternehmens am Markt und damit die Wettbewerbsfähigkeit. Weitere unternehmerische Zielsetzungen wie Produktivitäts- oder Flexibilitätssteigerungen werden ebenfalls unterstützt.

Diese Erkenntnis ist so neu nicht. Prof. *Deming* hat nach dem zweiten Weltkrieg in Japan die von ihm entwickelte Philosophie einer ständigen Verbesserung der Prozesse im Unternehmen eingeführt. Die Kernthese seiner Philosophie besagt, daß man bei der Anwendung jeder Art von neuen Verfahren oder Methoden früher oder später auf Grenzen stößt, die schließlich zu Stagnation und letztlich zur Einstellung einmal erfolgreicher Maßnahmen führt.

Nach der nach ihm benannten *Demingschen Reaktionskette* wird der Gewinn des Unternehmens auf die Qualität zurückgeführt. Die Kette beginnt mit der These, daß verbesserte Qualität zu einer verbesserten Produktivität führt und diese wiederum für Kostensenkungen ursächlich ist. Die von Prof. Deming vor 40 Jahren formulierten Grundsätze haben bis zum heutigen Tag noch an Attraktivität gewonnen. Im Kern geht es um eine bessere Nutzung des Mitarbeiterpotentials durch richtiges Führungsverhalten. Damit sollen eine motivierende Atmosphäre geschaffen und gleichzeitig Barrieren überwunden werden, die oft zwischen den Bereichen oder Abteilungen zu erheblichen Reibungsverlusten führen. Mitarbeiter wollen für gute Arbeit belobigt werden. Durch moderne Trainingsmethoden wird die Ausbildung gefördert, die Unternehmensleitung wird aufgefordert, die Unternehmensziele auf ständige Verbesserung von Produkten und Dienstleistungen auszurichten.

Das Qualitätsmanagement ist also Teil der hier als General-Management-Strategie bezeichneten unternehmerischen Gesamtstrategie. Es beinhaltet die Festlegung der Qualitätsstrategie und sichert deren Ausführung.

Erst wenn unter Berücksichtigung der vorhandenen Rahmenbedingungen die Logistik- und Qualitätsstrukturen anforderungsgerecht aufbereitet sind, läßt sich darauf im Rahmen des Produktionsmanagements eine wirtschaftliche Produktion durchführen. Die Kostenwirtschaftlichkeit in der Produktion kann nur gelingen, wenn die vorbereitenden Maßnahmen in den Management-Einzelstrategien so auch angedacht und durchgeführt wurden [Anwendung der General-Management-Strategie, Binner 93].

Mit Hilfe des Zeit- und Kosten-Managements lassen sich die Wirksamkeit dieser Maßnahmen sehr gut beurteilen. Die dabei gewonnenen Kennzahlen wiederum finden Anwendung im Controlling.

Die Kontrolle dieser Zielvorgaben über Zeit-, Kosten-, Qualitäts- oder Logistikkennzahlen erfolgt in direkter Zuordnung zu den Mitarbeitern mit zunehmender Detaillierung und Genauigkeit zum geplanten Ausführungszeitpunkt der Arbeit. Wobei ohne zusätzlichen Aufwand durch Selbstkontrolle, vom Arbeitsplatz zu den oberen Ebenen aufsteigend, die Soll/Ist-Vergleiche durchgeführt und die Ergebnisse in aggregierter Form den oberen Regelkreisen im Sinne eines durchgängigen Unternehmenscontrollings zur Verfügung gestellt werden.

2.1.1 Qualitätsgerechte Organisationsstrukturen

Die Umsetzung des Qualitätsmanagements muß innerhalb eines ganzheitlichen Unternehmensmodells als Ordnungs- und Koordinierungsrahmen erfolgen. Nicht mehr die funktionsorientierte Gliederung des Betriebes (unterteilt in Hauptabteilungen wie Forschung und Entwicklung, Materialwirtschaft, Einkauf, Produktion oder Vertrieb) darf mit ihren arbeitsteiligen Aufgaben und organisatorischen Barrieren im Vordergrund stehen, sondern die objektorientierte Organisation, d.h. die Einrichtung von Sparten und Profitcentern mit wenigen Hierarchieebenen. Diese Sparten- und Profitcenter (Business Units) sind ergebnisverantwortlich für die von ihnen vertretenen Produkt- bzw. Produktgruppen und können flexibel den sich verändernden Marktanforderungen folgen. Innerhalb dieser Centerstrukturen sind zwar die oben angesprochenen Funktionen wieder enthalten. Diesmal mit einem Generalisten an der Spitze, der dafür sorgt, daß alle Bereiche durchgängig und ohne organisatorische Barrieren optimal miteinander kommunizieren können. Die Mitarbeiter müssen am Erfolg und Mißerfolg ihrer Organisationseinheiten beteiligt sein.

Beispiel: Bild 2.1 zeigt das dahinterstehende Unternehmensmodell. Die oberste Hierarchiestufe bildet der Geschäftsbereich bzw. die Direktion. Hier liegt die übergeordnete Ergebnisverantwortung für das Unternehmen bzw. den Konzern. Auf der zweiten Stufe der Hierarchie befindet sich das Leistungscenter mit dem Centerleiter, der für sein Produkt die Ergebnisverantwortung am Markt trägt. Ebene 3 beinhaltet die Sub-Center. Sie sind unterteilt in Produktions- und Servicecenter mit Qualitäts-, Kosten- und Terminverantwortung. Es schließt sich auf Ebene 4 die Team-Organisation an. Die Teams sind ebenfalls für Termine, Qualität und Kosten innerhalb ihres Arbeitsbereiches verantwortlich.

Die moderne Organisations- und Führungslehre geht von einer betriebswirtschaftlichen Systemtheorie aus, in der das Unternehmen als kybernetisches System mit hierarchisch gegliederten und vernetzten Regelkreisen angesehen wird, das sich über Informationen steuert bzw. regelt. Dieser kybernetische Systemansatz findet auch bei dem hier behandelten Unternehmensmodell Verwendung.

Top-down erfolgen die Vorgaben aus der Direktion in Form vermaschter Regelkreise bis hinunter in Ebene 4 über immer genauer und aktuell werdende Zielvorgaben. Sie fungieren als hierarchisch orientierte (vertikale) und prozeß-

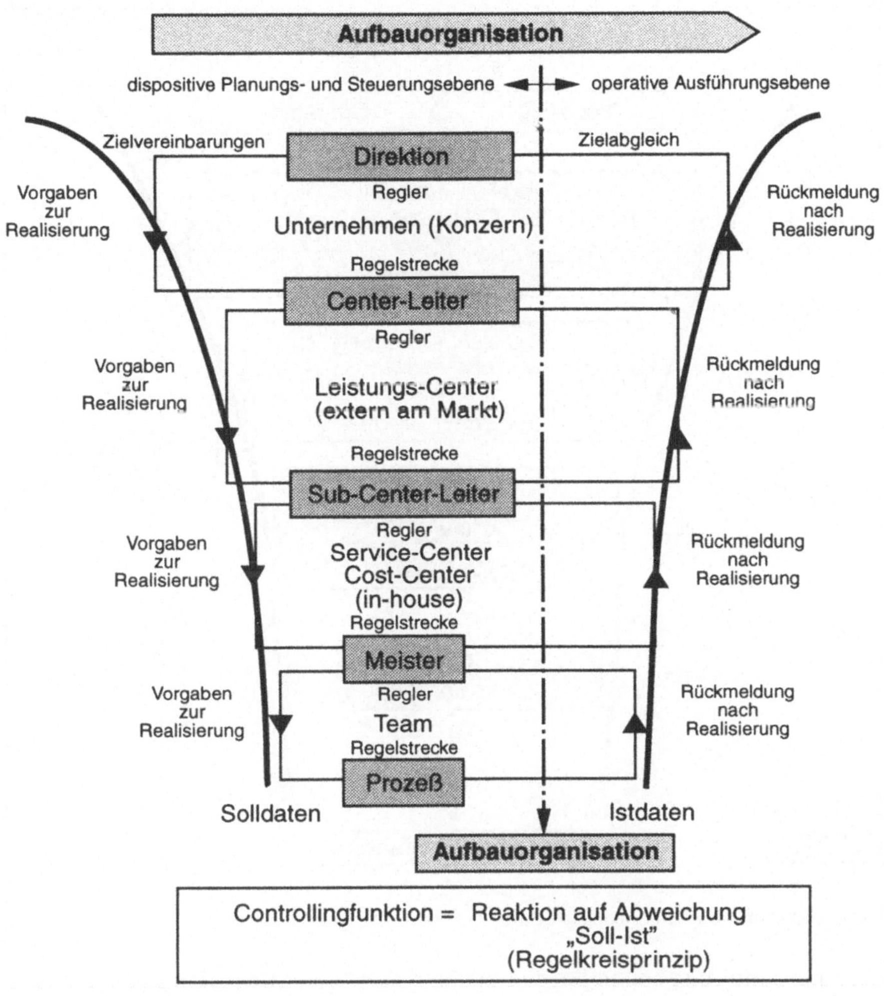

Bild 2.1. Hierarchische Regelkreise nach der vorgegebenen Führungsstruktur im Unternehmen

orientierte (horizontale) Führungsinstrumente. Der Centerleiter ist produktverantwortlich in seinem Geschäftsbereich. Ein überschaubarer Planungs-, Steuerungs- und Überwachungshorizont bei Ausführung der Aufträge ermöglicht ein flexibleres Reagieren auf Kundenwünsche als in zentralistisch organisierten Unternehmensbereichen. In den Sub-Centern bzw. im Prozeß selber erfolgt durch die Teams eine ereignisorientierte effiziente Selbst-Steuerung mit situationsangepaßtem Verhalten. Über die nach dem Bottom-up-Prinzip von unten nach oben verdichteten Rückmeldungen wird die Funktionsfähigkeit des Controllingsystems durchgängig gesichert. Über Abweichungsanalysen läßt sich aktuell in jeder Ebene feststellen, wo Fehler aufgetreten sind.

Die in Bild 2.2 angesprochenen einzelnen Hauptziele in den einzelnen Hierarchieebenen lassen sich wie folgt beschreiben. Unter dem Stichwort der

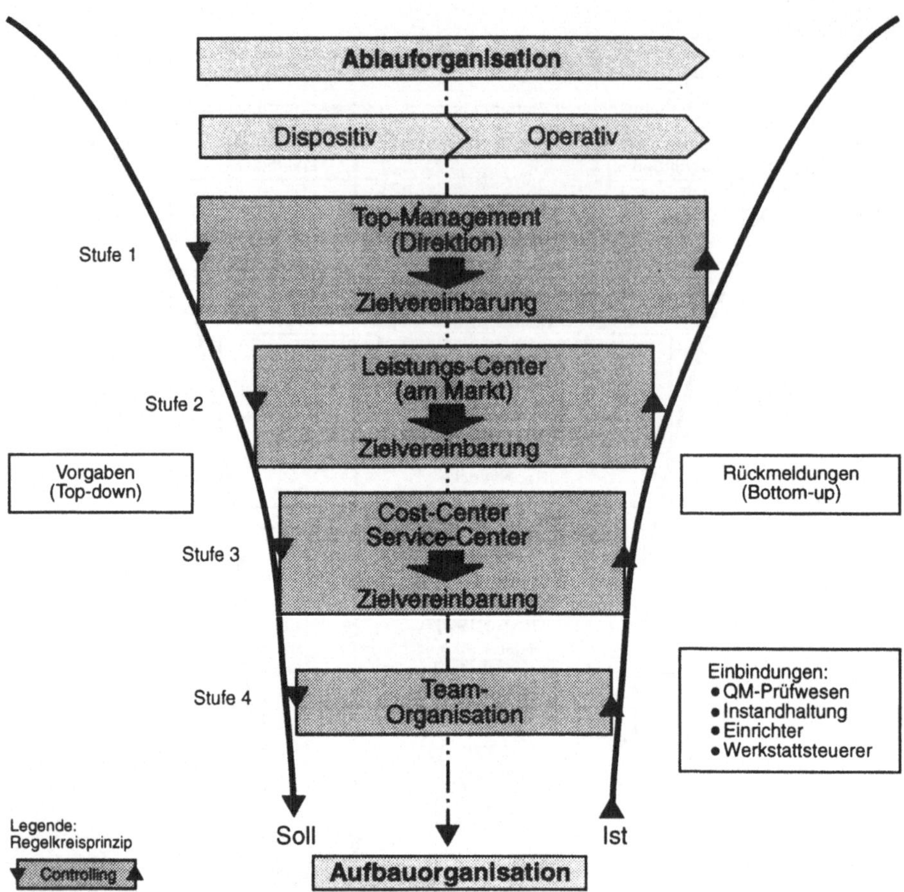

Bild 2.2. Centerorientierte-Führungsstruktur

Kundenorientierung soll in Ebene 1 die Ertragsfähigkeit im Gesamtunternehmen durch Einführung flacher Hierarchien gesteigert werden. Im Cost- bzw. Leistungscenter als darunterliegender Ebene soll sich eigenverantwortliches unternehmerisches Denken und Handeln durchsetzen, um so die Kundenorientierung zu praktizieren. In anderen Organisationsformen vorkommendes Konfliktpotential läßt sich weitgehend ausschalten, wenn in einem Bereich für Änderungen, Budgetkürzungen oder Rationalisierungsvorschläge alle Beteiligten gleichermaßen verantwortlich sind. Es gibt allerdings keine allgemein gültigen Standardregeln für die Einführung von Cost-Centern. Diese Einführung muß immer unter der Berücksichtigung vorhandener Rahmenbedingungen erfolgen.

Der verwendete modulare Gestaltungsansatz mit stufenweiser horizontaler und vertikaler Systemstrukturierung und -vernetzung ermöglicht die Bildung zielorientierter Sub-Regelkreise innerhalb eines komplexen Gesamtsystems mit handhabbaren Stellgrößen für die Mitarbeiter.

2.2 Ziele und Aufgaben des Qualitätsmanagements

Innerhalb der einzelnen Management-Strategien hat das Qualitätsmanagement das Ziel, die Qualitätsführerschaft, d.h. einen Qualitätsvorsprung gegenüber dem Wettbewerb zu erreichen. Damit wird eine dauerhafte Zukunftssicherung möglich, weil in Krisenzeiten das Unternehmen mit der Qualitätsführerschaft weniger Einbußen erleidet als die Konkurrenz. Diese Aussage wurde bereits durch die Demingsche Reaktionskette unterstrichen.

Qualitätsführerschaft setzt voraus, daß das Management die in Bild 2.3 genannten Veränderungsprozesse auf dem Markt, in der Gesellschaft und in der Technik versteht und darauf richtig reagiert. Die Dynamik auf den Märkten erfordert Anpassungsfähigkeit zur Erfüllung individueller Kundenwünsche, dies bei steigendem Kostendruck und einen geänderten Wertebewußtsein in der Gesellschaft.

Im Vordergrund steht für das Unternehmen – unter dem Stichwort *Kundenorientierung* – eine Nutzenmaximierung anzubieten, d.h. also sein Leistungsangebot hinsichtlich Produktvariation, Zuverlässigkeit, Service, Sicherheit, Garantie, Kompatibilität und Kooperation so auszuweiten, daß es Erfolg am Markt hat.

Mitarbeiterorientierung ist das Schlüsselwort, durch das die geschilderten Veränderungen erfolgreich kompensiert werden können. Vorgesetzte müssen sich auf die Ansprüche der Mitarbeiter einstellen. Der Arbeitsinhalt muß so gestaltet sein, daß durch die Selbstentfaltung am Arbeitsplatz ein hohes Maß an Motivation und Zufriedenheit gewährleistet ist.

Aus diesen Forderungen leitet sich die dritte in Bild 2.4 genannte Entwicklung ab. Sie bezieht sich auf die Veränderungen bei der Arbeitsausführung und bei den Arbeitsinhalten.

Die tayloristische Arbeitsorganisation und die damit verbundene Funktions- und Arbeitsteilung zum Zwecke der Produktivitätssteigerung durch Spezialisierung führte in der Vergangenheit häufig zu sinnentleerenden und anspruchslosen Tätigkeiten, die einer strengen Kontrolle unterlagen. *Prozeßorientierung* ist der Ansatz zur Neugestaltung der Arbeitsinhalte und Abläufe, um dem Mitarbeiter die Gelegenheit zur Kundenorientierung zu bieten.

Die Prozeßorientierung unterstützt wesentliche Merkmale der fraktalen Fabrik. Diese fraktale Fabrik stellt einen lebenden Organismus dar, in dem die Fraktale als sich selbst organisierende Einheiten im Kleinen die Ziele des Gesamtsystems verfolgen und durch die rasche Anpassung an sich ändernde Rahmenbedingungen die Überlebensfähigkeit auf turbulenten Märkten erhalten.

Kundenorientierung, Mitarbeiterorientierung und Prozeßorientierung sind also die Strategiefelder, auf denen sich das Management bewähren muß, um die Qualitätsführerschaft zu erreichen. Dabei ist Qualitätsführerschaft immer mit dem Null-Fehler-Anspruch verbunden. Er besagt, daß das Unternehmen keine Abweichungen von den Qualitätsanforderungen akzeptiert, sondern permanent die Ursachen für Abweichungen ermittelt und eliminiert, ein Wiederauftreten der Fehler zu verhindern.

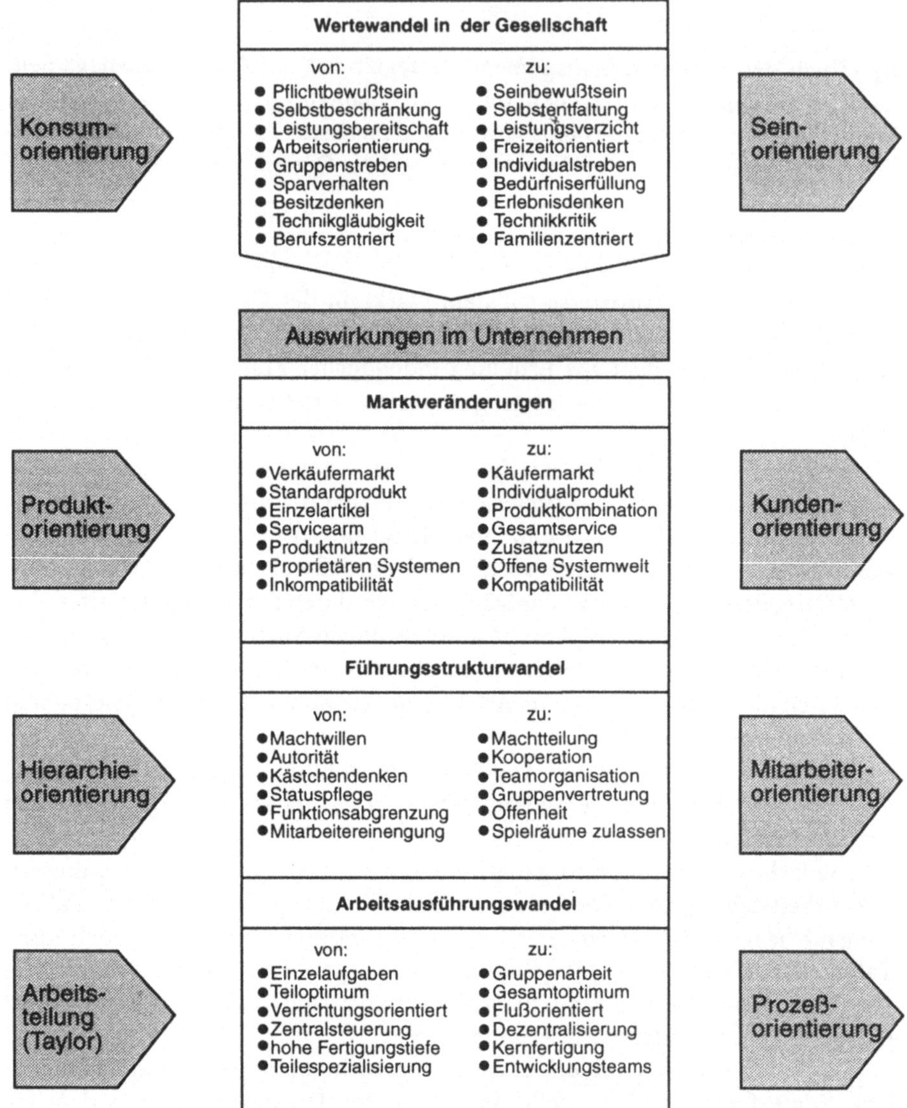

Bild 2.3. Stattfindende Veränderungsprozesse

Bei der kundenorientierten Komponente steht die Nutzenmaximierung für den Kunden an der Spitze. Damit verbunden ist das Abheben von der Konkurrenz durch eine Qualitätsphilosophie bzw. Qualitätskultur, die den Kunden an das Unternehmen durch Offenheit und Vertrauenswürdigkeit bindet. Dazu ist eine ständige Kundenkommunikation nötig.

Bei der mitarbeiterorientierten Komponente steht das Qualitätsbewußtsein im Vordergrund: Jeder Mitarbeiter soll gleichzeitig ein *Qualitätsmitarbeiter* sein, der

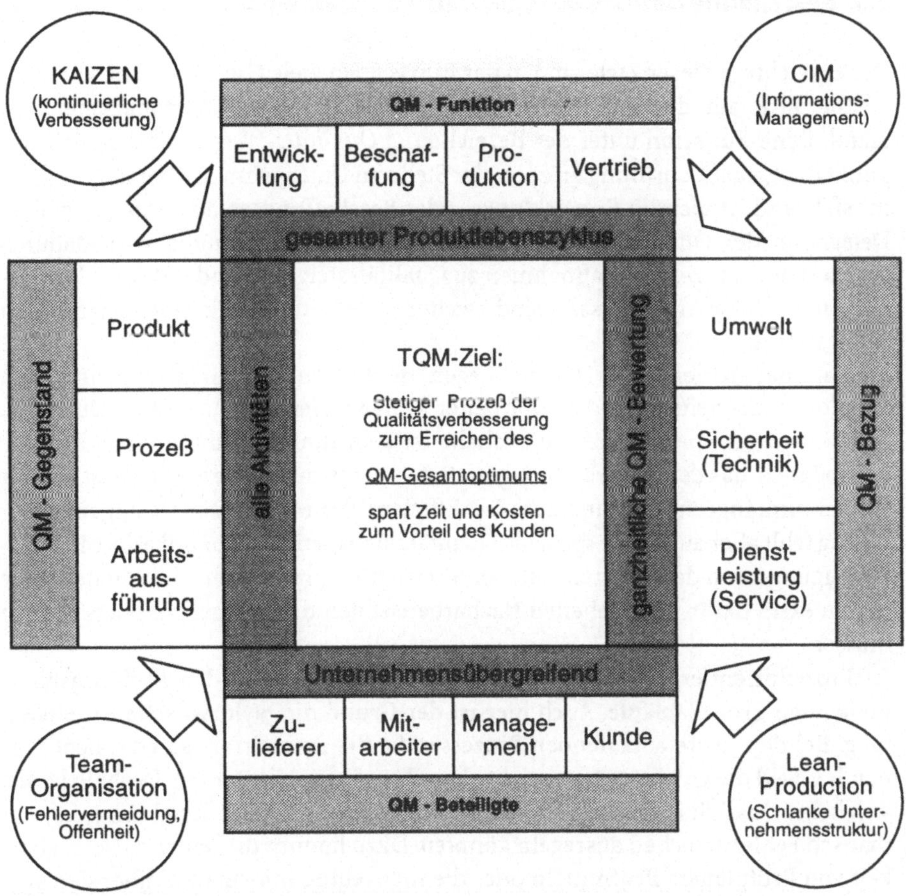

Bild 2.4. Total Quality Management-Stategie

mit entsprechender Qualifikation diese Null-Fehler-Ausführung durch Selbst-Controlling auch in der Praxis umsetzen kann.

Bei der prozeßorientierten Komponente steht die integrierte Qualitätsmanagement-Organisation in allen Geschäftsabläufen und Prozessen an erster Stelle. Über eine Prozeßkettenmodellierung wird diese Integration unternehmensspezifisch optimal erzeugt und damit das im Qualitätsmanagement-Handbuch abgebildete Qualitätsmanagement-System leistungs- und funktionsfähig installiert.

Das Ziel der Qualitätsführerschaft ist nach diesen Vorgaben also wie folgt zu erreichen: Zufriedene Kunden durch motivierte Mitarbeiter innerhalb prozeßorientierter Arbeitsabläufe ermöglichen eine permanente Kundenanbindung und damit den wirtschaftlichen Erfolg am Markt.

2.3 Bestehende Defizite des Qualitätsmanagements

Der Erreichung dieser Ziele sind in der Praxis noch viele Grenzen gesetzt.

Im Blick auf die Kundenorientierung steht das Qualitätsmanagement als Stand-alone-Funktion unter der Bezeichnung *Qualitäts-Wesen* mit dem Schwerpunkt der Qualitätsprüfung an zentraler Stelle im Unternehmen, aber abgekoppelt für sich, und ist nicht in Entwicklungs- oder Beschaffungsabläufe integriert. Eine Delegation der Qualitäts-Verantwortung an externe Lieferanten wird dadurch schwieriger. Mangelnde Maßnahmen zu Qualitätssteigerung oder das Fehlen permanenter Schadensanalysen sind weitere Defizite im kundenorientierten Strategiefeld.

Mitarbeiterorientierte Defizite liegen in den vorhandenen tayloristischen Strukturen. Sie behindern die Mitarbeiter, kundenorientiert zu denken. Durch die fachbezogenen, speziellen Arbeitsinhalte ist kein funktionsübergreifendes Denken möglich, das den Mitarbeitern gestattet, Verantwortung bezüglich bestimmter Produktumfänge zu übernehmen. Die Effizienz der Mitarbeiter ist ungenügend. Häufig fehlt aber auch eine spezielle Qualitätsmanagement-Qualifikation. Erfolgsbeteiligung kann dazu führen, daß der Mitarbeiter qualitätsgerecht arbeitet, ohne daß in extra dafür vorgesehenen Nacharbeitszonen die Mängel behoben werden müssen.

Prozeßorientierte Defizite sind insbesondere die fehlenden funktionsübergreifenden Prozeßabläufe. Auch hier ist der Grund die tayloristische Arbeitsteilung. Bei den heute ablaufenden Prozessen ist die Prozeßtransparenz nicht vorhanden, weil die Qualitätsdaten nicht aktuell bereitgestellt werden. Deshalb lassen sich keine Qualitätsregelkreise bilden, die auf der Basis der Rückmeldungen systematisch Fehlerursachen ausregeln könnten. Dazu kommt die fehlende Verfügbarkeit von Prüfplänen, Prüfmitteln oder die mangelnde Information über den vorhandenen Prüfumfang. Diese Defizite führen zu einer hohen Nacharbeits- und Ausschußquote innerhalb der Prozesse. Eine Beherrschung der Prozesse wird dann nicht erreicht.

2.4 Total-Quality-Management-Ansatz (TQM)

Die Beseitigung dieser Defizite zur Durchsetzung der einleitend erläuterten umfassenden Unternehmensqualität durch das Qualitätsmanagement muß über einen umfassenden Ansatz erfolgen. In Anlehnung an japanische Vorgaben wird dieser Ansatz als Total-Quality-Management(TQM)-Strategie bezeichnet. Das Ziel von TQM ist es, durch:

- Kundenanbindung,
- Mitarbeiterbeteiligung und
- Prozeßoptimierung

die Qualitätsführerschaft zu erhalten und damit die Wettbewerbsfähigkeit des Unternehmens zu verbessern. Die hier vorgenommene Definition von TQM faßt die bisherigen Aussagen in einem ganzheitlichen Denk- und Handlungsrahmen zusammen.

TQM ist ein umfassendes, durchgängiges, kunden-, mitarbeiter- und prozeßorientiertes Managementkonzept, das die Qualitätsanforderungen wie:

- Markt- bzw. Kundenanforderungen,
- rechtliche Forderungen,
- unternehmensinterne Forderungen,
- Norm- und Richtlinienforderungen

über eine umfassende Unternehmensqualität mit den Komponenten:

- Produkt- und Dienstleistungsqualität,
- Prozeß- und Ablaufqualität,
- Ausführungs- und soziale Qualität,
- Management-Systemqualität

zum maximalen Nutzen des Kunden abdeckt.

Der Gesamtrahmen des TQM-Ansatzes umfaßt den gesamten Produktlebenszyklus von der Entwicklung über die Beschaffung und Produktion bis hin zum Vertrieb. Eingebunden in diesen Zyklus sind unternehmensübergreifend die Zulieferer und Kunden zusammen mit dem Management und den Mitarbeitern (Bild 2.4).

Enge Verbindungen bestehen zum Informations-Management (CIM), zum Lean-Management, zur Teamorganisation und zu den kontinuierlichen Verbesserungsprozessen (KAIZEN) durch die Mitarbeiter. Auf die den TQM-Ansatz unterstützenden Aktivitäten innerhalb der genannten Management-Strategie wird im folgenden – insbesondere in Kapitel 3 – noch näher eingegangen.

Ziel des TQM ist ein stetiger Prozeß der Qualitäts-Verbesserung, um zum Vorteil des Kunden Zeit und Kosten zu sparen.

Der Kunde stellt die Qualitätsansprüche an das Produkt, nicht das Management im Unternehmen. Die Qualität bei der Arbeitsausführung ist Grundlage für die Produktqualität und bindet langfristig die Kunden an das Unternehmen. Jeder Mitarbeiter ist für die Qualität seiner Ausführung selber verantwortlich. Die durchgängige Qualität der Arbeitsausführung innerhalb aller Unternehmensfunktionen sorgt dann für die geforderte Produktqualität. Dabei spart jeder nicht begangene Fehler Kosten. Der umfassend formulierte Unternehmensqualitätsbegriff, aufgelöst in die einzelnen Qualitätsstandards, ist die Bezugsgröße für TQM.

Integration ist ein weiterer TQM-Grundsatz: die Qualitätsleitung muß in die dispositive und operative Arbeitsausführung integriert sein. Die Methoden des Qualitätsmanagements müssen durchgängig von der Entwicklung, Planung bis zur Auftragsabwicklung Anwendung finden. Vorgangsbearbeitung und Qualitätsmanagement bilden eine Einheit.

Die Übertragung dieser Grundsätze in die Struktur des bereits erläuterten Unternehmensmodells zeigt Bild 2.5. Über eine flache Hierarchie werden die Vor-

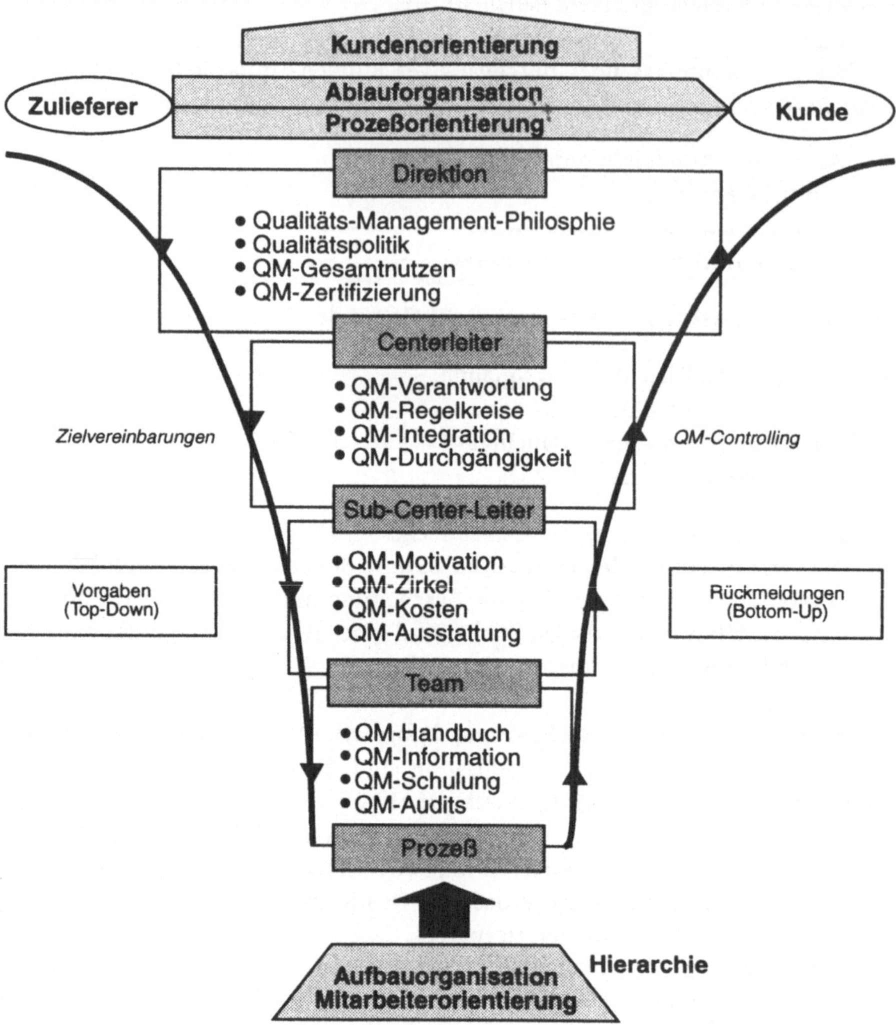

Bild 2.5. Umfassendes Qualitäts-Management

gaben bis zum Arbeitsplatz auf der Prozeßebene heruntergebrochen. Über eine
Verdichtung der Rückmeldungen bilden sich durchgängige Qualitätsregelkreise.

Jede Ebene hat ihre eigenen Schwerpunkte. Die Centerleiter sind für die Integration und Durchgängigkeit der Regelkreise innerhalb ihres Leistungscenters
verantwortlich. Die Sub-Centerleiter haben die Aufgabe, ihren Mitarbeitern die
Möglickeit zur Qualitätsverbesserung, beispielsweise in Form von *Qualitätszirkeln*, zu geben und sie zu motivieren.

Die Teams sind ausführlich über die eigenverantwortlichen Qualitätssicherungsmaßnahmen zu unterrichten und auf die Anwendung der vorgeschriebenen Prüfverfahren und Anweisungen hinzuweisen. Durch Audits ist zu überprüfen, ob die Maßnahmen tatsächlich auch eingehalten werden.

Innerhalb dieses Unternehmensmodells sind folgende TQM-Ansatzpunkte zu verwirklichen. Die Kundenorientierung steht dabei an der Spitze. An ihr orientiert sich die Qualitäts-Politik. Ein kooperativer Führungsstil wird unter Einbeziehung der Mitarbeiter und Lieferanten die höchstmögliche Befriedigung der Kundenerwartungen ermöglichen. Allerdings müssen über geeignete Personalentwicklungsmaßnahmen die Mitarbeiter ausgewählt und geschult werden. Teamarbeit innerhalb dezentraler Organisationsformen mit simplifizierten Abläufen und transparenten Betriebsstrukturen führt zur ständigen Prozeßverbesserung durch Integration der Methoden und Techniken des Qualitätsmanagements.

2.5 Durchgängige Qualitätspolitik im Unternehmen

Die Qualitätsführerschaft bei Erfüllung aller Qualitätsanforderungen und niedrigen Kosten muß ein erklärtes Ziel der übergeordneten Unternehmenspolitik sein. Sie gibt damit die Richtlinien zur Durchsetzung des vorher beschriebenen Total-Quality-Management-Ansatzes.

Bezugspunkt für die Festlegung der Qualitäts-Politik ist die in Kapitel 1 beschriebene unternehmensspezifisch vorgenommene Definition einer umfassenden Unternehmensqualität. Abgeleitet aus den Ansprüchen des Kunden werden für die einzelnen Qualitätskomponenten nachvollziehbare und überprüfbare Qualitätsstandards gebildet, die Umfang und Tiefe der Qualitätsmanagement-Dokumentation zur Erfüllung dieser Qualitätsstandards bestimmen.

Beispiele für konkrete Formulierungen der Qualitätspolitik, wie sie in vielen Fällen von der Geschäftsführung in Form von Leitlinien, Richtlinien oder Grundsätzen festgelegt wurden, sind:

1) Für das Erreichen unserer Unternehmensziele ist die Qualität unserer Produkte und Dienstleistungen entscheidend. Jeder einzelne Mitarbeiter muß bestrebt sein, diese Qualität selbstverantwortlich zu erzeugen.
2) Das Qualitätsbewußtsein in allen Ebenen zu fördern, ist ständige Führungsaufgabe.
3) Ziel unserer Qualitätspolitik ist es, unseren Kunden und dem Verbraucher innovative, zuverlässige und preiswürdige Erzeugnisse anzubieten.
4) Unsere Anstrengungen müssen sich an den Forderungen der Kunden und Anwender orientieren; sowohl außerhalb als auch innerhalb unseres Unternehmens. Den Führungskräften muß die Leistungsfähigkeit unserer Konkurrenten bekannt sein.
5) Damit jeder einzelne im Unternehmen bei der Qualitätsverbesserung mit einbezogen wird, müssen die Führungskräfte alle Mitarbeiter an der Vorbereitung, Durchführung und Auswertung der Aktivitäten beteiligen.
6) Die Organisation muß gewährleisten, daß die Qualität durch enges Zusammenwirken von Entwicklung, Produktion und Verkauf durchgängig gesichert ist (integriertes Qualitätsmanagement).

7) Qualitätsverbesserungen müssen ein kontinuierlicher Prozeß sein und planmäßig und systematisch begonnen und ständig verfolgt werden. Dies gilt für jeden Teilbereich unserer Organisation.

8) Für die ständigen Qualitätsverbesserungen ist jeder im Unternehmen, also jede Führungskraft und jeder Mitarbeiter eigenverantwortlich zuständig. Qualität ist Linienverantwortlichkeit.

9) Wichtige Zulieferer werden in unsere Qualitätspolitik einbezogen. Dies betrifft sowohl externe als auch interne Zulieferer von Waren, Betriebsmitteln und Dienstleistungen.

10) Ein leistungsfähiger Kundendienst ist unabdingbar, um unsere Kunden auch in der Produktnutzungsphase umfassend zufriedenzustellen und an das Unternehmen zu binden.

11) Ausbildungs- und Fortbildungsmöglichkeiten müssen danach beurteilt werden, in welchem Maße sie einen Beitrag zur Qualitätsanforderung und zur Hebung des Qualitätsbewußtseins leisten.

12) Bei schwerwiegenden Qualitätsbeanstandungen, die möglicherweise Rückrufe von Produkten notwendig machen, wird unverzüglich der zuständige Führungsbereich eingeschaltet.

13) Diese Qualitätspolitik wird überall im Unternehmen so bekannt gegeben, daß sie von jedem Beteiligten verstanden wird und umgesetzt werden kann.

Die Umsetzung dieser Leitlinien erfolgt innerhalb des zu installierenden Qualitätsmanagement-Systems, das in seinem Aufbau wesentlich von den Vorgaben aus der DIN EN ISO 9001 bestimmt ist.

Aus den Vorgaben und Grundsätzen der Qualitäts-Politik leiten sich die qualitativen und quantitativen Qualitätsvorgaben an die Center, Subcenter und an die Teams ab (Bild 2.6).

Diese Grundsätze sind aber nur anwendbar, wenn sie in einen übergeordneten Unternehmensführungsanspruch eingebunden sind, der auch als Unternehmenskultur bezeichnet wird.

Wie Tafel 2.2 zeigt, ist die Unternehmenskultur als Summe von definierten Normen, Werten und Idealen in Form einer Absichtserklärung zu verstehen, nach denen sich die Unternehmensleitung und ihre Mitarbeiter bei der Unternehmenstätigkeit im Denken und Handeln richten wollen. Die Unternehmenskultur kann nicht verordnet werden.

Häufig wird vom Unternehmen dieser wertorientierte Unternehmensansatz als Unternehmensleitbild formuliert. Es soll sichergestellt sein, daß alle Mitarbeiter dieses Leitbild als allgemein verbindlichen Maßstab (für alle im Unternehmen tätigen) kennen, verstehen und bejahen.

Das Unternehmensleitbild muß das tatsächliche Verhalten und Handeln nach den formulierten Unternehmensgrundsätzen leiten. Dieses Selbstbild wird über die Mitarbeiter dem Kunden mitgeteilt. In der Praxis stimmen häufig Darstellung und Leitbild nicht überein, (unfreundliche telefonische Auskünfte, unbefriedigende Erfüllung zugesagter Eigenschaften, Diskussion mit Firmenvertretern in berechtigten Reklamationsfällen).

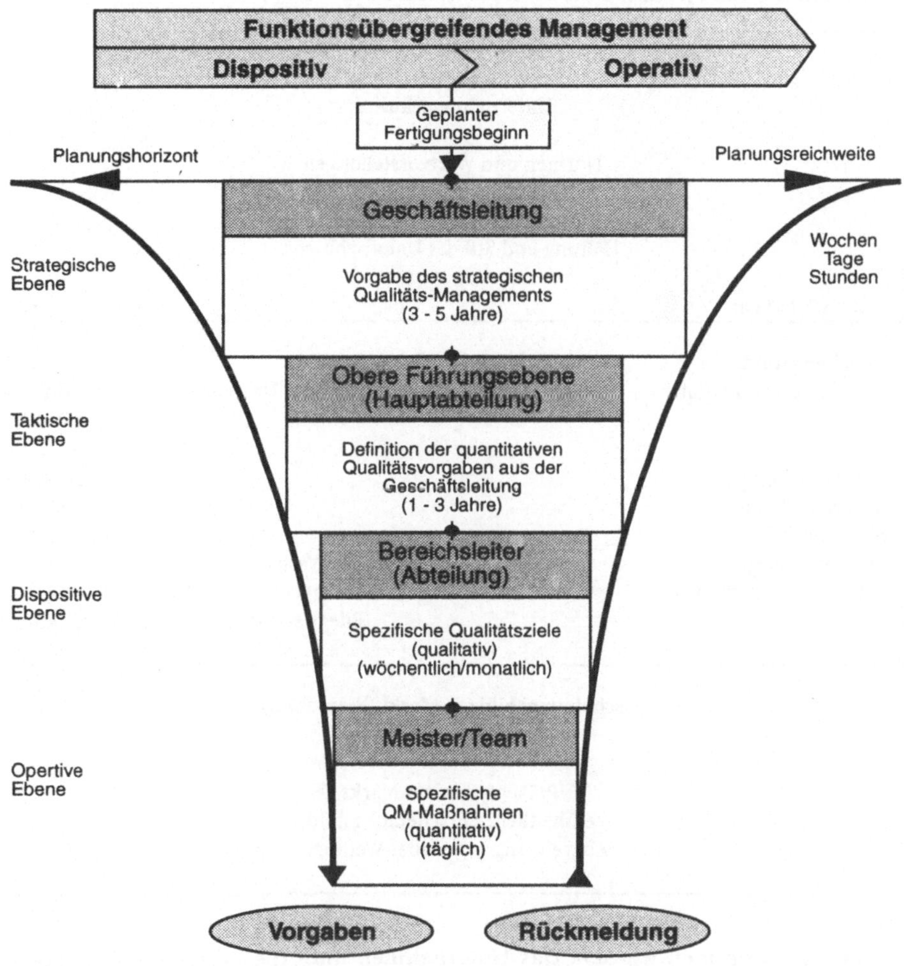

Bild 2.6. Strategische Durchgängigkeit der Qualitätspolitik

Auch wenn in den Unternehmensgrundsätzen schriftlich verankert ist, daß bei den Mitarbeitern Eigeninitiative gefragt und verlangt wird, kann fehlende Kooperations- und Kommunikationsfähigkeit der Führung und der fehlende Vertrauensvorschuß genau das Gegenteil bewirken. Unternehmenskultur als Führungsinstrument ist eine wesentliche Grundlage der Qualitäts-Politik.

Sie bringt das Darstellungs- mit dem Leitbild zur Deckung und erzeugt damit am Markt ein unverwechselbares positives Erscheinungsbild: Das *Unternehmensimage*. Dieses Unternehmensimage ist bei Mitarbeitern und Kunden gleichermaßen verhaltenssteuernd, weil es eine klare Abgrenzung gegenüber den Wettbewerbern ermöglicht.

Die Kommunikation mit den Kunden hat einen strategischen Stellenwert, weil sie über den Markterfolg entscheidet. Die Kundenvorstellungen müssen zur

Tafel 2.2. Wertorientierter Ansatz der Unternehmensführung

Leitbild:
Unternehmenskultur

Normen und Wertvorstellungen
Führungsstrukturen
Unternehmerische Grundsätze
Haltung und Stil des Unternehmens

wirkt nach außen: *wirkt nach innen:*

Darstellungsbild: ⇐ *Wechselwirkung* ⇒   **Selbstbild:**
Unternehmensidentität   **Unternehmenspersönlichkeit**
                                                                                    (Unternehmenskultur)

Selbstdarstellung   Arbeitsstil
Corporate Identity   Haltungen und Rituale
Produktdesign   Regeln der Zusammenarbeit
Corporate Design   Verhalten gegenüber Mitarbeitern
Kommunikationsfähigkeit   Stärken- und Schwächenbewußtsein
                                                                        Pflege von Potentialen und Ressourcen

---

Erscheinungsbild am Markt (Fremdbild):
Unternehmensimage

Präsentation am Markt
einheitliches Erscheinungsbild
klare Abgrenzung gegenüber Wettbewerbern

Kenntnis genommen werden. Das Unternehmen muß die Problemlösungskompetenz vermitteln, Zusatz- und Nebenleistungen verdeutlichen sowie ein umfangreiches Dienstleistungsangebot aufzeigen.

2.6 Qualitätsmanagement-Grundsätze

Die beschriebenen Veränderungsprozesse mit ihrem Wandel von der Produktorientierung zur Kundenorientierung, von der Hierarchieorientierung zur Mitarbeiterorientierung und von der arbeitsteiligen Arbeitsausführung zur Prozeßorientierung haben auch unmittelbare Auswirkungen auf die Ausführung der Aufgaben des Qualitätsmanagements.

In Bild 2.7 ist der Wandel des Qualitätssicherungsgedankens von der Qualitätskontrolle zum Qualitätsmanagement in seinen Einzelkomponenten beschrieben. Nicht mehr eigens eingesetzte Spezialisten (Qualitätskontrolleure) sind für die Qualitätssicherung im Unternehmen zuständig, sondern jeder Mitarbeiter. Aus

Bild 2.7. Wandel des Qualitäts-Sicherungs-Gedankens

diesem Grund gibt es keine separaten Prüfabteilungen mehr in der Fertigung oder Montage. Qualitätsmanagement ist integriert in alle Prozeßabläufe. Deshalb steht neben dem produktorientierten das prozeßorientierte Qualitätsmanagement. Die Endkontrolle nach Fertigstellung des Produktes wird durch prozeßbegleitende Prüfungen ersetzt. Abweichungen von vorgegebenen Merkmalen lassen sich frühzeitig aufzeigen. Statt Fehlerentdeckung wird durch das Selbstcontrolling jedes einzelnen Mitarbeiters Fehlerverhütung betrieben; Nacharbeit entfällt, weil eine Null-Fehler-Produktion angestrebt wird.

Die Mitarbeiter müssen die Grundlagen verstanden haben und aufgrund ihrer Qualifikation in der Lage sein, fehlerfrei am Arbeitsplatz zu wirken. Die Übertragung von Verantwortung und Selbstcontrolling soll die Mitarbeiter motivieren und mobilisieren, um dieses Ziel zu erreichen. Sie müssen daher auch die Kompetenz haben, Abläufe zu beeinflussen.

Prozeßorientiert ist die durchgängige Arbeitsausführung ohne funktionale oder organisatorische Barrieren über eine Prozeßkettenoptimierung umzusetzen.

Abgebildet werden diese Prozesse in einem Qualitätsmanagement-Handbuch, wobei die Vorgabe der notwendigen Informationen vom vorher eingeführten Qualitätsmanagement-System nach der DIN EN ISO 9000 /9004 erfolgt.

Inwieweit diese Kernpunkte tatsächlich erfüllt und der Wandel hinsichtlich des Qualitätsmanagement-Gedankens bereits stattgefunden hat, läßt sich durch die Checkliste zur *Selbsteinschätzung zur Verantwortung der obersten Leitung* überprüfen (Tafel 2.3).

Ein europäisches Modell wurde von der European Foundation for Quality Management (E.F.QM) mit Sitz in Brüssel entwickelt. Die EFQM wurde 1988 von 14 führenden westeuropäischen Unternehmen gegründet, um die Wettbewerbsposition im Weltmarkt durch die Durchführung von TQM-Statusanalysen zu verbessern. Zu diesem Zweck wurde ein Selbstbewertungsschema entwickelt, das sich an dem oben gezeigten Europäischen Modell orientiert.

Tafel 2.3. Checkliste zur Selbsteinschätzung -
Qualitätsmanagement-Verantwortung der Leitung

❑ Sind die Qualitätspolitik und die daraus abgeleiteten Qualitätsziele festgelegt und werden sie den Mitarbeitern in geeigneter Weise verdeutlicht?

❑ Gibt es eine unternehmensweit festgelegte und umgesetzte Verpflichtung zur Qualität?

❑ Ist die Qualitätspolitik des Unternehmens so definiert, daß sie in erster Linie auf Verminderung, Eliminierung und Verhütung unzulänglicher Qualität ausgerichtet ist?

❑ Sind die bereitgestellten Mittel ausreichend, um die Qualitätsziele zu erreichen?

❑ Wird das Qualitätsmanagement-System periodisch von der Unternehmensleitung bewertet?

❑ Sind die Qualitätsfaktoren neuer Produkte, Prozesse oder Dienstleistungen von der Unternehmensleitung ausreichend identifiziert?

❑ Sind die allgemeinen und speziellen Verantwortungen für qualitätsrelevante Tätigkeiten der Mitarbeiter festgelegt und dokumentiert?

❑ Sind die Verantwortungen und Befugnisse der Mitarbeiter festgelegt und dokumentiert?

❑ Sind systematische Maßnahmen zur Koordinierung der Schnittstellen zwischen den Organisationseinheiten vorhanden?

❑ Sind die Verantwortungen und Befugnisse der Mitarbeiter ausreichend um die Qualitätsziele zu erreichen?

❑ Gibt es einen gültigen Organisationsplan des Unternehmens?

❑ Sind die schriftlichen Anweisungen zu den Verfahren und Abläufen einfach, eindeutig und verständlich formuliert?

Gleichzeitig bildet dieses Europäische Modell für umfassendes Qualitätsmanagement die Grundlage für die Vergabe des *Europäischen Qualitätspreises*. Es beruht auf folgenden Prämissen:

> Kundenzufriedenheit, Mitarbeiterzufriedenheit und gesellschaftliche Verantwortung (ein positives Image) werden durch ein Managementkonzept erzielt, welches durch eine spezifische Politik und Strategie, eine geeignete Mitarbeiterorientierung sowie das Management der Ressourcen und Prozesse zu herausragenden Geschäftsergebnissen führt.

Jedes der neun Elemente dieses Modells kann als Kriterium zur Beurteilung des Fortschritts eines Unternehmens auf dem Weg zu Spitzenleistungen dienen. Die angegebenen Prozentsätze entsprechen denen, die für die Verleihung des European Quality Award gelten. Die Verwendung der Gewichtungen ermöglicht auch einen Vergleich des Bewertungsergebnisses eines Unternehmens mit den „Besten in Europa". Das Modell und die Prozentsätze wurden im Zuge umfassender europaweiter Beratungen entwickelt und werden jährlich von der EFQM im Rahmen eines kontinuierlichen Verbesserungsprozesses überprüft.

Die Befähiger-Kriterien mit 50% Bewertungsanteil sind prozeßorientiert und befassen sich damit, wie das Unternehmen bezüglich der genannten Kriterien vorgeht. Erforderlich sind Angaben über die Qualität des Vorgehens und den Grad der Umsetzung des Konzeptes, sowohl vertikal – durch alle Unternehmensebenen hindurch – als auch horizontal, d.h. in allen Bereichen und Tätigkeiten.

Die Ergebnis-Kriterien mit ebenfalls 50% Bewertungsanteil beziehen sich darauf, was das Unternehmen bisher erreicht hat und noch erreichen will. Die Ergebnisse des Unternehmens sind für alle Ergebnis-Kriterien im Hinblick auf folgende Aspekte darzustellen:

- die konkreten Leistungen des Unternehmens,
- die eigenen Ziele und, wo immer möglich,
- die Leistungen der Konkurrenz,
- die Leistungen der „klassenbesten" Unternehmen.

Preisgewinner ist das Unternehmen, welches die meisten Punkte von max. 1000 erreichbaren Punkten erhält. Die Auszeichnung ist ein hervorragendes Argument im Wettbewerb. Die Unterlagen können beim Sekretariat des European Quality Award in Brüssel angefordert werden (s. Literaturhinweise, EFQM).

2.7 Literaturhinweise

Bläsing J. P.: CAQ Qualitätssicherung unter CIM-Zielen. Vieweg Verlag

Binner, Hartmut F.: Strategie des General-Management
Ausweg aus der Krise. Springer-Verlag 1993

DGQ (Herausgeber): TQM (Total Quality Management). Frankfurt 1990

EFQM: Selbstbewertungs-Richtlinien 1995, Geschäftsstelle Brüssel, Avenue des Pleiades 19, 1260 Brüssel, Belgien

Flöther, E.: Zehn Schritte zur marktgerechten Firmenkultur. Gabler Magazin Wiesbaden 1991

Gaster, D.: Aufbauorganisation der Qualitätssicherung. DGQ-SAQ-ÖVQ-Schrift 12-61, 1. Aufl. Berlin: Beuth-Verlag 1987

Hansen, W.: Qualitätssicherungssysteme - wofür? DIN-Mitteilungen 12/1987, Beuth-Verlag

Hansen et al. (Hrsg.): Qualitäts-Management im Unternehmen, Springer-Loseblatt-Systeme

HDI Information: Qualitätssicherungssysteme - Normen und Zertifikate. H-III 10/ 89 (5., 06/92)

Kürzl, A.: Qualität und Qualitätsmanagement. Berlin: Walter de Gruyter & Co. 1989

Masing, W. (Hrsg. 1988): Handbuch der Qualitätssicherung. 2. Aufl. Hanser Verlag, München

Meinig, W.: Mallad H. F. L.: Unternehmenskultur in der Automobilindustrie. In: FB/IE 41 (1992) 3, S. 126-130

Porter, M.E. (1983) Wettbewerbsstrategie - Methoden zur Analyse von Branchen und Konkurrenten. Campus Verlag, Frankfurt

Schönbach, G.: 20 Schritte zur Qualität. RKW

Stein. R.: Qualitätssicherungs-Systeme, -Ziele, -Anforderungen, -Aufbau. Vortragsveranstaltung des TÜV Rheinland, Herbst 1987

Winterhalter, L.: Konzepte und Funktionen der rechnergestützten integrierten Qualitätssicherung in: Bläsing, J.P. (Hrsg.), Praxishandbuch der Qualitätssicherung. Bd. 1, München: GFTM Verlags-KG 1986

Zeller, H.: Qualitätssicherung als Führungsaufgabe. Bad Wörishofen: Holzmann Verlag 1970

3 Verantwortung des Mitarbeiters für die Erfüllung der Qualitätsanforderungen

3.1 Mitarbeiterbezogene Qualitätsverbesserungsstrategien (KAIZEN)

Die Träger der erfolgreichen Umsetzung der Qualitätspolitik sind die Mitarbeiter. Gefordert sind von diesen Mitarbeitern Eigenschaften wie Eigenverantwortung, Selbstkontrolle, kritisches Mitdenken und ein Infragestellen herkömmlicher Abläufe mit dem Ziel der *permanenten Verbesserung*.

Das Qualitätsmanagement muß die Kundenorientierung in den Köpfen der Mitarbeiter verankern, damit Sinn und Zweck der erforderlichen Maßnahmen tatsächlich verständlich und die Sollvorgaben erreichbar sind.

Das Erfolgsrezept der Japaner unter dem Stichwort *KAIZEN* ist der entscheidende Ansatzpunkt. Nach *Imai* ist KAIZEN (wörtlich übersetzt: Verbesserungen) die wichtigste japanische Managementstrategie: Die Verbesserung des Status quo in kleinen Schritten durch die Mitarbeiter und Vorgesetzten.

Der Ausgangspunkt für KAIZEN ist die Erkenntnis, daß es keinen Betrieb oder keinen Prozeß ohne Probleme gibt. KAIZEN löst diese Probleme dadurch, daß jeder einzelne Mitarbeiter ungestraft Probleme eingestehen kann. Jeder Verbesserungsprozeß beginnt mit dem Erkennen und Aufzeigen von Problemen. KAIZEN fördert damit auch das Betriebsklima Es versucht, die beteiligten Mitarbeiter aus sich selbst heraus nach Qualität und Produktivitätsverbesserungen streben zu lassen.

KAIZEN ist in Japan überall im täglichen Leben zu finden und bezieht sich beispielsweise auch auf die Politik, das Wohlfahrt-System oder auf gegenseitige Beziehungen. Im Unternehmen erfordert KAIZEN vom Management allerdings einen Führungsstil mit dem Schwerpunkt auf Sozialkompetenz anstatt Fachkompetenz. Persönliche Erfahrung und Überzeugung stehen vor Autorität oder Alter. Weiter gehört dazu ein System, das die Mitarbeiter für ihren Einsatz belohnt und ihnen Anerkennung und Ehrung zuteil werden läßt.

In KAIZEN finden sich fast alle Merkmale wieder, die unter den Stichworten Kundenorientierung, Mitarbeiterorientierung und Prozeßorientierung angesprochen wurden. Hierbei treten dann auch wesentliche Unterschiede zu westlichen Managementkonzepten auf.

Es beginnt bei der konsequenten Kundenorientierung mit dem Aufbau von externen und internen Kundenbeziehungen. Das jeweils an die nächste Abteilung oder an den Kunden weitergereichte Arbeitsergebnis muß immer fehlerfrei übergeben werden. Diese Vorgehensweise ist nur auf der Basis einer konsequenten Prozeßorientierung möglich.

Die ständige fortschreitende Verbesserung der Prozesse in kleinen Schritten erfolgt durch die Mitarbeiter. Die Steigerung der Produktivität durch KAIZEN erfolgt durch Erhöhung der wertschöpfenden Tätigkeiten zulasten nichtwertschöpfender Tätigkeiten.

Auch die Total-Quality-Management-Strategie ist, wie Tafel 3.1 zeigt, ein Teil der KAIZEN-Bewegung. KAIZEN-Programme arbeiten deshalb sehr eng mit dem Qualitätsmanagement und dem Vorschlagswesen zusammen. Qualitätsverbesserung mit dem Null-Fehleranspruch, Prozeßverbesserung mit dem Null-Störungsanspruch und Qualitäts- und Kostenverbesserung durch Verhütung von Verschwendung bilden also eine Symbiose.

Im Top-Management geht es um die Einführung von KAIZEN als grundlegende Strategie, mit dem Aufbau entsprechender Strukturen und der Förderung des KAIZEN-Gedankens über Schulung und Vorträge.

Auf Teamebene besteht die Aufgabe darin, eine Kontrolle von außen überflüssig zu machen. Gemeinsame Ziele im Team werden für alle verbindlich über Zielvereinbarungen formuliert.

Dazu sind nach Imai folgende *Maßnahmen* erforderlich:

- Verbesserung der Arbeitsbeziehungen,
- Aus- und Weiterbildung der Mitarbeiter,
- Förderung der Entwicklung informeller Führer,

Tafel 3.1. Synergieeffekte durch Team-Konzeption

	Teamaufgaben:	
Kontinuierliche Verbesserung (KAIZEN)	Kontinuierliche Einsparungen (Verschwendung reduzieren)	Koninuierliche Fehlervermeidung (TQM)
⇓	⇓	⇓
Null-Störungen	**Null-Bestände**	**Null-Fehler**
		Zwischenziel:
⇓	⇓	⇓
Störungsfreie Abläufe	**Kostenreduzierung**	**Qualitätsverbesserung**

Unternehmensaufgabe:
⇓
Kundenorientierung

- Einführung von Gruppenarbeit,
- Anerkennung für KAIZEN-Bemühungen (prozeßorientierte Kriterien),
- Aufrichtiges Bemühen, Arbeitsplätze so zu gestalten, daß Mitarbeiter an ihnen Lebensziele realisieren können,
- Soziale Belebung des Arbeitsplatzes, soweit dies praktikabel ist,
- Training der Meister im Hinblick auf bessere Kommunikation mit den Arbeitern und bessere positive Einbeziehung der Arbeiter,
- Disziplin am Arbeitsplatz.

Weiter gehören dazu auch *atmosphärische Maßnahmen* zur Förderung der Zusammenarbeit. Dies können beispielsweise sein:

- Werksführungen für Familienangehörige,
- Ausstellungen über betriebliche Aktivitäten,
- Firmenabzeichen für Mitarbeiter,
- Ehrungen für herausragende Leistungen, lange Betriebszugehörigkeit oder für Beitrage zur Arbeitssicherheit,
- Wettbewerbe zwischen den Abteilungen,
- Willkommensfeiern für neue Mitarbeiter,
- Möglichkeit, andere Werke zu besuchen,
- Schwarzes Brett und Werkszeitung,
- Radiosendungen mit aktuellen Neuigkeiten,
- Briefe des Präsidenten an die Mitarbeiter,
- Hausinternes „Book of Records",
- Regelmäßige Besprechungen mit der Geschäftsleitung.

Die *Vorteile und Auswirkungen* der KAIZEN-Programme lassen sich wie folgt zusammenfassen:

- Es besteht ein unternehmensweiter Geltungsbereich, in den alle Mitarbeiter einbezogen sind.
- Die Mitarbeiter begreifen viel schneller, um was es wirklich geht.
- Jeder einzelne wirkt am Aufbau des neuen Systems mit.
- Die Mitarbeiter werden ermutigt, problemlösungsorientiert zu denken.
- Der Planungsphase wird höhere Aufmerksamkeit entgegengebracht.
- Die Mitarbeiter konzentrieren sich auf die wichtigsten Dinge.
- Die Aus- und Weiterbildung erhält einen hohen Stellenwert.
- Es finden viele Qualitätsmanagement-Aktivitäten in Gruppen statt.
- Setzen und Erreichen von Gruppenzielen fördert die Teamarbeit.
- In Gruppen werden Rollen besser verteilt und koordiniert.
- Die Kommunikation zwischen Belegschaft und Management, aber auch zwischen den verschiedenen Mitarbeitergenerationen wird verbessert.
- Verbesserung der Arbeitsmoral.
- Die Arbeiter entwickeln neue Fähigkeiten, sammeln Wissen und arbeiten besser zusammen.
- Die Gruppen tragen sich selbst und lösen Probleme, um die sich sonst das Management kümmert.

- Die Beziehungen zwischen Management und Arbeitnehmervertretung werden entscheidend verbessert.

Das Zusammengehörigkeitsgefühl der Gruppe ist ein wesentlicher Ansatzpunkt bei KAIZEN. Dieses Zusammengehörigkeitsgefühl muß sich mit einer starken Identifikation zum Unternehmen decken. Dieser Motivationsfaktor hält die Mitarbeiter dazu an, aus eigenem Antrieb tatsächlich kontinuierliche Verbesserungen beizusteuern, auf Verschwendung zu achten und fehlerfreie Produkte zu produzieren. Die Umsetzung oder Übersetzung von KAIZEN wird in Deutschland über kontinuierliche Verbesserungsprozesse (KVP) vorgenommen.

Leicht lassen sich weitere Ansatzpunkte aus der Arbeitswelt finden, bei denen Möglichkeiten zur Verbesserung bestehen: Doppelarbeit, große Lagerbestände, lange Wege, häufige Transporte, Nacharbeitsprüfvorgänge, Maschinenstillstände, Wartezeiten, Materialüberschüsse oder Zwischenpuffer.

3.2 Führungsgrundsätze zur Mitarbeitermobilisierung

Die Motivierung der Mitarbeiter zu eigenständigem Handeln und kontinuierlichen Prozeßverbesserungen bei Übernahme der Qualitätsverantwortung erfordert einen neuen Führungsstil: *Mitarbeitererfolge sind Unternehmenserfolge.* Der Generalist mit seiner Sozialkompetenz steht im Vordergrund. Soziale Kompetenz hat Komponenten wie Kritikbereitschaft, Kommunikationsfähigkeit, Menschlichkeit, Kontaktfreudigkeit, Konsenzfähigkeit oder die Fähigkeit, Konflikte zu lösen (Tafel 3.2).

Allerdings gibt es in der Praxis noch starke hierarchische Denk- und Verhaltensmuster. Es gehört Übung dazu, sich in Probleme, Anliegen oder Schwierigkeiten der Mitarbeiter zu versetzen. Sachebenen, Emotionen, Empfindungen und Beziehungsebenen müssen auseinandergehalten werden.

Tafel 3.2. Führungsstile und Eigenschaften

Führung alten Stils: Spezialkompetenz

• Abgehoben,	• Entscheidungsfreiheit,	• Konflikterzeugend,
• Alleinherrschaft,	• Durchsetzungsvermögen,	• Kritikunfähigkeit,
• Autoritär,	• Kompromißlos,	• Machtanspruch,
• Eigeninitiative,		• Spezialkompetenz.

Führung neuen Stils: Generalkompetenz

• Delegation,	• Konfliktlösend,	• Kritikoffen,
• Integration,	• Konsensfähig,	• Menschlichkeit,
• Kommunikations-fähigkeit,	• Kontaktfreudig,	• Offenheit,
	• Kooperativ,	• Vertrauen.

Daraus ergeben sich die Anforderungen an die Führungskräfte: Vorbild sein und sich Zeit für die Anliegen der Mitarbeiter nehmen. Mitbeteiligung steht vor Ressourcendenken und Senioritätsprinzipien. Der Vorgesetzte muß in der Lage sein, Nutzenpotentiale zu erkennen und diese den Mitarbeitern zu verdeutlichen. Durch Beteiligung der Mitarbeiter an der Planung, Gestaltung und Projektorganisation werden Ängste abgebaut. Dem Mitarbeiter werden Freiräume für die Kreativität im Arbeitsablauf eröffnet. Formen der kooperativen Zusammenarbeit müssen erprobt werden, um glaubwürdig motivieren zu können. Dabei sind neue Technologien entscheidungsfreudig zu unterstützen. Die Erweiterung des Handlungsspielraumes der Mitarbeiter führt zu einer höher integrierenden Zufriedenheit. Job enrichment (Arbeitsbereicherung) und job enlargement (Arbeitserweiterung) enthalten die Aufgaben, die eine Erhöhung des Handlungsspielraumes in Teamarbeit ermöglichen sollen.

Arbeitsbereicherung wird durch eine dispositive Funktionsintegration, also durch Zuordnung von planenden und steuernden Aufgaben erreicht. Darunter fallen Materialentnahme, Einweisung neuer Mitarbeiter, Arbeitsplatzgestaltung, Arbeitsfeinsteuerung, Materialorganisation oder Übernahme der Qualitätsverantwortung. Die operative Aufgabenintegration mit Erweiterung der Arbeitsinhalte im Prozeß selber umfaßt neben der Maschinenbedienung u.a. Rüsten, Wartungsarbeiten, Instandhaltung, Einleiten kontinuierlicher Verbesserungsprozesse, Reparaturen, Dokumentation sowie Selbstprüfung und Selbstcontrolling.

Bei der *Neugestaltung der Arbeitsabläufe* sind arbeitswissenschaftliche Forderungen zu erfüllen. Beispielhaft seien genannt:

- Die Aufgabenbündel müssen durchführbar sein.
- Die Aufgabenbündel müssen belastungs- und beanspruchungsoptimiert und gefährdungsfrei sein.
- Die Aufgabenbündel müssen ganzheitlich gestaltet sein, d.h. Vorbereitung, Durchführung und Kontrolle sind mit Entscheidungskompetenzen zu kombinieren.
- Die Einschränkung des Handlungsspielraums der Akteure muß auf ein notwendiges Minimum reduziert werden (selbstverantwortliche, selbstgesteuerte, selbstinitiierte Prozesse).
- Kooperationsmöglichkeiten müssen gegeben sein.
- Es darf keine Belastung durch zusätzliche (unnötige) Aufgaben erfolgen.
- Hilfsmittel müssen so beschaffen sein, daß sie die Aufgabenerfüllung erleichtern.
- Lernmöglichkeiten in den jeweiligen Aufgabengebieten und eine Weiterentwicklung der Qualifikation (Übernahme von Verantwortung, Übernahme neuer Aufgaben usw.) muß gewährleistet sein.

Die *Grundlagen der Team-Organisation* bzw. der Gruppenarbeit, wie sie sich an deutschen oder europäischen Verhältnissen orientieren sollten, sind zu unterscheiden nach:

- Führungsstil,
- Arbeitsbedingungen,
- Arbeitsausführung.

Führung muß ein Gleichgewicht zwischen allen Gruppeninteressen, zwischen allen Beteiligten, dem Unternehmer, den Mitarbeitern und den Gewerkschaften, erreichen. Der Führungsstil muß durch eine hierarchieübergreifende Zusammenarbeit gekennzeichnet sein. Hierzu gehört eine vollständige Information aller Beteiligten und quantifizierbare Zielvorgaben.

Die Arbeitsbedingungen müssen die Zufriedenheit der Mitarbeiter und den Qualitätsverbesserungsprozeß unterstützen. Erfolgsbeteiligung und ein Aufstieg nach dem Leistungsprinzip als Belohnung für die erreichten Erfolge muß möglich sein. Die Gruppe steuert und kontrolliert sich selbst. Teamorganisation kann sich in vielfältiger Weise ausprägen: Qualitätszirkel, KAIZEN, Expertenteam, O2-Team (Organisation und Optimierung), Vorschlagswesen.

3.3 Qualitätsförderung durch Qualitätszirkel

Kontinuierliche Verbesserungsprozesse können in Teamarbeit sehr viel leichter durchgeführt werden, wenn über klare Vorgaben die Vorgehensweise für diese Teamarbeit zur Qualitätsverbesserung festgelegt ist. Unter dem Stichwort *Qualitätszirkel* sind in Japan gute Erfahrungen mit der Bildung dieser Gruppen gemacht worden. Sie werden als Kleingruppenaktivität verstanden, wobei die Mitarbeiter animiert werden, die aus ihrer Sicht relevanten Qualitätsdefizite zu nennen und gemeinsam Problemlösungen zu entwickeln. Die Mitwirkung in Qualitätszirkeln ist freiwillig, sie findet zu festgelegten Zeiten statt. Geleitet werden die Qualitätszirkel von einem als Moderator ausgebildeten Vorgesetzten, immer häufiger aber auch von Teamsprechern, die das Team selber gewählt hat.

In Qualitätszirkeln wird das spezielle Wissen der Mitarbeiter gefördert. Permanente Qualitätszirkel sollen gewährleisten, daß ernste Probleme gar nicht erst eintreten. Wie bei KAIZEN hat also die Arbeit im Qualitätszirkel das Ziel, alle Mitarbeiter selbstverantwortlich in den Prozeß der Leistungserstellung einzubinden. Dabei entwickelt sich auch die Teamfähigkeit der Mitarbeiter. Eine Qualifizierung wird erreicht, indem in den Qualitätszirkeln die Techniken und Methoden der Qualitätsüberwachung und des Qualitätsmanagements behandelt werden.

Da die Mitarbeit in diesen Qualitätszirkeln in der Regel auf freiwilliger Basis erfolgt, ist es oft sehr schwierig, die Mitarbeiter über einen längeren Zeitraum innerhalb dieser Qualitätszirkel zu mobilisieren. Hinderlich ist u.a., daß die Mitarbeiter nach wie vor zu wenig Spielraum besitzen, um bekannte Schwachstellen tatsächlich zu beseitigen. Wenn Defizite angesprochen werden, ohne daß eine Maßnahme zur Beseitigung ergriffen wird, führt das zur Demotivation. Hier sind die Vorgesetzten in Qualitätszirkeln gefordert, den notwendigen Spielraum zu schaffen. Der große Erfolg der Qualitätszirkel im Werkstattbereich hat dazu geführt, diese auch in dispositiven Aufgabenbereichen einzusetzen.

Formen der Erfolgsbeteiligung

Neue Formen der Arbeitsorganisation mit ganzheitlichen Aufgabenstellungen innerhalb prozeßorientierter, schnittstellenübergreifender Abläufe erfordern neben der notwendigen Qualifikation auch zukunftsfähige Entgeltsysteme, die dem Wandel innerhalb der Unternehmensstrukturen folgen können und über gerechte Entlohnungsansätze die Mitarbeiter motivieren (Tafel 3.3).

Tafel 3.3. Mitarbeiterorientierte ganzheitliche Entgeltmodelle – Zielgrößen bei der Entgeltdifferenzierung

---

Sozialkompetenz im Umgang mit Vorgesetzten und Mitarbeitern, z.B.:
- Übernahme von Verantwortung
- Fähigkeit zur Kooperation,
- Bereitschaft zur Teamarbeit,
- Selbstmanagement-Fähigkeiten,
- Arbeitseinstellung,
- Grad der Kundenorientierung.

Methodenkompetenz mit fachübergreifenden Problemlösungs- und Entscheidungsfähigkeiten, z.B.:
- abstraktes, logisches Denkvermögen,
- strukturierte Vorgehensweise,
- Belastungs- und Arbeitsfähigkeit,
- Transformationsfähigkeit,
- selbstreflektierende Vorgehensweise,
- selbständige Informationsbeschaffung.

Fachkompetenz, ausgedrückt durch Arbeitssystem-Zielgrößen, z.B.:
- Mengenmäßiges Arbeitsergebnis,
- zeitliche Auslastung des Arbeitssystems,
- Fertigungsqualität,
- Nutzung des Materialeinsatzes,
- Verbrauch an Hilfs- und Betriebsstoffen,
- Versorgung des Arbeitssystems mit Rohmaterial,
- Verminderung technischer und ablauforientierter Störungen (ggf. durch wechselseitigen Tätigkeitsausgleich).

Zusätzliche Anreize:
- Erfolgsbeteiligung
- Flexibilitätsbonus (flexible Arbeitszeitmodelle)

3.4 Arbeitsplatzbezogene Qualitätsoptimierung

Die zu schaffenden Voraussetzungen für die Erfüllung der Qualität am Arbeitsplatz und für eine qualitätsgerechte Prozeßausführung müssen neben der in Kapitel 2 beschriebenen Erweiterung der Handlungsspielräume noch weitere Gestaltungskomponenten berücksichtigen, die z.T. auch gesetzlich vorgeschrieben sind (Arbeitssicherheits-, Arbeitsschutz- oder Umweltschutzmaßnahmen und Gesetze). Sie unterstützen die Erfüllung kooperativer, kommunikativer, sozialer und humaner Bedürfnisse.

Die Beachtung dieser Vorgaben mündet in den ganzheitlichen Gestaltungsansatz, der die Voraussetzungen für ein qualitätsgerechtes Arbeiten am Arbeitsplatz zusammenfaßt:

Qualitätsgerechte Prozeßausführung beinhaltet folgende Komponenten:

- Permanente Schadensanalysen,
- Vorbeugende Instandhaltung (TPM),
- Einbeziehung des Umweltschutzes,
- Erfüllung der Arbeitsschutzgesetze,
- Selbstprüfung mit Dokumentation,
- Anwendung der Unfallverhütungsvorschriften,
- Menschengerechte Arbeitsgestaltung und Organisation,
- Erfüllung der Arbeitsstättenverordnung,
- Beachtung der anerkannten Regeln der Technik,
- Informationsverfügbarkeit und Transparenz,
- Eingeführtes Qualitätsmanagementsystem,
- Teamorganisation und Selbstcontrolling.

In einer Initiative der Berufsgenossenschaften aus dem Jahre 1992 wurden für Qualität am Arbeitsplatz gefordert: Umweltschutzmaßnahmen gegen Schadstoffe, Arbeitsschutzmaßnahmen gegen Lärm, Arbeitssicherheitsmaßnahmen für mehr Sicherheit, kontinuierliche Verbesserungsprozesse (KAIZEN) gegen Streß.

3.5 Qualitätsförderung durch Mitarbeiterqualifizierung

Ganzheitliches Qualitätsmanagement ist auf die Qualitätsanforderungen abzustimmen, die am Arbeitsplatz zu erfüllen sind. Übergreifend für alle genannten Gestaltungskomponenten ist hierfür die Qualitätsförderung zuständig, weil sie allen Beteiligten das notwendige Wissen zur Verfügung stellt, um die Gesetze, Verordnungen, Normen, Richtlinien, Prüf- und Arbeitsanweisungen korrekt anzuwenden oder richtig auszuführen. Die Qualitätsförderung ist deshalb ein wichtiger Beitrag für die Erfüllung der genannten Forderungen.

Im weiteren Sinne ist die Förderung der Qualität eine Managementaufgabe, die sehr viel mit dem richtigen Führungsstil zu tun hat. Unternehmenskultur und Qualitätsförderung sind untrennbar. Zur Führung durch Vorbild sowie zur Führung durch Übertragung von Verantwortung kommt die Führung durch Erhöhung des Spielraumes der Mitarbeiter hinzu, mit dem Ziel der ständigen Verbesserung der Qualifikation, um damit mittelbar eine ständige Verbesserung der Prozesse zu erreichen.

Im engeren Sinne ist die Organisation der Qualitätsförderung daher eine Aufgabe des Personal-Managements. Die Funktion *Personalmanagement* ist deshalb eine der wichtigsten Erfolgsfaktoren für die Durchsetzung der Qualitätsziele.

Gefordert wird permanente Lernbereitschaft, ganzheitliches Denken, Teamfähigkeit, Kommunikationsvermögen, Flexibilität, Problemlösungs- und Innovationsfähigkeit. Weiter wird selbständiges Handeln, eine analytische Vorgehensweise und eine positive Einstellung zu einer kooperativen Selbstqualifikation verlangt. In einem sehr viel größeren Maße als bisher muß deshalb das Personalbüro zur Erfüllung weitreichender Aufgaben in der Lage sein. Dafür sind einige Vorbereitungen zu treffen:

- Personalentwicklungsplanung,
- Betriebliche Weiterbildungsmaßnahmen,
- Personaleinsatzplanung,
- Nachwuchsförderung,
- Gehaltspolitik.

Bei der Personalentwicklungsplanung geht es um eine strategische Bedarfsplanung und Abklärung. Der wertorientierte Personalentwicklungsansatz soll den Mitarbeiter motivieren, die Qualifikationsanforderungen, die mit ihrem Arbeitsplatz verbunden sind, zu erfüllen.

Hervorgehoben innerhalb der Personalentwicklungsplanung wird die Bedeutung der systematischen Qualifizierungsstrategie. Ziel ist es, über eine selbstgesteuerte Qualifikationsanpassung den Bezug zur Kundenorientierung, Teamfähigkeit, Innovationsbereitschaft herzustellen.

Als Hilfestellung für eine Präzisierung der erforderlichen Weiterbildungsmaßnahmen sind anschließend *fünf Schritte zur Entwicklung eines Qualifizierungskonzeptes* angesprochen, auf die es bei der Neuorientierung im Qualifikationsprofil ankommt. Außerdem wird gezeigt, wie ein Qualifizierungskonzept zweckmäßigerweise zu entwickeln wäre.

1. Im ersten Schritt handelt es sich um die Ermittlung der Anforderungen im Teilprozeß bzw. Arbeitssystem (Anforderungsprofil).
2. Aus den Anforderungen des Arbeitssystems ist in Schritt 2 das Fähigkeitsprofil abzuleiten, hier wird das Qualifikationslastenheft erarbeitet, als Grundlage der Personaleinsatzplanung.
3. Es schließt sich die Entwicklung eines Qualifizierungsplans an (Schritt 3). Um Fähigkeitsdefizite auszugleichen, die in Schritt 2 festgestellt wurden, müssen die Ziele der betrieblichen Weiterbildungsmaßnahmen festgelegt werden.
4. Es folgt in Schritt 4 die betriebliche Weiter- und Ausbildung, beispielsweise mit der Erstellung eines Schulungsplanes. Hier sind Zielvereinbarungen formuliert, nach denen für jeden Mitarbeiter interne und externe Ausbildungs-, Fortbildungs- oder Umschulungsmaßnahmen detailliert angesprochen werden.
5. Der letzte Schritt ist die Personalbedarfsermittlung für den betrachteten Geschäftsprozeß mit Zuordnung der benötigten Mitarbeiter.

Voraussetzung für den Erfolg ist ein ehrliches Anliegen des Unternehmens, vertreten durch das Management. Die Mitarbeiter müssen so qualifiziert sein, daß sie den Qualitätsmanagement-Gedanken zum Wohl des Kunden umsetzen können. Die vorhandenen arbeitsteiligen Organisationsstrukturen müssen im Sinne der Prozeßorientierung so verändert werden, daß die Mitarbeiter eigenverantwortlich agieren können.

3.6 TPM-Ansatz zur vorbeugenden Instandhaltung

Eine weitere Gestaltungskomponente am Arbeitsplatz hat ebenfalls unter dem Eindruck japanischer Erfolge in den letzten Jahren sehr an Gewicht gewonnen: die Total Productive Maintenance (TPM)-Strategie zur Durchsetzung der Betriebsmittelverfügbarkeit. Die Betriebsmitteldefinition bezieht sich im weiteren

Tafel 3.4. TPM - Total Productive Maintenance

Definition: TPM hat die Maximierung der Effizienz der Betriebsmittel zum Ziel. Dabei bedient sie sich der umfassenden vorbeugenden Instandhaltung, die die gesamte Lebensdauer des Maschinenparks anhält (Quelle: JIPM, Japan Institute of Plant Maintenance)

TPM-Ziele:

- Ausbau eines Systems, mit dessen Hilfe jeder Mitarbeiter in freiwillige Instandhaltungsaktivitäten einbezogen wird, durch Ausbildung und Schulung über Funktionen und Instandhaltung von Maschinen. Jeder soll mitarbeiten, um die vier Hauptursachen von Ineffizienz auszuräumen oder zu minimieren: Anlagenstillstand, Schmierung, Werkzeugwechselzeit, Auswechslung defekter Teile.
- Durchgängiger Anlagenbetrieb, Verbesserung der Problemlösungsfähigkeit des Instandhaltungspersonals und Einbeziehung in KAIZEN.
- Verbesserung der Einsatzbereitschaft von Werkzeugen und Pressen durch Minimierung der Umrüst- und Reparaturzeiten.

7-stufiger Prozeß zur Einführung von TPM:

- Stufe 1: Ordnung und Sauberkeit am Arbeitsplatz (jeder macht mit).
- Stufe 2: Schwer erreichbare Stellen erkennen, Problemursachen der Reinigung erkennen, Gegenmaßnahmen einleiten.
- Stufe 3: Standards für Reinigung, Schmierung und Wartung erarbeiten.
- Stufe 4: Überprüfung des Gesamtsystems.
- Stufe 5: Standards für die freiwilligen Überprüfungen feststellen.
- Stufe 6: Sicherstellen, das alle Gegenstände immer am definierten Platz zu finden sind.
- Stufe 7: Alle Ziele durchgängig machen.

Sinne auf Fertigungsanlagen, verfahrenstechnische Anlagen, auf Anlagenteile, also einzelne Baugruppen, auf Maschinenelemente, aber auch auf die Werks- und Halleninstandhaltung.

Nach der DIN 31051 ist Instandhaltung definiert als die Gesamtheit der Maßnahmen zur Bewahrung und Wiederherstellung des Sollzustandes sowie zur Feststellung und Beurteilung des Istzustandes. In Analogie zum TQM-Ansatz ist auch hier der Mitarbeiter gefordert, selbstverantwortlich die Effizienz des Betriebsmittels über die gesamte Lebenszeit der Maschine zu maximieren. So sollen sich abzeichnende Probleme bereits im Vorfeld erkannt und abgestellt werden. Über Instandhaltungsziele läßt sich dann ein kontinuierlicher Verbesserungsprozeß einleiten.

Qualitätsmanagement und Instandhaltung sind über den Begriff der Zuverlässigkeit miteinander verknüpft. Die Zuverlässigkeit ist ein Teil der Qualität, im Hinblick auf das Verhalten der Einheit während oder nach vorgegebenen Zeitspannen bei vorgegebenen Anwendungsbedingungen. Bezogen auf die Instandhaltung ist Zuverlässigkeit ein ausreichender Abnutzungsvorrat während einer geforderten Zeitdauer. Beide Begriffe beziehen sich also auf einen bestimmten Zeitraum. Innerhalb dieses Zeitraumes gibt es mehrere Instandhaltungsziele, deren Erreichen die Qualitätszielsetzungen unterstützt (Tafel 3.4).

Gerade bei den dienstleistungsbezogenen Qualitätsmerkmalen, wie Lieferservice oder Termine, aber auch zur Unterstützung der Flexibilität hat die Verfügbarkeit der einzusetzenden Produktionsmittel einen hohen Stellenwert. Es ist deshalb erforderlich, diese Verfügbarkeitsforderung zu garantieren.

3.7 Literaturhinweise

Adenauer, S.: Besonderheiten der japanischen Arbeitswelt. In: Angew. Arbeitswiss. (1992), Nr. 131, S. 27-43

Binner, Hartmut F.: Strategie des General-Management – Ausweg aus der Krise. Springer-Verlag, Berlin 1993

Blum, U.: Die große Diskrepanz. In: Industrie-Anzeiger 12/1991, S. 48

Bühner, R.; Pharao, I.: Erfolgsfaktoren integrierter Gruppenarbeit. In: VDI-Z 135 (1993), Nr. 1/2, S. 46-57

Frevel, A.: Aufgaben integrieren. In: Industrie-Anzeiger 29/92, S. 33-35

DGQ: Qualitätszirkel. Aufl. 1987

Gottschall, D.: Die Beteiligten zu Betroffenen machen. Management mm(10 (1987), S. 49

Grob, R.: Ohne richtige Diagnose keine wirksame Therapie – auch bei der Arbeitsgestaltung. In: Angew. Arbeitswiss. (1991) Nr. 129, S. 1-46

Grob, R.: Teilautonome Arbeitsgruppen. Bilanz der Erfahrungen in der Siemens AG. In: Angew. Arbeitswiss. (1992) Nr. 134, S 1-31

Haug, H.: Das perfekte Produkt - ein Kind engagierter Mitarbeiter. In: VDI Nachrichten Nr. 23.7 Juni 1991, S. 14

Imai, M.: KAIZEN Der Schlüssel zum Erfolg der Japaner im Wettbewerb. Wirtschaftsverlag Langen Müller/Herbig, 1991

Matsuda, H.: Die Eigenschaften der japanischen Unternehmensführung sowie deren Problematik angesichts der gegenwärtigen wirtschaftlichen Situation. In: Haben uns die Japaner überholt. Hrsg. Gaugler, E. und Zander, E., Heidelberg 1981

Murmann, K.: Der Mitarbieter denkt wie sein eigener Chef. In: VDI-Nachrichten Nr. 17/27 April 90. S. 11

Peters, H.: Qualifizierung. In: Aus- und Weiterbildung 1/1991, S. 6-8

Peters, W.; Meyna, A.: Handbuch der Sicherheitstechnik. München/Wien: Carl Hanser Verlag, Band 1, 1985, Band 2, 1986

Rohmert, W.: Der Mensch als Einflußgröße auf die Zuverlässigkeit technischer Systeme. Qualität und Zuverlässigkeit 23 (1978) 2.

Rühl, G.: Untersuchungen zur Struktur der Arbeitszufriedenheit (AZ). Z. Arbeitswissenschaften (1978) 3, S 140 ff.

Schmidtke, H.: Ergonomische Bewertung von Arbeitssystemen. München, Wien: Carl Hanser Verlag 1976

Schubert, M.: Praxis der Qualitätszirkel-Arbeit. Herausgeber: DGQ. 1989

Sokianos, N.: Die Produktion im Spannungsfeld. In: Planung + Produktion, MI-Trendbuch 1992, S. 24-29

Stiefel, R. Th.: Berufliches Bildungswesen als Instrument der Organisationsentwicklung. FB/IE 27 (1978) 2

Warnecke/Loderer: Neue Arbeitsformen in der Produktion. Düsseldorf: VDI-Verlag 1979

Wilfert, P.: Leistung und Gegenleistung in japanischen Industriebetrieben. In: REFA-Nachrichten 6/1992, S. 5-12

4 Die Bedeutung des Zulieferers für die Erfüllung der Qualitätsanforderungen

4.1 Unternehmensübergreifende Qualitäts-Ketten

Die geforderte Flexibilität am Markt hat zu einer Reduzierung der Fertigungstiefe in den Unternehmen geführt. Aus diesen logistischen Überlegungen heraus hat der Lieferant in den letzten Jahren einen hohen Lieferanteil erhalten. Die Lieferantenanbindung ist dabei eng geworden, weil auch Entwicklungs- und Qualitätsverantwortung vom Zulieferer übernommen wurden.

Die Durchsetzung der Produktqualität ist daher auch Sache des Zulieferers. Zur Fehlerursachenermittlung und Fehlerbeseitigung ist innerhalb neuer JIT-Konzepte keine Zeit mehr vorgesehen. Ausschuß und Nacharbeit bei Zuliefererteilen darf es nicht mehr geben. Eine enge Abstimmung zwischen den Geschäftspartnern ist daher nötig, um die Risiken zu minimieren.

Die Kennzeichen der Zusammenarbeit der Betriebe beruhen auf einer gegenseitigen Vertrauensbasis mit:

- gemeinsamen Kostenanalysen,
- gemeinsam erarbeiteten Rahmenvereinbarungen,
- einer permanenten Rückmeldung über die Zuliefererleistung,
- der Offenlegung der Produktionsmethoden bis zur Gewinnteilung zwischen beiden Partnern.

Durch wirtschaftliche Verflechtungen wird die Zusammenarbeit zusätzlich langfristig abgesichert. Dies ist ein Weg, der in Japan unter dem Stichwort *Keiretsu* schon lange praktiziert wird. Aus diesem Grund ist in Japan die Anzahl Lieferanten sehr viel geringer. Es hat sich eine Zuliefererstufengliederung gebildet, bei der Zulieferer der ersten Stufe die Sub-Zulieferer koordinieren und so von Teil- zu Systemzulieferern werden.

Bei diesen nach dem Prinzip der Lean-Production organisierten Unternehmen findet eine sehr frühe Beteiligung des Zulieferers am Entwicklungsprozeß statt. Häufig sind die Zulieferer Mitglieder im Entwicklungsteam, die auch eigene Konstruktionen beisteuern. Sehr viel Wert wird auf den Austausch von Know-how gelegt.

Heute geht es um die Durchsetzung unternehmensübergreifender Qualitätsketten und um die Angleichung der Prozesse zwischen Lieferant und Unternehmen.

Ein Produkt, dessen Teile oder Komponenten mit einem Zulieferer gemeinsam entwickelt wurden, wird im folgenden Schritt bei der Beschaffungslogistik ein sehr viel geringeres Qualitätsrisiko ausweisen. Die dazu nötige Qualitätsfähigkeit des Zulieferers wird für das Funktionieren eines solchen Just-in-time-Konzeptes vorausgesetzt.

Die Übertragung von Entwicklungs- und Qualitätsverantwortung an den Zulieferer bedeutet gleichzeitig, daß in sehr vielen Arbeits- und Funktionsbereichen die Zusammenarbeit intensiviert werden muß, mit dem Ziel, die unterschiedlichen Wertschöpfungsprozesse in beiden Unternehmen aufeinander abzustimmen. Hierbei geht es auf der Managementebene um den Austausch von Informationen über die langfristige Unternehmensstrategie; auf der technischen Ebene ist der Erfahrungsaustausch bei der Einführung und dem Einsatz neuer Technologien, Hilfestellung und Abstimmung beim Aufbau miteinander gekoppelter Informationssysteme gemeint. Innerhalb des Qualitätsmanagements liegt der Schwerpunkt in der Unterstützung beim Aufbau von Qualitätsmanagement-Systemen.

4.2 Integrierte Qualitätsmanagement-Prozesse

Die Zusammenarbeit bei gemeinsamen Entwicklungen, Forschungen oder Rationalisierungsprojekten ist besonders interessant, weil hier die drei Strategiefelder:

Kundenorientierung – Mitarbeiterorientierung – Prozeßorientierung

zusammenfallen. Eine durchgängige Qualität beginnt bei der Produktentwicklung. Die vom Kunden erwarteten Qualitätsansprüche müssen deshalb ermittelt werden und in gemeinsamer Arbeit zwischen Marketing, Entwicklung, Konstruktion, AV und Produktion in technische Eigenschaften übersetzt werden.

Diese Vorgehensweise ist nicht selbstverständlich. Bei der traditionellen Produktentwicklung findet ein Prozeßdenken nicht statt. Die Entwicklungsaufgaben werden sequentiell abgearbeitet. Dabei führt Abteilungsdenken zwangsläufig zu einer mangelhaften Abstimmung und zu einem erhöhten Änderungsaufwand.

Dies ist in neuen Entwicklungsprozessen ganz anders. Hier ist ein Promotor eingesetzt, der mit großer Kompetenz und Autorität ein Projekt führt. Alle am Projekt beteiligten Mitarbeiter sind ihm direkt unterstellt. Immer wieder werden besonders am Anfang dieses Entwicklungsprozesses Mitarbeiter beteiligt, die ihr Know-how zur Verfügung stellen, und ständig Verbesserungsimpulse geben. Das Ergebnis dieser mitarbeiterorientierten Vorgehensweise liegt in der Verbesserung der Qualitätsansprüche und im Zeitgewinn.

Ein integrierter durchgängiger Entwicklungsprozeß nach japanischem Vorbild ist in Bild 4.1 dargestellt. Die dazugehörende QFD-(Quality-Function-Deployment)-Methode ist ausführlich in Kapitel 9 beschrieben.

Kunde und Zulieferer sind bereits am Anfang mit eingebunden. Am Anfang stehen Kundenanforderungen und Marktbedürfnisse. Von der Qualität dieser In-

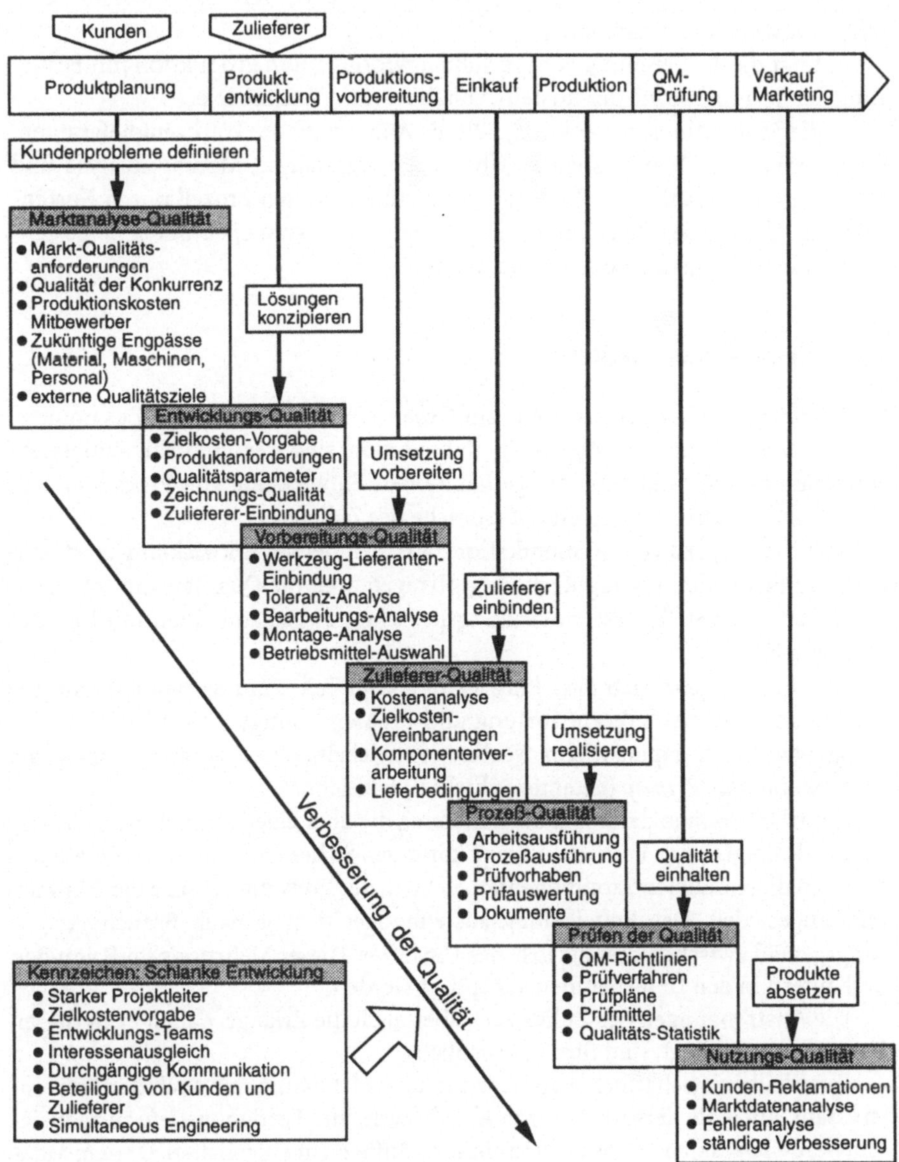

Bild 4.1. Durchgängiger Qualitätsprozeß (Entwicklungsteam)

formation hängen dann die weiteren Schritte ab. Hierbei wird nicht nur das eigene zu entwickelnde Produkt betrachtet, sondern auch die Qualität der Konkurrenz und die Produktionskosten der Mitbewerber.

Zukünftige Engpässe bei der Entwicklung werden in die Überlegungen mit aufgenommen. Gemeinsam mit den Zulieferern wird dann die Zielkostenvorgabe

(Target-Costing) erarbeitet. Aus den Produktanforderungen ergeben sich die zu erfüllenden Qualitätsparameter.

Es folgt die Vorbereitung der Produktentwicklung und Produktion mit Festlegung der Termine sowie der Kosten-, Qualitäts- und Terminziele.

In die Produktionsvorbereitung fällt die Anbindung der Werkzeuglieferanten. Dazu gehört die Toleranzanalyse, Überarbeitungsanalyse, Montageanalyse und Betriebsmittelauswahl. Die Zulieferer unterstützen diesen Prozeß durch Kostenanalysen. Über Zielkostenvereinbarungen werden die vom Lieferanten beigesteuerten Entwicklungskomponenten geregelt.

4.3 Zuliefererkooperation

Die Vorteile einer vertrauensvollen, auf Gegenseitigkeit beruhenden Zusammenarbeit im Sinne einer langfristigen Kooperation sind verständlich. Zuliefererkooperationen beginnen bei der gemeinsamen Entwicklung von Produkten mit einer frühen Mitbeteiligung und Mitsprache des Zulieferers.

Durch die intensive Kommunikation zwischen beiden Entwicklungspartnern wird der Fehlervorbeugung Rechnung getragen, weil die Qualitätsüberlegungen bereits an jeder Stelle des Entwicklungsprozesses zwischen beiden mit berücksichtigt wird.

Gleichzeitig kann sich eine Entwicklung vom Teil- zum Systemlieferant mit Qualitätsmanagement-Verantwortung und Problemlösungs- sowie Innovationsfähigkeiten nach japanischem Vorbild entwickeln. Dies wird in Japan als *Unmaikujudutai-Prinzip* (geteiltes Schicksal) bezeichnet.

Natürlich können dafür nur die Zulieferer, die über eigene Entwicklungen verfügen, als langfristige Partner in Frage kommen. Sicher sind allein aus Qualitätsgründen diese Zuliefererkomponenten nicht an der Preisuntergrenze der Konkurrenz angesiedelt. Das Entwicklungskostenbudget liegt je nach Branche erfahrungsgemäß zwischen drei bis 10% des Umsatzes. Dieser Mehrpreis muß von den Einkäufern in den Unternehmen akzeptiert werden.

Die Anstrengungen des Zulieferers, aber auch die Zwänge, denen er in diesen Konzepten unterliegt, sind für ihn erheblich.

Innerhalb wirtschaftlicher Krisensituationen ist häufig nur noch der Preis interessant. Auch die Versprechen von Abnehmern, ihre Fertigungstiefe zu reduzieren, werden bei solchen Abschwungphasen häufig nicht eingehalten. Diesem Mangel an Fairness können die Zulieferer begegnen, wenn sie durch Zuliefererkooperationen untereinander ihre eigenen Wertschöpfungsspielräume erweitern.

4.4 Lieferantenauswahl und Lieferantenbewertung

Der Hersteller hat aus haftungsrechtlichen Gründen aufgrund seiner Verkehrssicherungspflicht auch die Qualität von Zulieferteilen sicherzustellen. Dies kann der Hersteller, der ja auch gleichzeitig Abnehmer ist, nur durch die Nachweisführung erreichen, indem er die Qualität von Zulieferungen ausreichend sorgfältig sichert. Der richtigen Lieferantenauswahl kommt damit also entscheidende Bedeutung zu.

Die Festlegung der optimalen Fertigungstiefe und des Anteils der Wertschöpfung durch Zukaufteile am Produkt ist eindeutig eine strategische Entscheidung, die nicht auf untergeordneten Ebenen getroffen werden darf. Diese Entscheidungen sind damit auch Teil der bereits beschriebenen Qualitätspolitik des Unternehmens.

Zur Vorbereitung für diese Entscheidung sind innerhalb des Unternehmensmodells unterschiedliche Aufgabenzuordnungen vorzunehmen, um letztlich den richtigen Lieferanten auszuwählen. In Bild 4.2 wird diese Aufgabenzuordnung vorgenommen. Auf der obersten Managementebene ist die strategische Entschei-

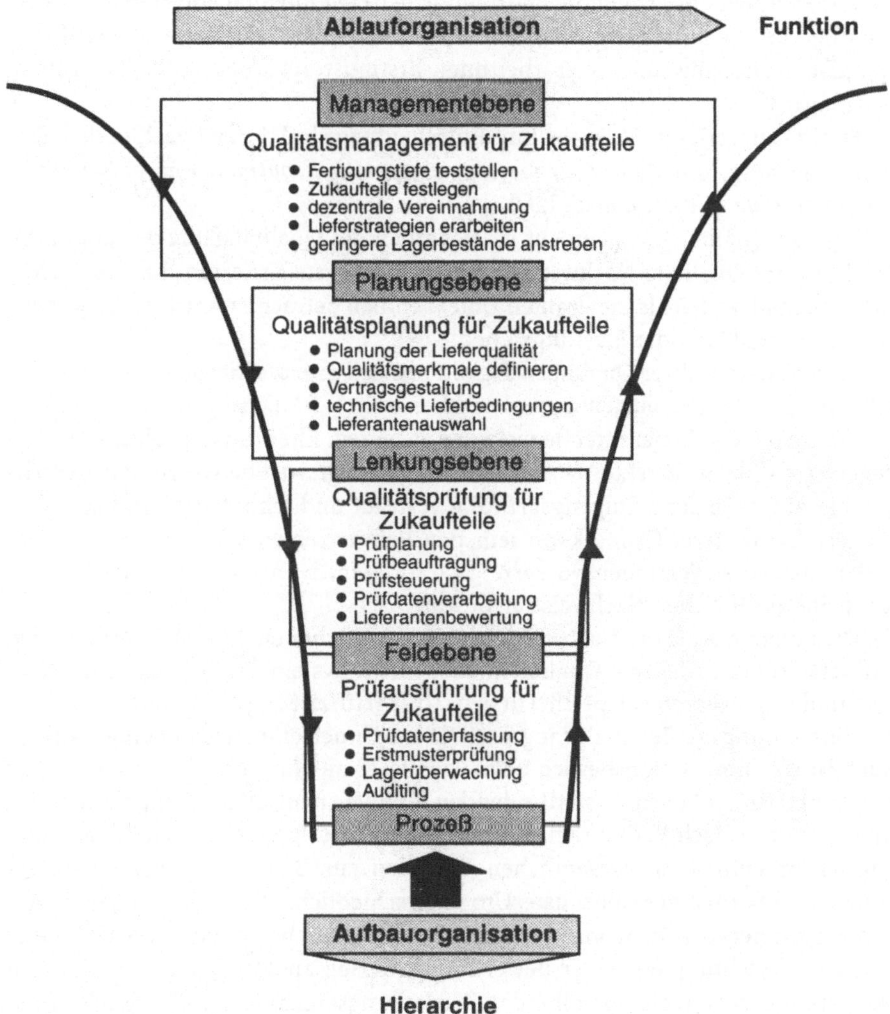

Bild 4.2. Aufgaben zum Qualitätsmanagement von Zulieferteilen

dung für die Beschaffung von Zuliefererteilen nach den Make-or-buy-Kriterien zu treffen. Nach Klärung dieser Fragen ist nach Flexibilitäts- und Kostenwirtschaftlichkeitskriterien eine Lieferantenanbindungsstrategie zu entwickeln, um weitere unternehmerische Zielsetzungen zu erreichen. Bei der Qualitätsplanung auf der folgenden Ebene kommt es darauf an, die strategischen Vorgaben in Qualitätsmerkmale umzusetzen. Hierfür sind die Lasten- und Pflichtenhefte eine große Hilfestellung. Weiter müssen in dieser Ebene die technischen Lieferbedingungen festgelegt werden, ebenso die Beurteilungskriterien für Prüfverfahren zur Feststellung der Lieferqualität und Entscheidungskriterien, die bei Nichterfüllung der Qualitätsanforderung durch den Lieferanten ergriffen werden können.

Die Qualitätslenkung auf der dritten Ebene ist für die Lieferantenbeurteilung zuständig. Die möglichen Arten der Beurteilung werden nachfolgend besprochen. Auf der Prozeßebene erfolgt die Beurteilung der Lieferqualität aufgrund der Prüfplanung, Prüfbeauftragung und der Ergebnisse der Wareneingangsprüfung, (Prüfdatenerfassung und -verarbeitung, Erstmusterprüfung und Lagerüberwachungen).

Für die zu treffende Make-or-buy-Entscheidung sind die zu beachtenden Kriterien vielfältig, mit dem Ziel, die *betriebsspezifisch optimal angepaßte Wertschöpfungstiefe zu bestimmen* (Tafel 4.1).

Für das Qualitätsmanagement ist sicherlich die Qualitätsfähigkeit durch die Erfüllung der Qualitäts-Nachweispflicht das wichtigste Kriterium bei der Lieferantenauswahl, wobei als Lieferanten Unternehmen betrachtet werden, die Abnehmer mit Produkten oder Leistungen bedienen.

Zum Nachweis ihrer Qualitätsfähigkeit müssen sich die Lieferanten in der Regel einer Lieferantenbeurteilung unterziehen. Wie Tafel 4.2 zeigt, kann die Vorgehensweise bei der Lieferantenbeurteilung variieren. Eher die Ausnahme von der Regel ist, daß keine direkte Nachweisführung erfolgt, weil beispielsweise der Abnehmer auf die eigene Eingangsprüfung vertraut und fehlerhafte Produkte aussortiert. Ein weiterer Grund kann sein, daß Referenzen vorhanden sind, die dem Lieferanten einen Vertrauensvorsprung garantieren, der nach Ansicht des Einkäufers keine zusätzlichen Nachweise erfordert.

Die unterste Stufe der Nachweisführung erfolgt über eine Herstellererklärung, daß sein Produkt oder sein Qualitätsmanagement-System den vorgegebenen Normen und Regelwerken entspricht (first-party-Zertifizierung). In Kapitel 8 wird bei der Betrachtung der Zertifizierungsarten hierauf noch einmal näher eingegangen. Auch ist ein Informationsbesuch beim Zulieferer möglich, um sich ein Bild über seinen Betrieb und die dort stattfindenden Abläufe zu machen. Häufig wird dieser Informationsbesuch verbunden mit der Beantwortung eines Beurteilungsfragebogens. Er enthält die wesentlichen Kriterien zur Beurteilung der Qualitätsfähigkeit in Form einer Checkliste. Um unterschiedliche Bedeutungen der einzelnen Fragen hervorzuheben und bei der Entscheidung besser zu bewerten, bietet sich die Gewichtung einzelner Bewertungskriterien an. Der partnerschaftlichen Kooperation entsprechend sollte das Beurteilungsergebnis dem Lieferanten zugängig gemacht werden, damit er weiß, warum eine Auftragsvergabe nicht an ihn erfolgt ist.

Tafel 4.1. Kriterien für Make-or-Buy-Entscheidungen:

⇒ Kriterien für die *Eigenfertigungskomponenten*:
- Kernfertigungsteile,
- Teile mit hoher Wertschöpfung,
- hohe interne Qualitätsanforderungen,
- spezifisches schützenswertes Know-How,
- Vermeidung hoher Fertigungsinvestitionen,
- Qualitätskritische Verknüpfung mit weiteren Eigenfertigungsteilen,
- Teile mit hohem internen Abstimmungsaufwand,
- Teile mit kurzen Bearbeitungszeiten.

⇒ Kriterien für die *Außer-Haus-Vergabe von Komponenten*:
- Teile, die die Fertigungstiefe reduzieren,
- Teile mit niedrigem Wertschöpfungspotential,
- unwichtige Teile, die Engpaßkapazitäten belegen,
- komplizierte, den eigenen Ablauf störende Teile,
- Teile mit breit auf dem Markt verfügbarer Technologie,
- Mangel an qualifizierten Mitarbeitern,
- Abbau von Auslastungsproblemen (Überlast),
- stark schwankende Bedarfsmengen,
- Restriktionen bei der Entsorgung von Reststoffen,
- Reduzierung von Varianten,
- Teile, die vom Lieferanten schneller entwickelt werden können,
- Teile, für die der Lieferant spezielles Know-How hat,
- Lieferanten, über die der Markteinstieg möglich ist,
- Systemlieferanten entwickeln, wenn hoher Koordinierungsaufwand abgebaut werden soll.

⇒ *Realisierungsschritte*:
- unternehmensübergreifende Wertschöpfungsketten,
- Schaffung organisatorischer Randbedingungen (u.a. Schnittstellen zum Lieferanten),
- Sicherung des Informationsbedarfs,
- Sicherung des Informationsaustauschs (Offenheit).

Eine einfache *Checkliste zur Lieferantenbewertung* ist in Bild 4.3 dargestellt. Hier sind die einzelnen Antworten über Erfüllungsgrade noch genauer zu präzisieren. Aus der erreichten Punktzahl läßt sich dann eine Rangzahl bilden, nach der die Lieferanten klassifiziert werden können. Wenn Informationsbesuche periodisch erfolgen und, wie in Kapitel 8 ausführlich beschrieben, sehr systematich vorgenommen werden, dann basieren die Qualitätsfähigkeitsnachweise auf Lieferantenaudits. Hierbei werden Soll/Ist-Vergleiche bezüglich der Qualität der Produkte vorgenommen. Damit sollen die unternehmensinternen Schwachstellen bei den Zulieferern dauerhaft abgestellt werden.

Die Auditierung hat also nicht das Ziel, den Lieferanten aus dem Beschaffungsprozeß herauszuhalten, sondern genau das Gegenteil ist der Fall: es soll damit die Möglichkeit einer langfristigen Partnerschaft aufgebaut werden.

Tafel 4.2. Nachweise der Qualitätsfähigkeit des Lieferanten

Keine direkte Nachweisführung, weil

- der Abnehmer auf eigene Eingangsprüfung vertraut und fehlerhafte Teile aussortiert,
- Referenzen vorhanden sind oder eine Lieferantenhistorie herangezogen wird.

Konformitätserklärung des Zulieferers.

Periodischer Lieferanten-Audit (Second-Party-Zertifizierung) mit

- Beurteilungsfragebögen,
- Informationsbesuche beim Zulieferer,
- aktuelle Bewertung aus laufenden Lieferungen.

Freigabetests:

- Erstmusterprüfungen,
- Vorserienfreigabe,
- Serienfreigabe.

Abnahmeprüfungen beim Zulieferer mit Vorlage von Ergebnissen festgelegter Prüfungen bei Lieferung, z.B.:

- 100%-Prüfung,
- losweise Stichproben- Abnahme.

Nachweis in Form eines DIN-ISO-9000-Zertifikats,

- Nachweisstufe 1 DIN-EN-ISO 9001,
- Nachweisstufe 2 DIN-EN-ISO 9002,
- Nachweisstufe 3 DIN-EN-ISO 9003.

In Ergänzung zu den aktuellen Bewertungen aus laufenden Lieferungen und der Rückkopplung zum Lieferanten entsteht ein Qualitätsregelkreis, der zu einer ständig verbesserten Qualität zwischen Zulieferer und Abnehmer führt.

Eine weitere Form des Nachweises der Qualitätsfähigkeit erfolgt über Freigabetests. Hier sind insbesondere Erstmusterprüfungen und Serienfreigabeprüfungen gemeint. Als Erstmuster werden dabei Erzeugnisse verstanden, die erstmal unter serienmäßigen Fertigungsbedingungen entstehen. Durch die Erstmusterprüfung wird verhindert, daß die Lieferung von Serienteilen mit systematischen Fehlern erfolgen kann. Deshalb werden diese Erstmuster einer Maß-, Werkstoff- und Funktionsprüfung unterzogen. Wenn die Erstmusterprüfung durch den Abnehmer erfolgt, dient sie oft als Grundlage für die Erstellung von Prüfplänen und Arbeitsanweisungen, die für die Qualitätsprüfung im eigenen Wareneingang verwendet werden. Vor diesen Erstmusterprüfungen sind die Spezifikationen mit den Lieferanten durchzusprechen, damit klar ist, welche Parameter kritisch sind und wie diese zu messen und zu prüfen sind. Prüfergebnisse werden dann mit den jeweiligen Soll- und Istwerten in einem Erstmusterprüfbericht festgehalten. Dieser Freigabetest kann aber auch bereits bei der Vorserie oder Prototyperstellung stattfinden, um daraus Schlüsse auf die einzusetzenden Verfahren oder herzustellenden Serienwerkzeuge zu ziehen.

Weiter kann eine Abnahmeprüfung beim Zulieferer mit Vorgabe von Ergebnissen festgelegter Qualitätsprüfungen bei der Lieferung vereinbart werden. Dies

Lieferant:

| 1. | Bewertung am: _______ | 2. | Bewertung am: _______ | 3. | Bewertung am: _______ |

Ergebnis: ___ Pkt   Ergebnis: ___ Pkt   Ergebnis: ___ Pkt

Nr.	Bewertungskriterien	max. Pkt.	Erfüllungsgrad in %										err. Pkt.
			10	20	30	40	50	60	70	80	90	100	
1	Q-Politik	50											
2	Organisation	50											
3	Dokumentation	30											
4	Produkthaftung	40											
5	QM-Handbuch	40											
6	QM-Audits	40											
7	QM in Entw./Konstr.	30											
8	QM im Vertrieb	40											
9	QM in Beschaffung	50											
10	FMEA im Einsatz	30											
11	SPC im Einsatz	30											
12	Material Handling	40											
13	Rückverfolgbarkeit	30											
14	Korrekturmaßnahmen	20											
15	Qualifikation MA	20											
16	Qualifikationsaufzeichnungen	30											
17	Selbstprüfung	30											
18	Prüfmittelüberwachung	20											
19	Fehlerbehandlung	30											
20	Lieferantenbewertung	30											

ges. erreichbar   erreichte Punkte   = %

Bild 4.3. Einfache Checkliste zur Lieferantenbewertung

können 100%-Prüfungen oder losweise Stichprobenabnahmeprüfungen sein. Letztlich läßt sich der Nachweis der Qualitätsfähigkeit natürlich auch in Form eines DIN EN ISO 9000 Zertifikates erbringen. (Auf die verschiedenen Nachweisstufen in Zusammenhang mit der Auditierung und Zertifizierung wird in Kapitel 6 und 8 ausführlich eingegangen). Erfolgt die Nachweisführung über die Vorlage eines Zertifikates, ist bei der Zertifikatsvorlage zu überprüfen, ob der Aussteller dieses Zertifikates gemäß EN 45012 akkreditiert ist, ob er das Audit selber durchgeführt hat, oder ob er beispielsweise Dritte vor Ort delegiert hat. Zu beachten ist auch das Alter des Zertifikates und seine notwendige Erneuerung. Weiterhin ist zu prüfen, ob sich seit der Erteilung des Zertifikates das Produktspektrum des Zulieferers beispielsweise durch Neuentwicklungen geändert hat oder ob neue, nicht zertifizierte Betriebsstellen hinzugekommen sind. Auch der Geltungsbereich des Zertifikates im Zuliefererunternehmen ist zu betrachten.

Innerhalb der Zertifizierungsphase muß der Zulieferer entsprechende Fragen beantworten. Die Fragestellungen wie beispielsweise:

- Welche Aussagen zum Qualitätsmanagement liegen vor?
- Wird die Dokumentationspflicht voll erfüllt?
- Liegt ein neues, konformes Qualitätsmanagement-Handbuch vor?
- Wie sind Produkthaftungsfragen beantwortet?

wurden bereits in Kapitel 2 aus Unternehmenssicht angesprochen. Allerdings sollte man von seinem Zulieferer bezüglich der Erfüllung der Qualitätsanforderungen und der Funktionalität des installierten Qualitätsmanagement-Systems nicht mehr verlangen, als man selber zu leisten imstande ist. Deshalb ist durchaus immer kritisch zu hinterfragen, ob Auskünfte, die der Lieferant zu geben hat, auch im eigenen Unternehmen zur vollen Zufriedenheit erfüllt würden.

4.5 Qualitätsmanagement-Vereinbarungen und Qualitätsmanagement-Darlegungen

Ergänzend zum Zertifikat werden häufig bei langfristigen Lieferbeziehungen, zusätzlich zu den Kaufverträgen und ausgehandelten technischen Lieferbedingungen, Qualitätsmanagement-Vereinbarungen abgeschlossen, auch wenn deren rechtliche Aspekte umstritten sind. Die Qualitätsmanagement-Vereinbarungen sollen Rechtsunsicherheit beseitigen, vertrauensbildend sowie kommunikationsfördernd wirken. In der DIN EN ISO 9004 finden sich allgemein anwendbare Hinweise zum Qualitätsmanagement, die in den Vereinbarungen präzisiert werden müssen. Hierbei handelt es sich beispielsweise um:

- Prüfungen, die der Lieferant auszuführen hat,
- Prüfungen, die beim Abnehmer durchgeführt werden,
- Umfang und Inhalt der Prüfdokumentation,
- Forderungen an Spezifikationen, Zeichnungen oder Angebote,
- Vereinbarungen über die Methoden des Qualitätsnachweises,
- Bestimmungen zur Schlichtung bei Meinungsverschiedenheiten in Qualitätsfragen,
- die gemeinsame Festlegung von Verfahren zur Behandlung fehlerhafter Teile beim Zulieferer und Abnehmer,
- Informationspflicht des Lieferanten bei Veränderungen seiner Abläufe und Prozesse,
- Abstimmung über die Lieferantenbewertungssysteme,
- Vorgabe der Zyklen der Ergebnisdurchsprachen,

- Gemeinsame Verfahren und Vorgehensweisen zur permanenten Produktverbesserung,
- Aufzeichnungen über die Lieferqualität.

In Tafel 4.3 ist eine Qualitätsmanagement-Vereinbarung formuliert. In der Präambel oder Vorbemerkung dokumentieren die Vertragspartner ihren Willen zu einer partnerschaftlichen Zusammenarbeit. In Punkt 1 dieser Qualitätsmanagement-Vereinbarung wird der Geltungsbereich festgelegt. Punkt 2 beinhaltet Aussagen zum Qualitätsmanagement-System und zur Qualitätsmanagement-Organisation. In Punkt 3 wird die Qualitätsmanagement-Nachweisführung angesprochen.

Tafel 4.3. Beispiel einer Qualitätsmanagement-Vereinbarung

Vorbemerkung

Die Vertragspartner stimmen darin überein, daß die Qualität und Zuverlässigkeit nur dann optimiert und verbessert werden kann, wenn eine partnerschaftliche Zusammenarbeit bei der Herstellung der Produkte, der prozeßbegleitenden Prüfungen sowie bei der Planung der einzusetzenden Prüfmittel die Grundlage der Geschäftsbeziehungen ist.

1 Geltungsbereich

Diese Vereinbarung umfaßt alle vom Lieferanten bezogenen Erzeugnisse bis auf Widerruf.

2 Qualitätsmanagement-System und QM-Organisation

Das beiderseititg angewandte QM-System basiert auf der DIN-EN-ISO 9000 bis 9004 jeweils nach dem neuesten Stand. Der Abnehmer verpflichtet sich, dem Lieferanten beim Aufbau eines geeigneten QM-Systems und seiner Organisation auf Anforderung behilflich zu sein.

3 Qualitätsmanagement-Darlegung

Der Lieferer gestattet dem Abnehmer eine Überprüfung und Bewertung seines QM-Systems sowie die Einsicht in die Dokumentationen, die im Zusammenhang mit den zu liefernden Erzeugnissen stehen.

4 Fertigungs- und Prüfungsunterlagen

Grundlagen für den Lieferer sind die vom Abnehmer erstellten Zeichnungen und Anweisungen.
- mit Angaben der Fehlerarten (kritische Fehler, Haupt- und Nebenfehler),
- vorgegeben werden:
  - „D"-Teile (dokumentationspflichtige Teile),
  - Parameter bzw. Maße, die nur nach SPC zu prüfen sind.

Bei weniger wichtigen Parametern, Maßen, Funktionen und Merkmalen wird vorgegeben:
- die Prüfschärfe nach AQL (annehmbare Qualitäts-Grenzlage)

Dazu gehören auch die vom Abnehmer und Lieferer erstellten Prüfpläne
- mit Angaben der Prüfintervalle,
- mit Daten der Prüfmittelüberwachung.

Ergänzend gehören dazu die vom Lieferer und seinem Vormaterial-Lieferanten erstellte MCV (Material-Chargen-Verfolgung).

5 Einbindung der Unterlieferanten

Der Lieferer hat mit seinen Vorlieferanten eine gleichartige Vereinbarung zu treffen.

Punkt 4 enthält Vorgaben über Fertigungs- und Prüfungsunterlagen. Punkt 5 verpflichtet anschließend den Zulieferer zu einem gleichartigen Vereinbarungsabschluß mit seinem Unterlieferanten. Weitere hier nicht angesprochene Vereinbarungspunkte sind beispielsweise die Behandlung sicherheitskritischer Teile, die Sicherung von Gewährleistungsansprüchen gegenüber dem Lieferanten, detaillierte Vorgaben zu Prüfablaufplänen und Prüfanweisungen zu Erstmusterprüfungen, die Behandlung fehlerhaft angelieferter Teile, die Abstimmung der Reaktion auf Abweichungen im Sollzustand, die Forderung zur Erstellung eines Qualitätsmanagement-Handbuches oder die Pflicht zur Unterrichtung des Haftpflichtversicherers im Schadensfall.

Im Hinblick auf die Dokumentationspflicht nach der DIN EN ISO 6786 können weitere Vorgaben, wie in Tafel 4.4 angesprochen, enthalten sein. Dazu gehören die Festlegung von Spezifikationen zwischen Hersteller und Kunden, Umfang und Inhalt der Konstruktionsunterlagen, Zeichnungen und Änderungsdienst, das Weitergeben von Organisationsplänen mit Übersicht der Verantwortungsbereiche und der Darstellung des Informationsflusses oder der Inhalt von Arbeits- und Prüfplänen, aus dem die Arbeitsfolgen mit ihren Prüffolgen zu ersehen sind.

4.6 Qualitätsprüfung bei Wareneingang

Die Wareneingangsprüfung im Beschaffungsprozeß ist die klassische Maßnahme des Qualitäts-Managements. Durch sie soll der Fehleranteil von Zulieferungen reduziert und das Entstehen von Fehlern und Fehler-Folgekosten in der nachfolgenden Produktion vermieden werden. Nach dem Handelsrecht im Handelsgesetzbuch (HGB) kann der Abnehmer seine Gewährleistungsansprüche gegenüber dem Lieferanten durch Mängelrügen nur sichern, wenn er vor der eigentlichen Qualitätsprüfung eine Prüfung der eingehenden Ware mit dem Ziel durchgeführt

Tafel 4.4. Dokumentationspflicht nach DIN EN ISO 6786

- Spezifikationen, wie sie zwischen Lieferanten und Kunden vereinbart wurden,
- Konstruktionsunterlagen, Zeichnungen mit Änderungsdienst,
- Organisationspläne, mit Übersichten der Verantwortungsbereiche und Darstellung des Informationsflusses,
- Arbeits- und Prüfpläne, aus denen die Arbeitsfolgen mit ihren Prüffolgen zu ersehen sind,
- Werkzeug- und Meßmittelprüfpläne, mit Hinweisen zur geplanten Instandhaltung,
- Unterweisungsvorschriften, besonders für neu eingestelltes Personal,
- Prüfpläne und Prüfanweisungen, die sich auf das Vormaterial und auf die Bewertung der Vormaterialien beziehen,
- vereinbarte Hinweise z.B. auf Zertifikation,
- Dokumentation in Berichten, z.B. Erstmusterprüfberichte,
- dokumentationspflichtige Maße/Funktionen/Parameter.

hat, festzustellen, ob es sich bei der Lieferung tatsächlich um die vom Einkauf vorgegebenen Teile in der entsprechenden Stückzahl handelt.

Bei *Identifizierung der Lieferung* wird gleichzeitig geprüft, ob alle zur Sendung gehörenden Artikel und Einheiten eine ausreichende und unverwechselbare Bezeichnung besitzen. Aus der vom Einkauf ausgelösten Bestellung muß hervorgehen, ob bestimmte Qualitätsmerkmale durch Sicht-, Gewichts- oder Längenprüfung feststellbar sind. Weiter ist dabei darauf zu achten, ob besondere Qualitätsnachweise, beispielsweise Werkzeugnisse, Chargen-, Analysen- oder Werksbescheinigungen angefordert waren und ob sie vollständig mitgeliefert wurden. Auch hier müssen deutliche Hinweise in den Bestellpapieren enthalten sein. Fallen diese Prüfungen zufriedenstellend aus, kann beispielsweise der Ausdruck eines Vereinnahmungsetikettes ausgelöst werden. Der Warenzugang wird dann noch solange als gesperrt im Wareneingangsbestand geführt, bis entsprechend des vorgegebenen Prüfplanes und mit den definierten Prüfmitteln die eigentliche *Wareneingangsprüfung* durchführt wurde.

Die Voraussetzungen des Qualitätsmanagements im Wareneingang werden im Bild 4.4 und Tafel 4.5 beschrieben. Der Einkauf erhält die Vorgabe der technischen Spezifikationen aus der Projektabteilung oder aus dem technischen Büro und gibt sie zusammen mit den Prüfanweisungen in der Bestellung an den Lieferanten weiter. Nach Lieferung wird im Wareneingang mit Hilfe des Prüfplanes oder Prüfauftrages die eingehende Ware überprüft und anschließend das Ergebnis in Form eines Prüfberichtes mit der Bestelleingangsmeldung an den Einkauf zurückgemeldet, damit dieser die Bestellung als erledigt registriert.

In speziellen Fällen wird eine Chargenverfolgung bzw. Rückverfolgung vom Kunden gefordert. Das Unternehmen als Abnehmer muß dann durch Begleitinformationen mit Formular oder per EDV dafür sorgen, daß eine lückenlose Verfolgbarkeit der Zulieferung vom Wareneingangslager über Vorfertigung, Zwischenlager, Montage bis zum Versand innerhalb einer bestimmten Kommission möglich ist. Bei festgestellten Abweichungen ist es sehr zweckmäßig, über Entscheidungsbäume genau festzulegen, welche Reaktionen an den Zulieferer erfolgen sollen (Rückweisungen, Mängelrüge, bedingte Annahme oder Ergreifen bestimmter Maßnahmen).

Unter Einsatz der EDV läßt sich die Wareneingangsprüfung zu einer automatischen Dynamisierung der Prüfanweisungen ausweiten, beispielsweise durch Erhöhung des Stichprobenumfanges bei fehlerhaften Lieferungen eines Lieferanten. Auf der Grundlage dieser Prüfungen erfolgt in regelmäßigen Abständen eine Lieferantenbewertung zur Klassifizierung des gelieferten Qualitätsniveaus. Das Ergebnis entscheidet, ob sich der Lieferant in seiner bisherigen Klassifizierung verbessert, verschlechtert oder bis zum Abschluß von Qualitätsverbesserungsmaßnahmen gesperrt wird.

Der Zulieferer muß die ihm übermittelten Unterlagen wie Werksnormen und Zeichnungen oder Spezifikationen kritisch prüfen und bei auftretenden Fragen sofort eine Klärung herbeiführen. Bei vorgegebenen Maßen und Toleranzen ist die Machbarkeit durch den eigenen Produktionsprozeß festzustellen. Dies gilt auch für Qualitätsmerkmale, die nur verbal genannt sind, wie beispielsweise

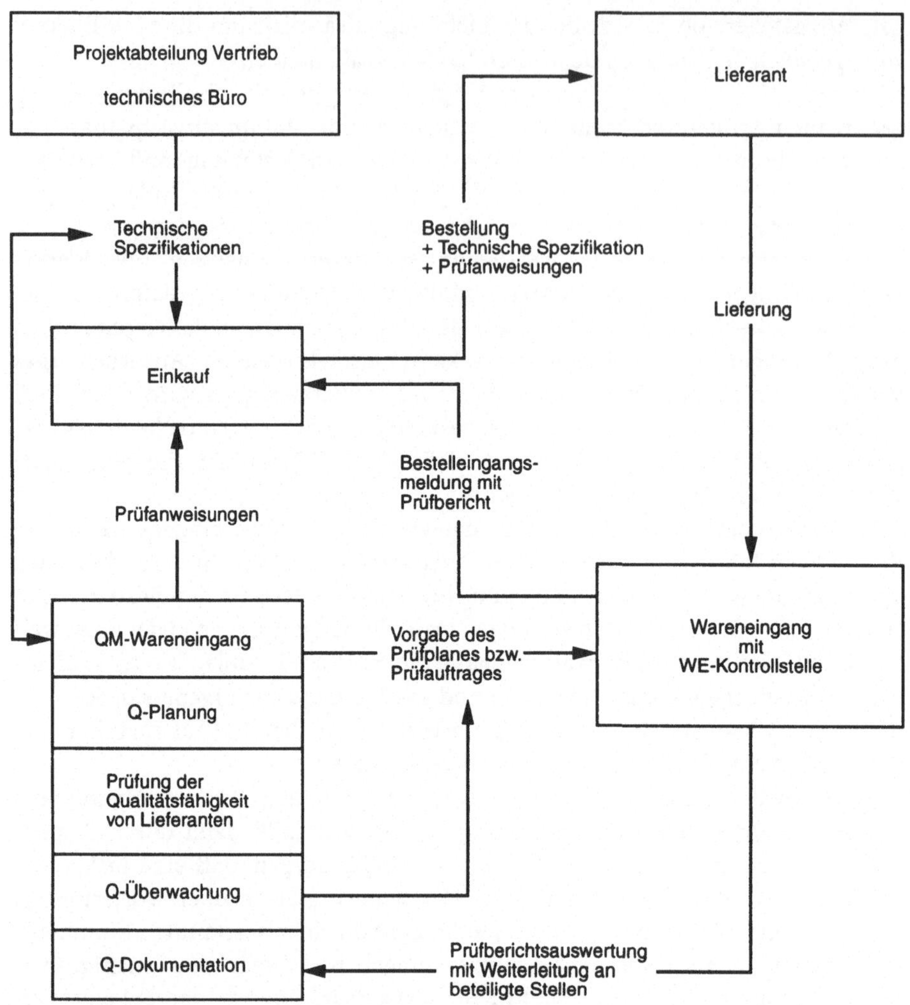

Bild 4.4. Ablauf des Qualitätsmanagements im Wareneingang

Oberflächengüten, Farbtöne oder Akustikangaben. Sollten Qualitätsprüfungen bereits direkt beim Zulieferer beabsichtigt sein, muß er klären, ob er diese Prüfungen in der vorgegebenen Form durchführen lassen kann. Auch der Zeitpunkt der Prüfung, beispielsweise bereits bei der Entwicklung in der Vormontage oder als Qualitätsmanagement-Endprüfung, ist mit dem Abnehmer dann abzustimmen.

Ein Verzicht des Abnehmers auf seine Eingangskontrollpflichten und damit auf die Rügepflichten gemäß § 377 HGB, macht betriebswirtschaftlich und organisatorisch nur dann Sinn, wenn sich der Lieferant bereiterklärt, anstelle des Empfängers bzw. Bestellers eine Warenausgangskontrolle nach exakt von dem Besteller vorgegebenen technischen Spezifikationen durchzuführen.

Durch das sogenannte AGB-Gesetz vom 01.04.1977 können solche Verabredungen oder Qualitätsmanagement-Vereinbarungen abgeschlossen werden. Das AGB-Gesetz umfaßt den Bereich von Vertragsbedingungen, die durch allgemeine

Tafel 4.5. Ablauf der Wareneingangskontrolle (Annahme: keine Kontrollbereichszone vorhanden)

- **Ausgangspunkt:** Ware trifft im Wareneingangslager ein

- **Lagerwirtschaft** (Annahmestelle des Einkaufs) überprüft, ob Bestelldaten mit Lieferschein-daten übereinstimmen. (Einkaufssystem gibt Bestelldaten der einzutreffenden Ware im betrachteten Zeitraum vor, nicht eingegangene Ware wird im Einkauf per Listenausdruck angezeigt).

- Bei Übereinstimmung der Daten erfolgt der Ausdruck des **Vereinnahmungsetikettes**, Warenzugang wird als gesperrt im **Wareneingangsbestand** geführt.

- **Prüfauftragserteilung** an die Wareneingangskontrolle über das EDV-System (per Bild-schirm oder Drucker).

- Abruf der hinterlegten Spezifikationen und den darauf bezogenen **Prüfplänen** aus dem System (Ausdruck) bzw. Entnahme aus Aktenordnern. Durchführung der **Wareneingangs-prüfung** nach Prüfplan.

- **Prüfdokumentation:** Eingabe der gemessenen Prüfwerte ins System über vorliegende Schlüssel, unterteilt nach Schadensart, -ausprägung und Merkmalsausprägung der physikalischen Materialdaten. Prüfprotokollausdruck auch bei fehlerfreier Sendung.

- Im **Reklamationsfall:**
  bedingt gesperrt: produktabhängige Verwendungsentscheidung nach Einzelfall.
  gesperrt: d.h. automatische Prüfberichterstellung an Einkauf mit Weiterleitung an Lieferanten, Sperretikettausdruck veranlassen und aufkleben.

- Bei **Freigabe** durch QS: Aufhebung des Sperrvermerkes durch Eingabe der behälter-bezogenen Vereinnahmungs-Nr., damit wird Ware im Wareneingangsbestand geführt.

- EDV-gestützte **Auswertungsergebnisse** der Wareneingangsprüfung führen zu automati-scher Dynamisierung der Prüfanweisungen (z.B. Erhöhung des Stichprobenumfanges und zur EDV-gestützten Lieferantenbeurteilung).

Geschäftsbedingungen geregelt werden sollen. Das Gesetz schließt für solche Ver-träge die Vertragsfreiheit praktisch aus, bestimmt aber Mindestbedingungen, die Anwendung finden müssen. Nach §11, Ziffer 10 des AGB-Gesetzes sind Bedingun-gen unwirksam, wenn:

a) die Gewährleistungsansprüche gegen den Verwender (der allgemeinen Geschäftsbedingungen) einschließlich etwaiger Nachbesserungs- und Ersatzlieferungsansprüche insgesamt oder bezüglich einzelner Teile ausge-schlossen, auf die Einräumung von Ansprüchen gegen Dritte beschränkt oder von der vorherigen gerichtlichen Inanspruchnahme Dritter abhängig ge-macht werden (Ausschuß und Verweisung auf Dritte);

b) die Gewährleistungsansprüche gegen den Verwender insgesamt oder bezüg-lich einzelner Teile auf ein Recht auf Nachbesserung oder Ersatzlieferung beschränkt werden, sofern dem anderen Vertragsteil nicht ausdrücklich das Recht vorbehalten wird, bei Fehlschlägen der Nachbesserung oder Ersatzlieferung Herabsetzung der Vergütung oder, wenn nicht eine Bauleistung Gegenstand der Gewährleistung ist, nach seiner Wahl Rückgängigmachung des Vertrages zu verlangen (Beschränkung auf Nachbesserung);

c) die Verpflichtung, die Beseitigung eines Mangels oder die Ersatzlieferung einer mangelfreien Sache von der vorherigen Zahlung des vollständigen Entgelts oder eines unter Berücksichtigung des Mangels unverhältnismäßig hohen Teils des Entgelts abhängig macht (Aufwendungen bei Nachbesserung);

d) der Verwender die Beseitung eines Mangels oder die Ersatzlieferung einer mangelfreien Sache von der vorherigen Zahlung des vollständigen Entgelts oder eines unter Berücksichtigung des Mangels unverhältnismäßig hohen Teils des Entgelts abhängig macht (Vorenthalten der Mängelbeseitigung);

e) der Verwender dem anderen Vertragsteil für die Anzeige nicht offensichtlicher Mängel eine Ausschußfrist setzt, die kürzer ist als die Verjährungsfrist für den gesetzlichen Gewährleistungsanspruch (Ausschußfrist für Mängelanzeige);

f) die gesetzlichen Gewährleistungsfristen verkürzt werden, (Verkürzung von Gewährleistungsfristen).

g) Es empfiehlt sich, die gesetzlichen Regeln der Gewährleistung nur im Rahmen der Ausführung der o.g. Punkte einzuschränken, weil die Rechtsprechung einen sehr kritischen und strengen Maßstab für solche AGB entwickelt hat.

Die deutsche Rechtsprechung zur Produkthaftung hat unter dem juristischen Stichwort „Dritt-Unternehmer-Ausfallhaftung" die Sorgfaltspflichten bei der Auswahl des Lieferanten definiert. Danach ist der Besteller verpflichtet, Zulieferer auszuwählen, nach ihren:

- organisatorischen und
- technischen,
- persönlichen Qualifikationen,

entsprechend den Anforderungen an:

- Funktion,
- Sicherheit der zu liefernden Teile und
- Materialien.

Der zugrundeliegende Maßstab dabei ist die Beanspruchung und der Einfluß der Zuliefererteile auf die Funktionen und Aufgaben dieser Teile in den Maschinen und Anlagen des Abnehmers und der Einsatzbedingungen sowie den möglichen Risiken, die sich in diesen Maschinen und Anlagen beim Versagen eben dieser Teile und der Einsatzbedingungen ergeben können. Ein weiterer Maßstab sind die Besonderheiten beim Einsatz der vorhersehbaren Anwendung unter den oft unterschiedlichen Anwendungsbedingungen.

Zur Erfüllung dieser abstrakt formulierten Anforderungen sind die anerkannten Regeln der Sicherheitstechnik, wie sie in der DIN 31000 ff. zur allgemeinen Teileklassifikation geschaffen wurden, eine systematische technische Grundlage. Hierbei wird unterschieden nach:

- A-Teile: Bei ihrem Versagen sind Personenschäden möglich oder wahrscheinlich,
- B-Teile: Ihr Ausfall oder Versagen kann Sachschäden unterschiedlicher Schwere auslösen,
- C-Teile: Ihr Versagen kann keine Schäden auslösen und Funktion und Sicherheit nicht beeinträchtigen.

Diese so vorgenommene Teileklassifikation wird systemgerecht weitergeführt in der Merkmalsklassifikation in DIN EN ISO 2859, die die dort bisherigen Bezeichnungen als kritische Haupt- und Nebenmerkmalefehler abgelöst hat.

Durch Lieferantenbefragungen und Lieferantenaudits können diese rechtlichen Anforderungen angemessen erfüllt werden; allerdings nur, wenn sie produktspezifisch und anwendungsbezogen die Bereiche erfassen, die für das jeweilige einzelne Teil und dessen Funktion, Zuverlässigkeit und Sicherheit wichtig sind.

Selbstverständlich sind die Anforderungen an Umfang und Tiefe von Information für die Lieferung von A-Teilen nach der o.g. DIN 31000 ff. erheblich umfassender und detaillierter als bei B-Teilen. Für die rechtliche Bewertung ist also allein der nachweisbare individuelle Zielbezug produktspezifisch und anwendungsbezogen entscheidend. Fehlt dieser Nachweis des Zielbezuges, so sind noch so umfangreiche Audits rechtlich ohne Bedeutung. Die wirtschaftliche Berechtigung für die Durchführung solcher Audits wird damit zweifelhaft.

4.7 Literaturhinweise

Binner, Hartmut F.: Strategie des General-Management – Ausweg aus der Krise. Springer-Verlag, Berlin 1993

Binner, H. F.: Flexibel mit „make or buy". In: Logistik heute 9/89, S. 42-43

Binner, H.F.: Synchronisierte Steuerung für ein marktorientiertes Lieferspektrum. Carl Hanser Verlag, AV 29 (1992), S. 34-35

Collani, E.: Optimale Wareneingangs-kontrolle. Teubner Verlag, Stuttgart. 1984

DGQ, Deutsche Gesellschaft für Qualität: Qualitätszirkel-Anregungen zur Vorbereitung und Einführung. Nr. 11-14, Beuth-Verlag (1984), Berlin

FORD Werke AG: Qualitäts-System-Richtlinie Q 101. Köln, 1988 und 1990

Schönbach, G.: 20 Schritte zur Qualität. RKW Verlag

Speck, E.: Angewandte Qualitätsanalyse (AQUA) im Wareneingang in CAQ - Computergestützte Qualitätssicherung. München: GFTM-Verlags-KG 1987

Thienel, A.: Kommunikation und Kooperation zwischen logistischen Partnern. In: CIM Management 4/91, S. 17-22

VDA: Qualitätskontrolle in der Automobilindustrie, Band 4, Sicherung der Qualität vor Serieneinsatz. 2. Auflage, Frankfurt am Main: Verband der Automobilindustrie e.V. 1986

VDA: Qualitätskontrolle in der Automobilindustrie, Band 2, Sicherung der Qualität von den Lieferungen in der Automobilindustrie, Lieferantenbewertung,

Erstmusterprüfung. Frankfurt am Main: Verband der Automobilindustrie e.V. 1975

Wildemann, H.: Eigenfertigung oder Fremdbezug? in: SSM Schweizer Maschinenmarkt, Goldach Nr. 6, 1992, S. 32-37

Zink, K.J.: Kleingruppenarbeit in der Bundesrepublik Deutschland. Blick durch die Wirtschaft, Ausg. v. 25.07.86

Zink, K.J.; Schick, G.: Quality-Circles-Problemlösungsgruppen. München/Wien: Carl Hanser Verlag 1987

5 Grundlagen des Qualitätsmanagements

5.1 Qualitäts-Definitionen

Der Begriff *Qualität* ergibt sich aus den fünf Grundbegriffen: Qualitätsanforderung, Beschaffenheit, Merkmal, Einheit und Anspruchsniveau.

Qualität ist die Beschaffenheit einer Einheit bezüglich ihrer Eignung, vorgegebene Qualitätsanforderungen während der Herstellung, Nutzung und Entsorgung zu erfüllen. Sie wird bestimmt durch Qualitätsmerkmale (Tafel 5.1).

Tafel 5.1. Grundbegriffe des Qualitätsmanagements

Qualitätsforderung:	Eine Qualitätsforderung ist die geforderte Beschaffenheit des betrachteten Gegenstands. Es handelt sich also um für die Beschaffenheit der Einheit (im Hinblick auf deren Zweck) vorausgesetzte und festgelegte Forderungen, die das Anspruchsniveau und die Realisierungsmöglichkeiten berücksichtigen und während der Qualitätsplanung verschiedene Konkretisierungsstufen durchlaufen. Die Qualitätsforderungen enthalten Einzelforderungen zur Sicherheit, Zuverlässigkeit, Instandhaltbarkeit und zum Umweltschutz. Auch ein angemessener Mitteleinsatz sowie der Verbleib nach dem Nutzungsende materieller Produkte (Rücknahme, Entsorgung) können Qualitätsforderungen sein.
Beschaffenheit:	Die Beschaffenheit ist die Gesamtheit aller Merkmale und Merkmalswerte der Einheit.
Merkmal:	Merkmale sind Eigenschaften einer Einheit, die die Unterscheidung der Einheiten einer Grundgesamtheit ermöglichen, quantitativ oder qualitativ.
Einheit:	Einheiten sind materielle oder immaterielle Gegenstände der Betrachtung. Sie sind zu unterscheiden nach dem Bezugspunkt: als Ergebnis einer Tätigkeit oder eines Prozesses (Produkt oder Leistung), oder als Tätigkeit selber am materiellen oder immateriellen Gut.
Anspruchsniveau:	Das Anspruchsniveau ist ein Rangindikator für unterschiedliche Qualitätsforderungen an Einheiten, die dem gleichen Zweck dienen.
Qualität:	Qualität kann als die Beschaffenheit einer Einheit bezüglich ihrer Eignung, die Qualitätsforderungen zu erfüllen, beurteilt werden. Sie wird bestimmt durch die Merkmale.

Unter einem Qualitätsmerkmal ist eine Eigenschaft zu verstehen, die die Unterscheidung von Einheiten (Produkte, Tätigkeiten oder Prozesse) auch innerhalb einer Grundgesamtheit ermöglicht. Durch die Eigenschaft selbst und die Art ihrer Feststellung ist die Menge der Merkmalswerte als Wertebereich des Merkmals festgelegt. Unterschieden wird nach quantitativen oder qualitativen Merkmalen (Eigenschaften), siehe dazu auch DIN 55350, T12 (Tafel 5.2).

Werte, die einer Skala mit definierten Abständen zugeordnet sind, heißen quantitative Merkmale. Hierbei wird noch unterschieden nach einem stetigen Merkmal und einem diskreten Merkmal. Der Wertebereich beim stetigen Merkmal ist unendlich. Beim diskreten Merkmal ist der Wertebereich endlich oder abzählbar unendlich.

Qualitative Merkmale sind Eigenschaften, deren Werte einer Skala ohne definierte Abstände zugeordnet sind. Qualitative Merkmale werden häufig mit einer Schlüsselnummer gekennzeichnet, beispielsweise als Bewertungsschlüssel. Ein

Tafel 5.2. Merkmalbezogene Begriffe entsprechend der DIN 55 350/ Teil 12

Merkmal:

Das Qualitätsmerkmal ist als eine Eigenschaft zu verstehen, die das Unterscheiden von Einheiten (Produkte, Tätigkeiten oder Prozesse) auch innerhalb einer Grundgesamtheit ermöglicht. Durch die Eigenschaft selbst und die Art ihrer Feststellung ist die Menge der Merkmalswerte als Wertebereich des Merkmales festgelegt.

Quantitatives Merkmal:

Merkmale (Eigenschaften), deren Werte einer Skala mit definierten Abständen zugeordnet sind, heißen quantitative Merkmale. Die Skala selber wird als metrische Skala oder Kardinalskala bezeichnet. Auf ihr sind entweder nur Abstände definiert (Intervallskala) oder zusätzlich auch Verhältnisse (Verhältnisskala).

Unterscheide:

Stetiges Merkmal, der Wertebereich ist unendlich,
Diskretes Merkmal, dessen Wertebereich ist endlich oder abzählbar unendlich.

Qualitatives Merkmal:

Merkmale (Eigenschaften), deren Werte einer Skala ohne definierte Abstände zugeordnet sind, heißen qualitative Merkmale. Die Skala selber wird als topologische Skala oder Ordinalskala bezeichnet. Qualitative Merkmale werden häufig mit einer Schlüssel-Nr. gekennzeichnet, z.B. Bewertungsschlüssel.

Unterscheide:

Ordinalmerkmal, für dessen Merkmalswerte besteht eine Ordnungsbeziehung (z.B. größer oder kleiner als),
Nominalmerkmal, für dessen Werte besteht keine ordnungsgemäße Bezeichnung. Der Merkmalswert eines Nominalmerkmals wird häufig auch Attribut genannt.

Ein quantitatives Merkmal läßt sich in ein qualitatives Merkmal verwandeln, indem nur noch festgestellt wird, ob der Merkmalswert in einem vorgegebenen Wertebereich liegt (z.B. gut-schlecht-Prüfung).

---

quantitatives Merkmal läßt sich in ein qualitatives Merkmal verwandeln, in dem festgestellt wird, ob die Merkmalswerte im vorgegebenen Wertebereich liegen, beispielsweise bei einer Gut-/Schlecht-Prüfung.

Beurteilungsgrundlagen einzelner definierter Qualitätsmerkmale können mit *vermessbaren Qualitätsmerkmalen* beginnen wie z.B. geometrischen Größen, Ebenheit einer Fläche, Steigung eines Gewindes, Rauhtiefe einer Oberfläche oder mit physikalischen Größen wie beispielsweise Geschwindigkeit, Helligkeit, Leistung, Drehzahl.

Beispiele für zählbare Qualitätsmerkmale sind die Anzahl Poren (d.h. innerhalb einer Flächeneinheit einer Lackoberfläche), Schweißpunkte je Karosserieteil oder Schaltspiele eines Schalters bis zum Funktionsausfall. Dazu kommen Beispiele für subjektiv zu beurteilende Qualitätsmerkmale. Hierbei handelt es sich zum Beispiel um Geschmack, Paßform, farbliches Übereinstimmen oder gefälliges Aussehen. (In Kapitel 10 wird im Rahmen der Qualitätsprüfung noch einmal detailliert auf das Prüfen qualitativer und quantitativer Qualitäts-Merkmale eingegangen.)

Als Ergebnis externer und interner Qualitätsplanungen werden als erstes die Merkmale entsprechend ihrer Bedeutung für die Qualität durch die Verknüpfung mit den möglichen Fehlern bei Nicht-Einhaltung der Qualitätsanforderung klassifiziert. Die Einteilung in Fehlerklassen nach der DIN 55350, Teil 31, mit Unterscheidung in kritische Fehler, Hauptfehler und Nebenfehler ist die Grundlage dieser Klassifizierung. In Anlehnung an die Fehlergewichtung erfolgt dann die Merkmalsgewichtung. Die Schwere der Auswirkungen von aufgetretenen Fehlern bestimmt den Aufwand für ihre Verhinderung, z.B. durch zusätzliche Qualitätsprüfungen (Kapitel 10). Zuletzt werden je Merkmalsgröße die qualitativen oder quantitativen Mindest- und Höchstwerte zugeordnet. Diese Werte können bei der internen Qualitätsplanung aus wirtschaftlichen Gründen durch Soll-, Grenz- und Toleranzwerte präzisiert werden.

Um Qualitätsmerkmale den Fehlerklassen zuordnen zu können, sind sie vorher zu bewerten. Dabei sind folgende Gesichtspunkte zu beachten:

- Ist der Fehler leicht oder schwer feststellbar?
- Wo wird der Fehler entdeckt (im Unternehmen oder beim Kunden)?
- Ist Nachbearbeitung möglich oder entsteht Ausschuß?
- Wie häufig tritt der Fehler auf?
- Wie reagiert der Kunde auf den Fehler?
- Wie hoch sind die Kosten für die Fehlerbeseitigung?
- Wird der Liefertermin gefährdet?

Die Fehlerbewertung ist auch bei Ermittlung von Schwachstellen im Betrieb und bei Überwachung des Fertigungsablaufs von Bedeutung. Sie läßt erkennen, mit welcher Priorität Mängel im Unternehmen zu beseitigen sind. Dies ist beispielsweise mit einer *ABC-Analyse* möglich (Kapitel 10).

Aus der Vielzahl der qualitätsrelevanten Normen sind in Tafel 5.3 einige Beispiele aufgezählt. Die Begriffsdefinitionen der dabei an der obersten Stelle stehen-

Tafel 5.3. Normen zur Qualitätssicherung

DIN EN ISO 8402	Qualitätsmanagement- und Qualitätssicherungsbegriffe
DIN EN ISO 9000	Qualitätsnormen, Leitfaden zur Auswahl und Anwendung
DIN EN ISO 9001	Qualitätsmanagement-Systeme, Modell zur Darlegung des Qualitätsmanagement in Design/Entwicklung, Produktion, Montage und Kundendienst
DIN EN ISO 9002	Qualitätsmanagement-Systeme, Modell zur Darlegung des Qualitätsmanagement in Produktion und Montage
DIN EN ISO 9003	Qualitätsmanagement-Systeme, Modell zur Darlegung des Qualitätsmanagement bei der Endprüfung
DIN EN ISO 9004	Qualitätsmanagement und Elemente eines Qualitätsmanagement-System-Leitfadens
DIN EN ISO 10 011	Leitfaden für das Audit von Qualitätsmanagement-Systemen
DIN EN 45 012	Allgemeine Kriterien für Stellen, die Qualitätsmanagement-Systeme zertifizieren
DIN 55 350 T11	Qualitätsmanagement, Unterscheidung nach Planungsmaßnahmen, Lenkungsmaßnahmen und Prüfungsmaßnahmen

Tafel 5.4. Darlegungsbegriffe des Qualitätsmanagements ersetzen Nachweisbegriffe der Qualitätssicherung

DIN 35 350 T11 (Ausgabe 1994)	ISO 8402 (Ausgabe 1985)	DIN 55 350 T11 (Ausgabe 5/1987)
Qualitätsmanagement-Darlegung	Qualityassurance	Qualitätssicherungs-Nachweisführung
Darlegungsforderung	Qualitysystem-Requirements	Nachweisfoderung

DIN 35 350 T11 (Ausgabe 1994)		DIN 55 350 T11 (Ausgabe 5/1987)	
Darlegungsgrund	Darlegungsumfang	Nachweistiefe	Umfang der Nachweisführung
Darlegungsstufen DIN 9001/2/3	individuell vereinbart	Nachweisstufe ISO 9001/2/3	individuell vereinbart

Deutsche Übersetzung von Quality Assurance in ISO 9001 bis 9003:

1985: Nachweis über die Qualitätssicherung
1987: Qualitätssicherungsnachweise
1990: Darlegung der Qualitätssicherung
1994: Darlegung des Qualitätsmanagementsystems
    Qualitätsmanagement-Darlegung

den DIN EN ISO 8402 *Qualitätsmanagement und Qualitätssicherungsbegriffe* sind in Tafel 5.4 in Kurzform zusammengefaßt.

An dieser Stelle ist darauf hinzuweisen, wie schwer sich die deutsche Normung bei der Abgrenzung zwischen den Begriffen Qualitätssicherung und Qualitätsmanagement bisher getan hat. Die bereits einleitend zitierte Definition der Qualitätssicherung in der DIN 55320 Teil 11, Ausgabe Mai 87, wonach Qualitätssicherung alle Maßnahmen zur Sicherung der Qualität bestehend aus Qualitätsplanung, Qualitätslenkung und Qualitätsprüfung ist, unterschied sich grundlegend vom ISO-Konzept. Hier wurde als Oberbegriff die Definition Qualitätsmanagement geführt. In der Konferenz des ISO-TC 176 im Oktober 1990 wurde nach eingehender Diskussion im SC 1 zum Zwecke der Angleichung der Begriffe in Europa anstelle des Begriffes *Qualitätssicherung* als Oberbegriff aller qualitätssichernder Abläufe im Unternehmen der Begriff *Qualitätsmanagement* (DIN 8402/E0392) verwendet. In der Praxis finden beide Begriffe z.Zt. vielfach noch nebeneinander Anwendung.

Die neue Definition *Qualitätsmanagement* ist jetzt so formuliert, daß sie für die Gesamtheit aller qualitätsbezogener Tätigkeiten und Zielsetzungen in allen Bereichen und Hierarchiestufen der betrieblichen Organisation Gültigkeit besitzt. Die Begriffsbedeutung der vorausgehenden Ausgabe dieser Norm, wonach das Qualitätsmanagement nur ein Aspekt der Gesamtführungsaufgaben war, also nur für Führungskräfte galt, ist erloschen.

In der Ausgabe 1994 der DIN 55350 Teil 11 sind weitere Qualitätsmanagement-Begriffe international angepaßt worden. Insbesondere ist der Begriffsinhalt *Qualitätssicherung-Nachweisführung* durch den Begriffsinhalt *Qualitätsmanagement-Darlegung* ersetzt worden. In Tafel 5.4 sind die weiteren daraus resultierenden Begriffsinhalte dargestellt.

Ausgangspunkt für die Anwendung in der Praxis ist die Vereinbarung zwischen Lieferer und Kunden bzw. Auftragnehmer und Auftraggeber, daß ein Qualitätsmanagement-System nachweisbar beim Lieferer unterhalten wird. Die Begriffe *Nachweisforderung, Nachweistiefe* und *Nachweisumfang* sind jetzt ersetzt durch die Begriffe *Darlegungsforderung, Darlegungsgrad, Darlegungsumfang* und *genormte Darlegungsstufe*, wobei auf die genormte Nachweisstufe der DIN EN ISO 9001, 9002, 9003 Bezug genommen wird.

Das Zertifikat als Qualitätsmanagement-Darlegung wirkt gegenüber dem Kunden als vertrauensbildende Maßnahme. Es wird die Zusicherung gegeben, daß diese Vereinbarung tatsächlich eingehalten wird.

Die Umbenennung der Begriffe hat auch Einfluß auf die deutsche Übersetzung des englischen Begriffs *Quality Assurance* im Titel der ISO 9001 bis 9003 (Tafel 5.4). Während 1985 noch die deutsche Übersetzung *Nachweis über die Qualitätssicherung* galt, wurde 1987 die Bezeichnung *Qualität-Sicherungsnachweise (Qualitätssicherung-Nachweise)*, dann 1990 der Begriff *Darlegung der Qualitätssicherung* und abschließend 1994 *Darlegung des Qualitätsmanagement-Systems* (gleich *Qualitätsmanagement-Darlegung*) gewählt. Damit ändern sich auch alle Wortverbindungen von *Qualitätssicherung* in *Qualitätsmanagement*, beispielsweise die Benennungen Qualitätsmanagement-Handbuch, Qualitätsmanagement-Element und Qualitätsmanagement-System.

In der Literatur sind auch unter Experten Interpretationsunterschiede immer wieder erkennbar, beispielsweise in der Form, daß die Qualitätssicherung als einzige zweckmäßige Übertragung zum englischen Begriff des Quality Assurance zu verwenden ist, wobei der Begriff Qualitätsmanagement diesem Begriff Qualitätssicherung übergeordnet ist. Die von vielen als problematisch angesehene Benennungsänderung führt dann zwangsläufig zu einer zusätzlichen Verwirrung.

5.2 Aufbau und Inhalt des Qualitätskreises

Ein wesentlicher Bezugspunkt zur Erläuterung der Inhalte des Qualitätsmanagements und zum Verständnis qualitätsrelevanter Zusammenhänge ist der *Qualitätskreis* nach DIN 53350. In ihm wird in Form eines Abstraktionsmodells das Ineinandergreifen aller qualitätswirksamen Tätigkeiten im Unternehmen zur Durchführung des Qualitätsmanagements abgebildet. Die qualitätswirksamen Maßnahmen und Ergebnisse sind als Qualitätselemente in den Phasen der Erstellung und Anwendung eines Produktes bzw. bei der Produktnutzung dargestellt. Die Zuordnung dieser Elemente in dem in Bild 5.1 abgebildeten Qualitätskreis zeigt das Ineinandergreifen der einzelnen Phasen im Uhrzeigersinn. Dabei wird deutlich, daß sich das Qualitätsmanagement als übergreifende Aufgabe auf den gesamten Produktlebenszyklus von der Aquisition, Entwicklung, Produktion, Montage, Versand bis zur Nutzung durch den Kunden bezieht.

Phasen und Elemente

Im folgenden werden die einzelnen Phasen und Elemente dieses Qualitätskreises näher beschrieben. In der im nächsten Kapitel detailliert erläuterten DIN EN ISO 9000 ff. als Bezugsnorm für die Einführung von Qualitätsmanagement-Systemen wird auf diese Qualitätselemente und Phasen Bezug genommen.

Der Qualitätskreis (nach Masing) ist ein Abstraktionsmodell des Ineinandergreifens aller qualitätswirksamen Tätigkeiten zur Durchführung der Qualitätssicherung über alle Phasen der Erstellung und Nutzung eines Produktes. Insgesamt sind im Qualitätskreis nach DIN EN ISO 53 350 elf Phasen angesprochen. Es handelt sich im einzelnen um:

1. Design/Spezifizierung und Entwicklung des Produktes,
2. Beschaffung,
3. Prozeßplanung und Entwicklung,
4. Produktion,
5. Qualitätsprüfung/Untersuchungen,
6. Verpackung/Lager,
7. Verkauf/Verteilung,
8. Montage/Betrieb,
9. Technik/ Unterstützung/Instandhaltung,
10. Beseitigung nach Gebrauch,
11. Marketing/Marktforschung.

Dieser Qualitätskreis ist als eine Summe in sich geschlossener Phasen qualitätswirksamer Maßnahmen und Ergebnisse zu interpretieren. Jede dieser

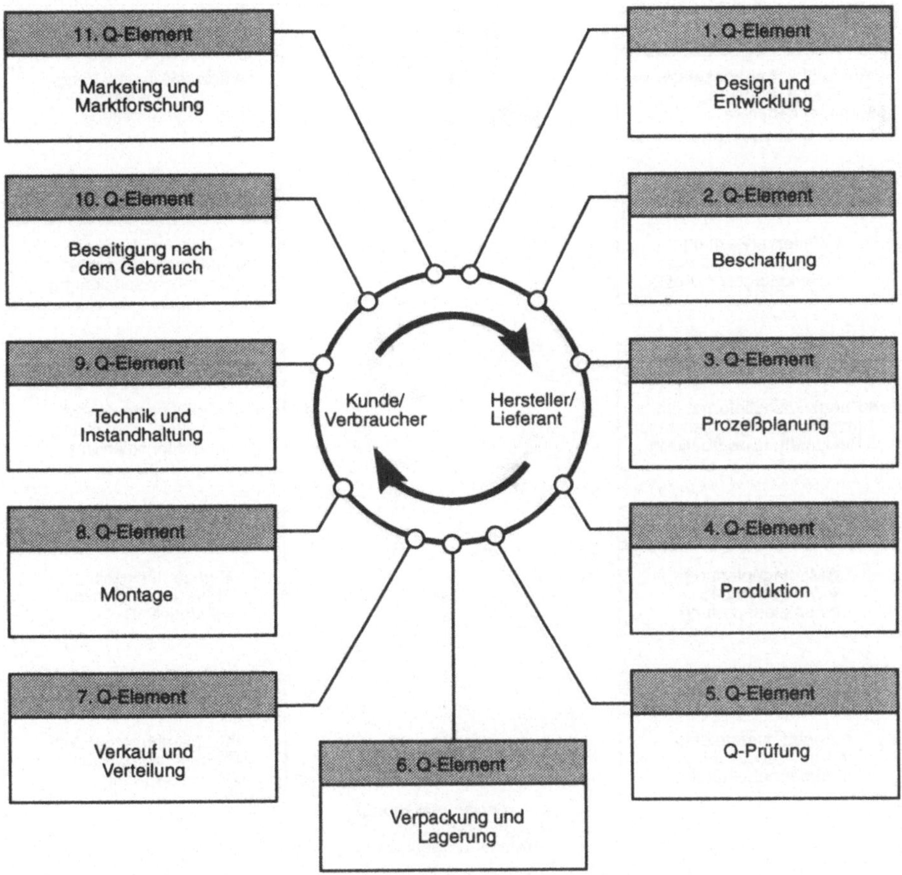

Bild 5.1. Q-Elemente im Qualitätskreis

Phasen läßt sich einem Qualitätsanteil zuordnen. In gleicher Reihenfolge wie im Qualitätskreis genannt, beginnt auch innerhalb der Phasen der Ablauf bei der Entwurfsqualität. Es folgen die Qualität der Beschaffung, die Planungsqualität bei der Prozeßplanung und Entwicklung, die Bearbeitungs- und Montagequalität, die Prüfqualität, die Lager- und Verpackungsqualität, die Verkaufsqualität oder die Qualität der technischen Unterstützung und die Instandhaltung.

Dabei ist das einzelne Qualitätselement der Beitrag zur Qualität des Produktes, der in einer bestimmten Phase des Qualitätskreises aus den Tätigkeiten und Prozessen heraus entsteht. Diese als Beiträge zur Qualität zu verstehenden Qualitätselemente sind sehr vielfältig. In einigen Fällen sind diese Qualitätselemente einer ganz bestimmten Phase zugeordnet und damit nicht auswechselbar. Andererseits gibt es Qualitätselemente, die für jede Phase gleichermaßen anwendbar sind; z.B. die Organisationsvorgaben aus dem Qualitätsmanagementsystem nach definierten Qualitätsanforderungen und Abgrenzungen. Je nach Branche und Unternehmensorganisation gibt es unterschiedliche Beiträge und Elemente. In Bild 5.2

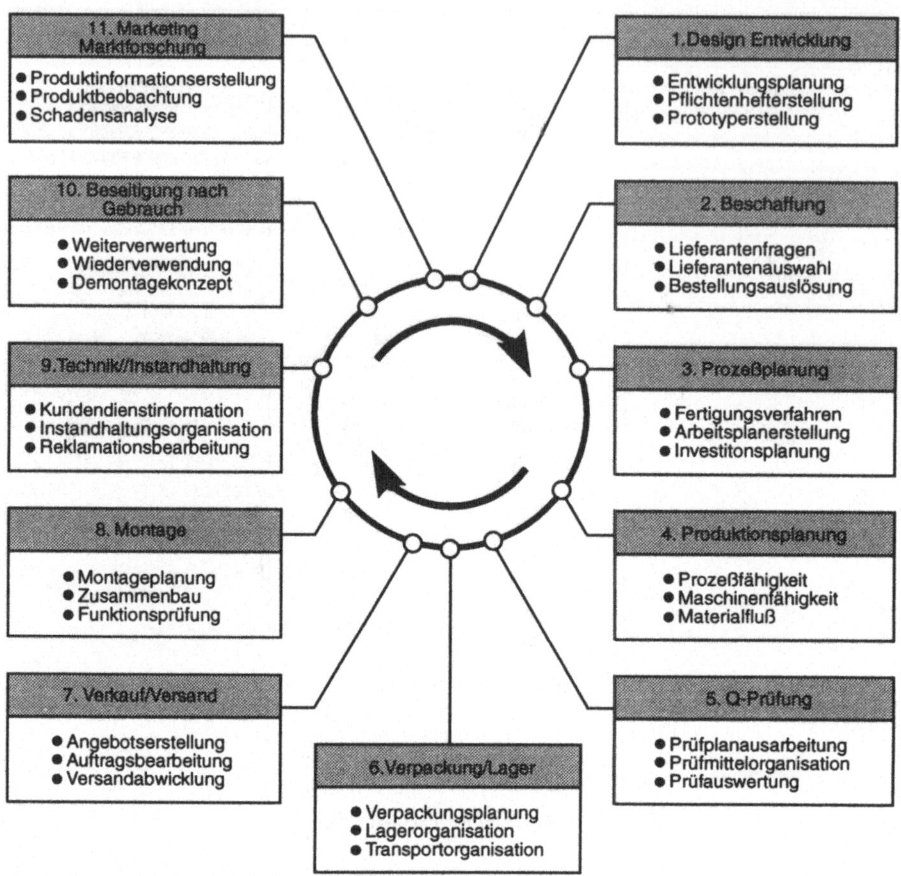

Bild 5.2. Geschäftsprozesse innerhalb des Q-Kreises

sind beispielhaft einige Prozesse aufgeführt, die als Hauptbeiträge zur Qualität innerhalb des betrachteten Qualitätselementes vorkommen können.

Ein Qualitätskreis ist von einem Qualitätsregelkreis zu unterscheiden. Nach DIN 010226 ist nur dann von einem Qualitätsregelkreis zu sprechen, wenn die zur Regelung eingesetzte Regelgröße ein Qualitätsmerkmal darstellt, also ein zur Qualität beitragendes Merkmal ist.

Die *Phasenbetrachtung* im Qualitätskreis wird unterschieden in:

- Phase der Erstellung und
- Phase der Nutzung

des hergestellten Produktes. Innerhalb der Erstellung unterscheidet man den Ablauf der Planungsphase (mit der Qualitätsplanung analog der Termin- und Kostenplanung) sowie den Ablauf der Realisierungsphase (mit der Qualitätslenkung in Analogie zur Termin- und Kostenlenkung).

Die Phase der Nutzung des hergestellten Produktes kann in eine Phase der Gewährleistungsdauer, in der ein Lieferantenrisiko besteht, und in eine Phase der Produktnutzung ohne Lieferantenrisiko unterteilt werden. In der Nutzungsphase werden überwiegend Funktions- und Zuverlässigkeitsmerkmale überprüft.

Die *Zuverlässigkeit* ist ein sehr wichtiges Qualitätsmerkmal, weil sie die Qualität unter vorgegebenen Anwendungsbedingungen für eine vorgegebene Zeit beschreibt. Bei sehr komplexen Produkten wird die Zuverlässigkeit durch eine große Zahl von Einzelkomponenten beeinflußt, da bereits das Versagen eines einzelnen Bauteiles den Ausfall der Gesamtanlage zur Folge haben kann. Die Zuverlässigkeit unterliegt zeitlichen Veränderungen, weil Eigenschaften der Teile oder Komponenten durch Verschleiß und Alterung unterschiedlich beeinflußt werden. Über die Ausfallrate kann die Zuverlässigkeit beschrieben werden. Die Ausfallrate gibt die Anzahl der Ausfälle je Zeiteinheit an, die wiederum von der Nutzungsdauer des Produktes abhängt. Es ergibt sich die typische Badewannenfunktionskurve. Für ein neueingeführtes Produkt ist die Ausfallrate zunächst sehr hoch, weil noch geringe Erfahrung über den Fertigungsprozeß vorliegt. Sobald sich ein stabiler Prozeß einstellt, hat die Ausfallrate einen über die Nutzungsdauer nahezu konstanten Wert. Zum Ende der Nutzungszeit wächst sie wegen der Alterungs- und Verschleißausfälle wieder an.

Die frühen Ausfälle können durch ausreichend lange Testphasen verringert werden. Während der Nutzungsdauer treten dann nur noch zufallsbedingte Ausfälle auf. Das Ansteigen der Ausfälle zum Ende der Nutzungszeit kann durch vorbeugende Instandhaltungsmaßnahmen reduziert werden.

Neben der Zuverlässigkeit existiert für materielle Produkte noch der Begriff der *Gebrauchstauglichkeit*. Darunter ist die Eignung eines Gutes für einen bestimmungsgemäßen Verwendungszweck aufgrund objektiv und nicht objektiv feststellbarer Gebrauchseigenschaften zu verstehen, deren Beurteilung sich aus den individuellen Bedürfnissen des Verbrauchers ableitet.

Die Gebrauchstauglichkeit ist im Gegensatz zur Qualität prinzipiell nicht objektivierbar. Sie spielt eine bedeutende Rolle bei Schutz- und Warentests.

Die *Qualitätsprüfung* und analog die Termin- und Kostenprüfung sind Elemente aller Phasen Planung, Realisierung und Nutzung. Die Qualitätsprüfung bezieht sich auf die Qualität des Produkts und auf alle Tätigkeiten. Die Qualitätsprüfung bei Tätigkeiten bezieht sich auf die Feststellung der Qualität der Tätigkeit wie

- Planungsqualität,
- Lenkungsqualität,
- Realisierungsqualität
  und auch auf die
- Prüfungsqualität der Qualitätsprüfung, also auch auf sich selbst,
  sowie auf das
- Ergebnis der Tätigkeit, also auch der Prüfaufgabe.

Folgend werden jetzt die in Bild 5.6 gezeigten Hauptbeiträge zur Qualität innerhalb der einzelnen Phasen des Qualitätskreises ausführlich dargestellt. Die dabei einzusetzenden Werkzeuge und Methoden sind detailliert in Kapitel 9 beschrieben. Dort wird eine Zuordnung dieser Werkzeuge und Methoden zu den einzelnen Phasen des Qualitätskreises vorgenommen.

5.2.1 Qualitätsbeiträge in der Design-, Spezifizierungs- und Entwicklungsphase

Innerhalb eines integrierten Entwicklungsprozesses und unter Einbeziehung des Lieferanten werden die Produkte durchgängig qualitätsgerecht entwickelt. In eigens dafür gegründeten Projektentwicklungsteams, in dem das Know-how aller Abteilungen im Unternehmen vertreten ist, wird dann systematisch die Entwicklung durchgeführt. Die dabei anzuwendende Methode *QFD* (*Quality-Function-Deployment*) wird in Kapitel 9 als allgemein gültige Vorgehensweise noch ausführlich erklärt.

Um auch die marktgebundenen Erwartungen an das Produkt oder an seine Gebrauchstüchtigkeit zu erfüllen, müssen innerhalb des Projekt-Entwicklungsteams die Teammitglieder aus Verkauf, Vertrieb oder Kundendienst, ihre entsprechenden Erfahrungen beisteuern.

Sollte es sich um herstellungsgebundene Anforderungen handeln, muß die Qualitätsabteilung oder die Arbeitsvorbereitung und Produktion diese Erfahrungen in das Projekt einbringen.

Als Vorgabe für den Entwicklungsprozeß hat sich die Erstellung eines produktneutralen *Lastenheftes* bewährt. Darin werden die Anforderungen an das Produkt über Marketinganalysen und anhand von Kundenbefragungen festgelegt. Gleichzeitig werden Konkurrenzprodukte in die Betrachtung aufgenommen. Das Ergebnis sollte eine genaue Produktbeschreibung mit Produktmerkmalen sein, die die Grundlage für die Entwicklung dieses Produktes im Unternehmen bilden. Auch eine Zielkostenvorgabe sollte an dieser Stelle möglich sein.

Die Umsetzung dieses neutralen Anforderungsprofils, in ein unternehmensspezifisches Produkt geschieht zunächst mit Hilfe eines *Pflichtenheftes*. Dieses Pflichtenheft ist eine detaillierte Beschreibung aller Eigenschaften, die das Produkt haben soll und Vorgaben, die die Herstellung, den Verbrauch oder die Anwendung des Produktes nach den geltenden Rahmenbedingungen wie Gesetze, Verordnungen oder auch der Umweltschutz festlegen. In Tafel 5.5 ist ein typischer Pflichtenheftaufbau gezeigt.

In der Zieldefinition der Produktentwicklung und Produktidentifikation werden die Art und Anwendung des Produktes kurz erläutert. Auf bestehende Patente und Lizenzen ist hinzuweisen. Dazu werden die angestrebten Marketingziele nach Anwender- oder Verbrauchergruppen, Herstellmengen, Zielmärkten, absetzbaren Stückzahlen, erzielbaren Stückpreisen, Absatzgebieten und Wettbewerbsverhalten genannt. Die Zielkostenvorgabe sollte, wenn möglich, bereits nach Kosten für die Null-Serie und für Prototypen mit Amortisationsrechnungen für Werkzeuge und Vorrichtungen in Abhängigkeit der herzustellenden Stückzahlen spezifiziert sein. Neben den Kostendaten sind aber auch die Termindaten vorgegeben (hier sind Ecktermine für den Beginn der Fertigung und für den Beginn der Erstauslieferung

Tafel 5.5. Inhaltsangabe eines Entwicklungs-Pflichtenheftes

---

1. **Beschreibung der Produktneuentwicklung, z.B.:**
 - Produktidentifikation (Name, Bezeichnung)
 - Erläuterung von Art und Anwendung, Gebrauch, Verbrauch
 - Ggf. verwandte Produkte (eigen/fremd)
 - Zugehörigkeit zu Produktgruppen
 - Bestehende Lizenzen, Patente

2. **Marketing-Vorgaben, z.B.:**
 - Absatzgebiete, Anwender-, Verbrauchergruppen, Herstellmengen, Stückzahlen, Zielmärkte (Branchen und Regionen)
 - Image, Anspruchsniveau, Wettbewerbsverhalten

3. **Preis- und Kostenvorstellungen (Target Costing), z.B.:**
 - Materialkosten
 - Fertigungskosten
 - Kosten und Termine für die Nullserie und die Prototypen
 - Erforderliche Stückzahl für die Amortisation der Werkzeuge und Vorrichtungen

4. **Funktionelle Anforderungen und Spezifikationen, z.B.:**
 - Prinzip, Arbeitsweise, Arbeitsbereiche
 - Leistungsdaten, Grenzwerte, Toleranzen
 - Abnahmebedingungen

5. **Abmessungen und Gewichte, z.B.:**
 - Form, Baumaß, Lage und Funktion der Energiezufuhr
 - Anschlüsse für Energien, Abluft und Abwasser

6. **Betriebsbedingungen, z.B.:**
 - Arbeitsumwelt, klimatische Forderungen, ggf. für das Exportland

7. **Konstruktionsbedingungen und -richtlinien, z.B.:**
 - Bedienbarkeit, Zugängigkeit
 - Wartungsbedingungen, Reparaturmöglichkeit
 - Verschrottung
 - Kontrollsysteme

8. **Sicherheitsvorschriften, z.B.:**
 - Betriebssicherheit, Sicherheit gegen Arbeitsunfälle
 - Schadenschutz, Lärmschutz, Entsorgung, Umweltschutz

9. **Qualitätsforderungen, z.B.:**
 - Genauigkeiten, Zuverlässigkeiten
 - Elektrische Werte

---

ebenfalls genannt). Die funktionellen Anforderungen und technischen Spezifikationen des zu entwickelnden Produktes sind etwa Arbeitsprinzipien, Arbeitsweise, Arbeitsbereiche, Leistungsdaten, Grenzwerte, Toleranzen und auch die Abnahmebedingungen. Weiter zu nennen sind die Abmessungen und Gewichte des neu zu entwickelnden Produktes, ebenso die benötigten Energieanschlüsse. Unverzichtbar sind die Betriebsbedingungen. Gerade bei Produkten für den Export sind auch die dort herrschenden klimatischen Bedingungen zu berücksichtigen. Die Konstruktionsbedingungen und Richtlinien beginnen mit der Verwendung von Normteilen und vorhandenen Teilefamilien. Die Verwendung bereits erprobter Teile und Baugruppen setzt das Risiko von Neuprodukten herab. Durch die Variantenreduzierung wird ein nicht zu unterschätzender Kosteneinsparungseffekt erreicht. Weitere Forderungen bestehen bezüglich fertigungsgerechter, wartungsfreundlicher, recyclingfähiger, korrosionsbeständiger oder montagefreundlicher Konstruktion. Zu beachten sind die Hinweise auf die bestehenden Sicherheitsvorschriften.

Die erforderlichen Genauigkeiten, Zuverlässigkeiten, elektrischen und mechanischen Werte oder die Industrierobustheit müssen festgelegt sein. Gleichzeitig erfolgen unter dem Stichwort *Qualitätsprüfungen* Hinweise auf vorzunehmende Funktions- und Zuverlässigkeitsprüfungen, statische und dynamische Prüfungen oder statistische Prüfungen. Die Ausführungsvorgaben und Vorschriften bezüglich relevanter Normengesetze oder behördlicher Anforderungen, aber auch Hinweise auf Zulassungsverfahren, Zertifikationen oder Prüfzeichen dürfen nicht fehlen.

Dieses Pflichtenheft ist Grundlage für alle nachfolgenden Aktivitäten und gleichzeitig Quelle für die Qualitätsplanungen (also die Planung der Qualitätsanforderungen innerhalb der einzelnen Phasen). Dieses Pflichtenheft muß gemeinsam vom Projekt-Entwicklungsteam erarbeitet und getragen werden. Damit ist ein für alle Beteiligten umfassender Informationsstand gewährleistet und das Know-how der einzelnen Bereiche integriert. Eine periodische Bewertung des Entwicklungsprozesses aus Qualitätssicht kann über die in Kapitel 9 beschriebene FMEA oder durch Fehlerbaumanalysen erfolgen.

Bei Abschluß eines jeden Entwicklungsschrittes sollte eine formelle, dokumentierte, systematische und kritische Prüfung des Entwicklungsergebnisses vorgenommen werden. Hierbei sind unter dem Stichwort *Entwurfsprüfungen* (Designreview) die Zufriedenheit des Abnehmers sowie die Forderungen der Produktspezifikationen und die Kundendienstforderungen zu betrachten.

Handelt es sich bei der Produktentwicklung nicht um ein Produkt für einen anonymen Käufermarkt, sondern um einen ganz speziellen kundenspezifischen Auftrag, so erhält die *Vertragsprüfung* einen hohen Stellenwert bei der kundenspezifischen Produktentwicklung. Im Sinne der Qualitätssicherung hat jede Fertigung oder Entwicklung dieses Produktes oder die Erstellung einer Dienstleistung so zu erfolgen, wie der Auftraggeber sie bestellt. Gleichzeitig muß sichergestellt sein, daß der Hersteller oder Ersteller diesen Entwicklungsauftrag auch richtig verstanden hat.

Durch die Vertragsprüfung, d.h. durch Prüfung von Anfrage, Ausschreibung, Angebot, Auftrag und Auftragsbestätigung, haben beide Geschäftspartner zu gewährleisten, daß tatsächlich das entwickelt und produziert wird, was bestellt wurde. Die verbindlichen, direkten Vorgaben vom Kunden in Form von Auftragstexten, Spezifikationen und Dokumentationen müssen analysiert werden, weil neben offenen Qualitätsanforderungen aus Zeichnungen und Ausschreibungen auch *versteckte Qualitätsanforderungen* existieren. Häufig ist dies deshalb notwendig, weil der Kunde selber nicht in der Lage war, diese Qualitätsanforderungen selber zu formulieren.

5.2.2 Qualitätsbeiträge in der Beschaffungsphase

Eine wesentliche Voraussetzung dafür, daß der Beschaffungsprozeß störungsfrei ablaufen kann, besteht in einem gut funktionierenden *Informationssystem*. Ein Lieferant kann nur dann gut und qualitätsgerecht die bei ihm bestellten Artikel liefern, wenn er die Bestelldaten und Spezifikationen vom Einkäufer aktuell und umfassend erhält.

Spezifikationen, Zeichnungen und Vereinbarungen über die Form der Qualitätssicherungsdarlegung und die anzuwendenden Methoden sowie Vereinbarungen zur Schlichtung von Meinungsunterschieden bei Reklamationen sind die Bestandteile einer störungsfreien Beschaffung. Das Pflichtenheft betimmt, was geliefert werden soll. Natürlich muß der Zulieferer die Spezifikationen und Zeichnungen kritisch durchsehen und rechtzeitig Fragen stellen, falls ihm einige Vorgaben unverständlich erscheinen. Diese Kommunikation wird zu einem Vertrauensverhältnis führen, weil beide Seiten bemüht sind, einen Konsens zu finden. Die gute Zusammenarbeit wird unterstützt durch Kontakte in Form von Betriebsbegehungen, Audits, Qualitätsgesprächen oder Abnahmeprüfungen beim Zulieferer.

5.2.3 Qualitätsbeiträge in der Prozeßplanungs- und Entwicklungsphase

Bei der Prozeßplanung ist häufig die Arbeitsvorbereitung zusammen mit dem Qualitätswesen zuständig, deren Aufgabe die Sicherstellung der technischen Machbarkeit im Unternehmen ist. Ausgehend von den Fertigungsverfahren und vom Prozeßablauf ist auch festzulegen, was, wo und in welchem Umfang zu prüfen ist.

Fertigungsqualität ist aber nur durch sorgfältige Planung vor dem eigentlichen Fertigungsbeginn zu erzielen. Zu dieser sorgfältigen Planung gehören die Festlegung der logistischen Maßnahmen für einen störungsfreien Materialfluß innerhalb des Arbeitsablaufes, die Zuordnung der technischen Ausrüstung und Betriebsmittel sowie die Information und Anweisung für die Personaleinsatzplanung. Danach reicht es während der Fertigung aus, daß durch planmäßige Zwischen- und Endprüfungen der Erfolg dieser Planungsaktivitäten gesichert wird. Die Qualitätsprüfung wird als eigenes Kapitel behandelt (Kapitel 10).

Zur Planung der Prozeßphase gehören weiter Überlegungen zur Überwachung der eingesetzten Materialien sowie aller weiterer benötigten Ressourcen im Prozeß wie beispielsweise Personal, Betriebsmittel, Hard- und Software, Versorgungsleistungen, Arbeitsumweltbedingungen und Vorbereitungsarbeiten für die Arbeitsausführung. Dies soll möglichst sehr detailliert in schriftlicher Form festgehalten werden (Siehe Kapitel 7: *Qualitätsmanagement-Handbuch*).

Zusammenfassend ist festzuhalten, daß sich ein beherrschbarer Fertigungsprozeß nur dann einstellen kann, wenn den Mitarbeitern (mit Qualifikation zur Durchführung der erforderlichen Qualitätsprüfungen) über gründliche und vollständige Planung:

- anforderungsgerechte Maschinen,
- anforderungsgerechte Verfahren,
- anforderungsgerechte Materialien,
- anforderungsgerechte Arbeitsbedingungen

bereitgestellt werden.

5.2.4 Qualitätsbeiträge in der Produktion

Prozesse, die einen entscheidenden Einfluß auf Qualitätsmerkmale haben, müssen ermittelt und überwacht werden. In diese Überwachung sind auch die benötigten Prozeßressourcen, wie beispielsweise Vorrichtungen, Schablonen, Spannmittel, Modelle, Werkzeuge, Lehren oder auch NC-Programme mit einzubeziehen.

Die spezielle Überwachung besonders qualitätsrelevanter Prozesse erfolgt durch Dokumentation der Arbeitsanweisungen, Spezifikationen oder Zeichnungen. Zu den überwachten Prozeßparametern gehören auch die Hilfs-und Energiestoffe wie beispielsweise elektrische Energie, Druckluft, Wasser oder Kühlmittel zur Sicherstellung störungsfreier Abläufe. Über Prozeß- oder Maschinenfähigkeitsuntersuchungen wird festgestellt, ob der Prozeß oder die vorgesehene Maschine den Anforderungen entspricht (beispielsweise, ob vorgegebene Toleranzen an Dreh- oder Fräsmaschinen eingehalten werden können oder ob bei Montagevorrichtungen ein bestimmtes Drehmoment sichergestellt ist).

Die später erläuterte statistische Prozeßregelung (SPC), die während des Herstellprozesses stattfindet, gibt Auskunft, ob die vorgegebenen Toleranzen eingehalten werden. Im Prozeß muß weiter darauf geachtet werden, daß nur freigegebene Materialien und Produkte bearbeitet werden. Über einen Prüfstatus ist sicherzustellen, ob das vorhandene Material gesperrt, bedingt freigegeben oder freigegeben ist. In Abhängigkeit der Kundenanforderungen ist mitunter auch die Rückverfolgbarkeit von eingesetztem Material mit zu garantieren. Deshalb sind die Materialien, Einzelteile oder betreffenden Serien und Chargen gemäß festgelegter Verfahren so zu kennzeichnen, daß Verwechslungen ausgeschlossen sind.

5.2.5 Begleitende Prüfungen und Untersuchungen

Diese Phase des Qualitätskreises ist in alle anderen Phasen integriert und begleitet den Lebenslauf des Produktes von der Entstehung bis zur Nutzung. Die Qualitätsprüfung ist eine eigene Funktion der Qualitätssicherung und wird deshalb später noch einmal separat betrachtet.

Tafel 5.6. Analogie von Prüf- und Fertigungsplan

Ur-Prüfplan	**Ur-Arbeitsplanung**
Stammdaten auf Teilefamilienebene	Stammdaten auf Teilefamilienebene
Prüfplan	**Fertigungsplan**
Solldaten zu: - Prüfspezifikation - Prüfanweisung - Prüfablaufplan	Solldaten zu: - Fertigungsspezifikation - Fertigungsanweisung - Fertigungsablaufplan
Prüfspezifikation	**Arbeitsspezifikation**
Prüfmerkmale, Zeichnungen, Skizzen	zu fertigende Merkmale, Zeichnungen, Skizzen

Prüf- und Arbeitsanweisung

Arbeitsablauf der Prüfung
arbeitsplatzbezogene Daten

Prüfauftrag	**Fertigungsauftrag**
Auftragsdaten zur Durchführung der Prüfung	Auftragsdaten zur Durchführung der Fertigung

Tafel 5.6 zeigt die Analogie zwischen zu erstellendem Arbeits- bzw. Fertigungsplan mit dem dazugehörenden Prüfplan. Parallel zur Fertigungsspezifikation, Fertigungsanweisung und Fertigungsablaufplan gibt es die Prüfspezifikation, die Prüfanweisung und den Prüfablaufplan. Zu jedem Fertigungsauftrag gehört ein Prüfauftrag. Die Ausführung eines Fertigungsauftrages beinhaltet die Ausführung des dazugehörenden Prüfauftrages. Unter dem Gesichtspunkt der Fehlervermeidung sollen Qualitätsprüfungen keine Sortierfunktionen nach guten oder schlechten Teilen übernehmen, sondern vorbeugend feststellen, wann Herstellungsprozesse nicht mehr beherrscht ablaufen. Dies sollte erfolgen, bevor die Qualitätsfähigkeit des Prozesses verlorengegangen ist. Selbstprüfung und integrierte Qualitätssicherung ersetzen dabei die Endkontrollen.

5.2.6 Qualitätsbeiträge in Verpackung und Lagerung

Bei Auswertung von Kundenbeanstandungen fällt immer wieder auf, daß sich ein großer Anteil dieser Beanstandungen auf Verpackungs- und Lagerschäden bezieht. Führt Kundenverärgerung zu Umsatzverlusten, so kann das Unternehmen durch Vermeidung von Reklamationsbearbeitung von Versand- und Lagerschäden auch viel einsparen, wenn das zuständige Personal im Versand und bei der Bereitstellung so geschult wird, daß der Kunde genau die von ihm bestellte Ware in der bestellten Stückzahl erhält, dies auch in der Bezeichnung auf der Verpackung eindeutig nachvollziehbar ist und daß Verpackungsvorschriften (z.B. ZERBRECHLICH (Glaszeichen), STEHEND VERSENDEN (Pfeil nach oben) oder FEUCHTESCHUTZ (Regenschirm)) beachtet werden. Eine artgerechte Verpakkung berücksichtigt die Form, das Gewicht, die Feuchteempfindlichkeit, den Bestimmungsort oder die Zerbrechlichkeit der Produkte beim Versand.

Bei der Lagerhaltung dieser Teile sind Einlagerungsstrategien, wie das Fifo-Prinzip (first in first out) zu beachten. Dies ist besonders wichtig bei Teilen und Materialien mit begrenzter Lebensdauer, damit diese Artikel, die zuerst eingelagert wurden, auch als erste wieder genommen werden können. Weitere Gesichtspunkte bei der Lagerung beinhalten die Verwaltung der Lagerplätze mit Zuordnung von Artikeln zu den Behältern, die Bildung von lageroptimalen Ein- und Auslagerungszonen über eine ABC-Analyse, sowie die Koordination der eingesetzten Transportmittel im Hinblick auf eine wegoptimale Zuordnung.

5.2.7 Qualitätsbeiträge im Verkauf und Kundennutzung

Speziell konzipierte Kundeninformationssysteme und strukturierte Vertriebsabfragen tragen entscheidend dazu bei, daß der Kunde zufriedengestellt werden kann.

Über ein rechnergestütztes System sollte dem Vertriebsmitarbeiter bzw. dem Verkäufer ein Hilfsmittel in die Hand gegeben werden, mit dem er vollständig alle Fragen bearbeiten kann, die er für eine reibungslose Auftragsabwicklung benötigt. Die Antworten des Kunden werden in strukturierter Form in das System eingegeben, so daß Fehler oder Datenlücken bei der Datenübertragung vermieden werden. Aus diesen Daten werden alle weiteren Aktivitäten generiert, ohne daß weiter eingegriffen weren muß. Diese Daten werden durchgängig an die Auftragsbearbeitung im Betrieb weitergeleitet. Auch der Versand und die Rechnungsbearbeitung können damit arbeiten. Über diesen Weg der EDV-unterstützten Auftragsabwicklung werden besonders die dienstleistungsbezogenen Qualitätskomponenten wie Termintreue, Lieferfähigkeit oder die flexible Einhaltung der Änderungswünsche nach kundenspezifischen Produkten erfüllt.

Die Bereitstellung der Informationen in der Verkaufsabteilung ist eine wichtige Voraussetzung um Kunden so zu bedienen, daß sie zufrieden sind. Deshalb hat eine enge Verbindung zum Marketing, aber auch zur Entwicklung und zur Produktionsplanung und -steuerung zu erfolgen. Beispielsweise muß der Verkauf Informationen über Neuanlauf-Einplanungen bekommen, Preis und Werbeaktionen korrekt durchführen, vorgenommene Produktänderungen kennen oder wissen, wie Engpaßartikel terminlich zu behandeln sind. Die Qualität der Auftragsausführung ist wesentlich durch durchgängige Absatz- und Produktionsplanungen zu verbessern.

5.2.8 Qualitätsbeiträge in Montage und Betrieb

Im Unterschied zu den Qualitätsbeiträgen in der Produktion, bei der die Überprüfung der Qualitätsmerkmale an Einzelteilen durchgeführt wird, muß in der Montage das qualitätsgerechte Zusammenwirken von Einzelteilen von Baugruppen, die aus verschiedenen Produktionsbereichen oder von verschiedenen Zulieferern stammen, gewährleistet sein. In der Montage ergeben sich häufig Qualitätsmerkmale, die erst durch das Zusammenbauen der Teile und Baugruppen entstehen. Dies sind insbesondere Funktions-, Vollständigkeits- oder Fassungsmerkmale. Fehler, die in vorgelagerten Bereichen entstanden sind, wirken sich deshalb zum ersten Mal in der Montage beim Zusammenbauen der einzelnen Komponenten aus. Bei der Prüfung des Zusammenwirkens mehrerer Einzelfunktionen wird dann festgestellt, daß die geforderte Gesamtfunktion nicht störungsfrei arbeitet. Die Qualitätsdaten aus den vorgelagerten Bereichen müssen in der Montage Beachtung finden. Durch zwischengelagerte Prüfungen innerhalb des Montageablaufes lassen sich Fehler lokalisieren, die später nicht mehr geprüft oder behoben werden könnten. Die Fehlerursachen sind dann zu ermitteln und zu beseitigen, damit die Gesamtfunktion störungsfrei arbeiten kann.

5.2.9 Qualitätsbeiträge in der technischen Unterstützung und Instandhaltung

Die neben der Lean-Managementstrategie in Japan gleichwertig entwickelte TPM (Total Productive Maintenance)-Strategie wurde bereits in Kapitel 3 angesprochen. Die Kernaussage lautete dort, daß sich die Mitarbeiter ihrer eigenen Qualitätsverantwortung am Arbeitsplatz bewußt sein müssen und über Selbstprüfung und Selbstcontrolling eine Nullfehlerausführung sicherstellen. Diese Entwicklung soll die bisher übliche Endprüfung oder Zusatzprüfung durch dafür eigens abgestelltes Personal ersetzen.

Als Qualitätsmanagement- und Führungsaufgabe wurde ausgeführt, daß dafür die Mitarbeiter motiviert und mobilisiert werden müssen. Unternehmenskultur und durchgängige Qualitätspolitik sollen dazu beitragen, daß die Mitarbeiter selber darauf achten, daß ihr Arbeitsplatz und ihr Umfeld sauber und übersichtlich gestaltet sind. Als Qualitätsbeitrag in dieser Phase bedeutet dies, daß alle im Prozeß gebrauchten Werkzeuge und Vorrichtungen vor ihrem Zurücklegen oder Abgeben geprüft werden, ob sie noch in verwendungsfähigem Zustand sind und jederzeit wieder eingesetzt werden könnten. Werden Beschädigungen oder Mängel festgestellt, so sind diese Geräte sofort zu sperren und erst instandzusetzen, bevor sie zurückgelegt werden. Weiter sind alle zum Arbeitssystem gehörenden Werkzeuge, Vorrichtungen und sonstige Ressourcen leicht zugänglich und vor Verwechselungen sicher abzulegen. Nach Möglichkeit sind sie so zu kennzeichnen, daß sie nicht verwechselt werden können. Nicht mehr benötigte Ressourcen und Materialien müssen umgehend nach ihrem Gebrauch an die Ablageplätze zurückgebracht werden.

5.2.10 Recycling – Beseitigung nach Gebrauch

Um eine ganzheitliche Entsorgungsstrategie mit den Zielsetzungen *problemlose Produkte, problemlose Beschaffung, problemlose Produktion und problemlose Nutzung* zu erreichen, sind bereits im Vorfeld der Überlegungen im Sinne unternehmensübergreifender Ökologiekooperationen ebenfalls ganz intensiv die Zulieferer und die Kunden einzubinden.

Nach VDI 2243 wird unter Recycling die erneute Verwendung oder Verwertung von Produkten, Baugruppen oder Einzelteilen in Form von Nutzungskreisläufen verstanden. Dabei lassen sich mehrere Kreislaufarten unterscheiden:

- Produktionsabfallrecycling,
- Produktrecycling und
- Altstoffrecycling.

Unter Produktionsabfallrecycling ist die Rückführung von Abfällen während der Produktherstellung (z.B. Verschnitt) sowie von Hilfs- und Betriebsstoffen in den Produktionsprozeß zu verstehen. Dabei ist es möglich, daß die Abfälle der Hilfsstoffe und Betriebsstoffe vor der Rückführung einer Aufbereitung unterzogen werden.

Produktrecycling meint die Rückführung von Produkten während des Gebrauchs, ggf. nach einer Aufarbeitung, in ein neues Gebrauchsstadium. Hierbei bleibt die Gestalt der Produkte erhalten; die Produkte werden erneut verwendet. Häufig wird das Produktrecycling auch als Bauteil- oder Reparaturrecycling bezeichnet, weil durch Ingangsetzen einer Baugruppe, bzw. eines Teiles das Produkt wieder funktionsfähig wird.

Altstoffrecycling bedeutet die Rückführung von gebrauchten Produkten nach einer Aufbereitung in einen neuen Produktionsprozeß. Die Gestalt der Produkte wird hierbei aufgelöst. In diesem Fall spricht man von einer Verwertung der Produkte oder Materialien.

Die recyclingorientierte Mitbeteiligung des Zulieferers bei der Produktentwicklung wirkt sich auch positiv bei der Beschaffung aus. Es ergeben sich in zeitlicher wie qualitäts- und kostenmäßiger Hinsicht Synergieeffekte.

Saubere Materialkennzeichnung macht die Chargenverfolgung möglich und stellt Verbindungen zu erst später entdeckten Umweltverstößen her. Die Qualitätszertifizierung mit Klassifizierung der Lieferanten muß dann auch ökologieorientierte Anforderungen mit enthalten. Spezialisierte Verwertungsunternehmen können als externe Dienstleister eingeschaltet werden, um Rückführungs-, Demontage- oder Aufbereitungsaufgaben zu übernehmen.

Die Erfassung und Sammlung von Produktionsrückständen ist immer mit der Identifizierung, Separierung und Kennzeichnung sowie einer Dokumentation verbunden. Dazu müssen die Mitarbeiter trainiert werden, diese Aufgaben vollständig und richtig auszuführen. Entsprechende Vorschriften oder Zielvereinbarungen geben eine Hilfestellung, wie diese Arbeiten durchzuführen sind.

Umweltrelevante Maßnahmen innerhalb oder nach der Nutzungsphase des Produktes beziehen sich auf die Erarbeitung optimaler Entsorgungsstrategien durch das Unternehmen oder durch externe Dienstleister. Dies beinhaltet die Demontage und Planung ebenso wie die Entwicklung eines Rücknahmesystems beispielsweise über definierte Rücknahmestellen, Sammelcontainer oder über dafür spezielle eingesetzte Spediteure. Um den Aufwand bei der Rücknahme von Verpackungen zu reduzieren, bietet es sich an, Pendelverpackung oder Mehrwegeverpackungen einzusetzen.

Für die Summe aller ausgeführten Maßnahmen zum Umweltschutz besitzt die Anwendung der Präventivstrategie (Abfall und schadstoffarme Produkte und Prozesse bedingen entsorgungsarme und investitionsarme Recyclingmaßnahmen) das größte Nutzenpotential für das Unternehmen, wenn es um die Rückgewinnung und Altstoffverwertung der betroffenen Produkte geht. Diese Strategie ist deshalb gemeinsam mit den Qualitätsmanagement-Grundsätzen unternehmensübergreifend streng zu befolgen.

5.2.11 Qualitätsbeiträge im Kundenkontakt

Um Kundenzufriedenheit zu erhalten und bei Reklamationen des Kunden sofort angemessen zu reagieren, müssen durch aktuelle Schadensfallauswertungen und Statistiken Informationen über Fehlerquellen und Fehlerkosten gesammelt werden. Entscheidend ist, daß der Qualitätsregelkreis die festgestellten Fehlerursachen und die Fehlerorte lokalisiert und daß die Beteiligten in den einzelnen Abteilungen im Schadensfalle sofort informiert werden. Auch in der weiteren Nutzungszeit des Produktes kann über die Auswertung von Monteurberichten oder von den stattfindenden Wartungs- und Serviceaktivitäten auf Produktschwachstellen geschlossen werden, die bei zukünftigen Entwicklungen zu beseitigen sind. Der Ersatzteilverbrauch ist hierbei ein Indikator, der zeigt, wo besonders häufig Fehler bei der Produktnutzung auftreten und welche Einzelteile zu Schadensfällen führen.

Eine EDV-gestützte Beanstandungs- bzw. Reklamationserfassung und Auswertung kann die Reklamationsbearbeitungszeiten wesentlich verkürzen. Daneben lassen sich leicht Fehlerschwerpunkte feststellen. Allerdings ist es dazu erforderlich, daß ein unternehmensspezifischer Beanstandungs-, Fehler-, Fehlerursachen- und Maßnahmenschlüssel entwickelt wird. Mit Hilfe dieser Schlüsselzahlen lassen sich von den zuständigen Kundendienstmitarbeitern die Beanstandungen relativ schnell und einfach klassifizieren. Durch die Vernetzung aller Auftrags-, Rechnungs- und Kundendaten kann die Beanstandungsdatenerfassung einfach erfolgen, weil die identifizierbaren Daten, wie also Kundennummer, Auftragsnummer oder Bestellnummer bereits im System hinterlegt sind. Auch die Terminverfolgung für solche Beanstandungen kann durch das System unterstützt werden. Die Bearbeitung einer Reklamation endet ohne Medienbruch bei der Gutschrifterstellung in der Finanzbuchhaltung.

Bei einer vollständigen Erfassung aller Reklamationen nach diesem Verfahren lassen sich sozusagen als Abfallprodukt vielfältige Auswertungen durchführen:

- Darstellung der fehlerhaften Aufträge im prozentualen Anteil der gesamten Aufträge in einem bestimmten Zeitraum und deren Entwicklung,
- Darstellung der Anteile in Prozent der am meisten aufgetretenen Beanstandungen innerhalb eines bestimmten Zeitraumes und deren Entwicklung (topten),
- Darstellung der prozentualen Fehlerortverteilung einer bestimmten Beanstandungsart in einem bestimmten Zeitraum und deren Entwicklung,
- Darstellung einzelner Fehlerorte in bezug auf deren prozentuale Anteile an den Gesamtbeanstandungen in einem bestimmten Zeitraum und deren Entwicklung,
- Darstellung des prozentualen Bestandaufkommens einzelner Kunden in einem bestimmten Zeitraum und deren Entwicklung.

5.3 Funktionen des Qualitätsmanagements (Qualitätssicherung)

Die beschriebenen Qualitätsbeiträge innerhalb der Qualitätskreise laufen unter dem Oberbegriff *Qualitätsmanagement* (früher *Qualitätssicherung*) ab. Wie bereits ausgeführt, versteht man darunter in der DIN 55350, Teil II, die Summe aller Maßnahmen und Tätigkeiten zur Erreichung der Qualität. Aus funktionaler Sicht lassen sich die Elemente des Qualitätsmanagements unterteilen in:

- Qualitätsplanung,
- Qualitätslenkung,
- Qualitätsprüfung.

Die *Qualitätsplanung* legt die Qualitätsmerkmale an der jeweiligen Prüfstelle im Ablauf fest, und zwar produkt-, tätigkeits- und prozeßbezogen. Gegebenenfalls werden Anweisungen und Vorgabedaten für das Qualitätsmangement erarbeitet. Die *Qualitätslenkung* ist zuständig für die Umsetzung der Qualitätsanforderungen und somit für die Organisation der Prüfungen am Produkt, an der Tätigkeit bei der Herstellung oder bei der Ausführung an der jeweiligen Stelle, entsprechend den vorliegenden Anweisungen. Die *Qualitätsprüfung* bei der Produktherstellung oder Tätigkeitsausführung muß mit den geeigneten Mitteln prüfen, ob die Vorgaben eingehalten wurden.

Nach ISO 8402 ist die Qualitätsplanung definiert als Erarbeitung und Weiterentwicklung der Produkte entsprechend den Zielsetzungen, den Qualitätsanforderungen sowie den Forderungen an die Anwendung des Qualitätsmanagement-Systems. Gemäß Anmerkung in dieser Norm beinhaltet die Qualitätsplanung zwei Hauptaspekte:

1. Die Produktplanung mit Feststellen, Klassifizieren und Gewichten der Qualitätsmerkmale sowie Festlegen der Ziele.
2. Die Qualitätsanforderung und die Randbedingungen sowie die ablauforganisatorische und Ausführungsplanung mit Vorbereitung der Anwendung

des Qualitätsmanagement-Systems einschließlich der Ablauf- und Zeitplanung.

Hier wird also schon auf Qualitätsmanagement eingegangen. Dies gilt auch für die Definition der Qualitätslenkung nach der DIN EN ISO 8402. Danach ist Qualitätslenkung definiert als die Arbeitstechniken und Tätigkeiten, die zur Erfüllung der Qualitätsanforderung angewendet werden. Gemäß Anmerkung in dieser DIN gehören dazu alle Maßnahmen zum Zwecke der Prozeßüberwachung und der Fehlerursachenbeseitigung in allen Phasen des Qualitätskreises. Zur Prozeßlenkung und Prozeßüberwachung gehören notwendigerweise Qualitätsprüfungen. Diese Qualitätsprüfung ist also im Gegensatz zu der Unterteilung in der DIN 55350 Teil 11 nicht als eigenständige Teilfunktion genannt, sondern im ISO-Konzept der Qualitätslenkung zugeordnet.

Das Qualitätsmanagement selber ist nach der ISO 8402 definiert als alle Tätigkeiten, die nötig sind, um angemessenes Vertrauen zu schaffen, daß eine Einheit der vorgegebenen Qualitätsanforderungen erfüllen wird. Die Qualitätslenkung wird also durch die Norm DIN EN ISO 8402 gleichwertig neben die Begriffe Qualitätsplanung und Qualitätslenkung unter das Dach des Oberbegriffes Qualitätsmanagement gesetzt.

Der Ablauf des Qualitätsmanagements ist in Anlehnung an DIN 55350, Teil II beschrieben. Ausgehend von den Vorgaben werden die einzelnen Teilfunktionen in ihrer zeitlichen Reihenfolge einander zugeordnet. Ein Produkt oder eine Dienstleistung besitzt Qualität, wenn die festgelegten und vorausgesetzten Erfordernisse an die Beschaffenheit erfüllt werden. Dazu sind

- innerhalb des Qualitätsmanagement-Systems die notwendigen qualitätssichernden Aufgaben und Tätigkeiten durchzuführen. Dies gilt für jede Phase der Leistungserstellung im Qualitätskreis.

- Die Qualitätsanforderungen werden anhand von Qualitätsmerkmalen definiert. Diese Qualitätsmerkmale werden durch Messen, Zählen oder Beobachten festgestellt.

- Die Qualitätsplanung als erste Teilfunktion der Qualitätssicherung hat die Aufgabe, diese Merkmale am Produkt festzulegen.

- Die Qualitätslenkung als nachfolgende Teilfunktion hat darauf zu achten, daß die bei der Qualitätsplanung vorgegebenen Qualitätsmerkmale auch in allen Bereichen und Ablaufphasen der Produkterstellung Berücksichtigung finden.

- Die Überwachung der Produktqualität geschieht durch die Qualitätsprüfung als dritte Teilfunktion der Qualitätssicherung.

- Durch die Qualitätsprüfung selbst wird festgestellt, ob und inwieweit die Produkte oder Dienstleistungen die an sie gestellten Qualitätsanforderungen erfüllen. Dies geschieht durch Vergleich der vorgegebenen Prüfmerkmale der Qualitätslenkung mit den tatsächlichen IST-Werten, die bei der Qualitätsprüfung ermittelt werden. Qualitätsprüfung ist also die Feststellung des IST-Zustandes.

Das Ineinandergreifen der einzelnen Qualitätsmanagement-Funktionen innerhalb eines Regelkreismodells des Qualitätsmanagements zeigt Bild 5.3. Danach setzen produktbezogene Qualitätsmerkmale, die vom Markt vorgegeben sind, und prozeßbezogene Qualitätsmerkmale, die sich aus den unternehmensinternen Qualitätsanforderungen ergeben, den Maßstab für die Unternehmensqualität als Vorgabe bzw. als Regelgröße in der Qualitätslenkung (s.Kapitel 1).

Die Planung der Qualitätsprüfung und Auswertung der Ergebnisse der Qualitätsprüfung obliegt der Qualitätslenkung. Die Qualitätslenkung ermittelt die Übereinstimmung zwischen Entwurf und Ausführung und regelt ggf. nach. Diese Nachregelung in Form von Korrekturmaßnahmen bezieht sich dabei nicht nur auf das fehlerhafte Produkt, sondern auch auf die Fehlerursachen selbst. Korrekturmaßnahmen können deshalb produktbezogen, verfahrensbezogen, personenbezogen und ressourcenbezogen erfolgen.

Die Vorgehensweise bei der Qualitätsplanung wird durch die Darstellung in Tafel 5.7 präzisiert. Die angestrebte Qualität ist nur durch genaue und umfassend

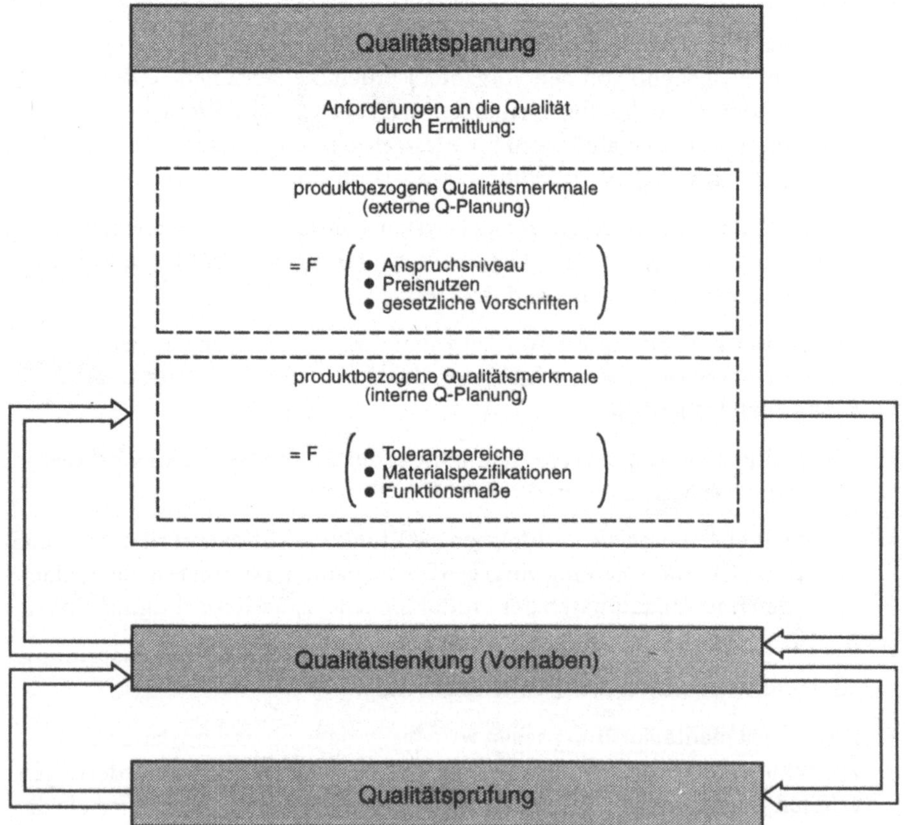

Bild 5.3. Bedeutung der Qualitätsmerkmale im Regelkreismodell des Qualitätsmanagements

Tafel 5.7. Ablauf der Qualitätsplanung

Qualität erzeugen - die Vorgaben für die anzustrebende Qualität sind zu ermitteln.

- Die *Produktplanung* ist Grundlage für alle weiteren Überlegungen zur Festlegung der Qualitätsanforderungen; darin bestimmt wird das angestrebte
- *Anspruchsniveau* des Produkts. Die Ansprüche der Abnehmer müssen erfaßt und bekannt sein. Danach richtet sich der
- *Preisnutzen.* Für seine Ansprüche ist der Abnehmer bereit, einen angemessenen Preis zu zahlen, entsprechend der Nutzenerwartung (bzw. der Nutzenfunktion), die er mit dem Produkt verbindet. Die
- *Ableitung der Qualitätsforderungen an das Produkt* ergeben sich aus den Nutzenvorstellungen. Sie können bei gleichem Einsatzzweck, aber unterschiedlichem Anforderungsniveau sehr differieren. Die Forderungen werden festgehalten als
- *Sollwert für ein Qualitätsmerkmal.* Das Ziel der externen Qualitätsplanung ist die Vorgabe von produktbezogenen Qualitätsmerkmalen, die durch eine interne Qualitätsplanung im Betrieb durch prozeß- oder tätigkeitsbezogene Merkmale zu präzisieren sind.

---

definierte Qualitätsanforderungen sicherzustellen. Vor der Qualitätsplanung liegt die Produktplanung. Sie ist die Grundlage für alle weiteren Überlegungen, weil aus ihr das angestrebte Anspruchsniveau des Produktes resultiert. Dabei wird der Anspruch des Abnehmers an das Produkt, entsprechend der Klassifizierung *hoch*, *mittel* oder *niedrig*, festgestellt. Für jedes Anspruchsniveau ist der Kunde bereit, einen bestimmten Preis zu zahlen, entsprechend seiner Nutzenvorstellung, die für ihn dieses Produkt besitzt. Die Qualitätsanforderungen ergeben sich jetzt aus diesen Nutzenvorstellungen des Produktes. Sie können bei gleichem Einsatzzweck aber unterschiedlichem Anspruchsniveau sehr stark differieren. Festgeschrieben sind die Qualitätsanforderungen als ein Sollwert für ein Qualitätsmerkmal. Sie stellen das Ergebnis der externen Qualitätsplanung dar und sind durch eine interne Qualitätsplanung im Betrieb durch prozeß- oder tätigkeitsbezogene Merkmale zu ergänzen. Beide Arten von Qualitätsanforderungen beschreiben die umfassend zu erfüllende Unternehmensqualität.

Die Festlegung von Qualitätsforderungen als Qualitätsmerkmale kann vielfältig in den Ablauf des Qualitätsmanagements eingebunden sein:

- Integration der Qualitätsplanung innerhalb der Aufbauorganisation, z.B. in Forschung und Entwicklung, Konstruktion, Vertrieb, Arbeitsvorbereitung, Fertigung und Montage, Versand.
- Integration der Qualitätsplanung bei der Auftragsabwicklung (in den Konkretisierungsstufen), z.B. in der Produktplanung, Angebotsphase, Preisgestaltung, Auftragsabklärung, Erprobung von Mustern, Probeläufen, Abnahmeprüfung, Prototyperstellung, Serienlauf,
- durch interne und externe Anstöße, z.B. durch technische Weiterentwicklung, Einführung neuer Verfahren, Verfügbarkeit neuer Materialien, Verschärfung von Abnehmerforderungen, neue gesetzliche Auflagen, Zuverlässigkeitsuntersuchung am Produkt oder im Prozeß.

Die drei beschriebenen Qualitätsmanagement-Funktionen sind mit der Aufbauorganisation und den Ablaufphasen, unterteilt nach Planungsphase, Realisierungsphase, funktionsübergreifende dispositive und operative Aufgaben und Nutzungsphase, verknüpft (Bild 5.4). Den einzelnen Phasen wiederum sind die betrieblichen Funktionsbereiche gegenübergestellt. Die Qualitätsplanung mit ihren dispositiven produkt- und tätigkeitsbezogenen Qualitätsmanagement-Aktivitäten wird bei der Produktentwicklung und Produktplanung von den Abteilungen Entwicklung, Konstruktion, Arbeitsvorbereitung und Beschaffung übernommen.

Zur Realisierungsphase mit ihren operativen produkt-, tätigkeits- und prozeßbezogenen Qualitätsmanagement-Maßnahmen gehören der Wareneingang, das Lager, Transport, Fertigung, Montage und Versand. In der Phase der funktionsübergreifenden dispositiven und operativen Qualitätsmanagement-Aufgaben ist das Qualitätswesen und das Meßlabor zuständig, während der Nutzungsphase der Kundendienst und das Marketing.

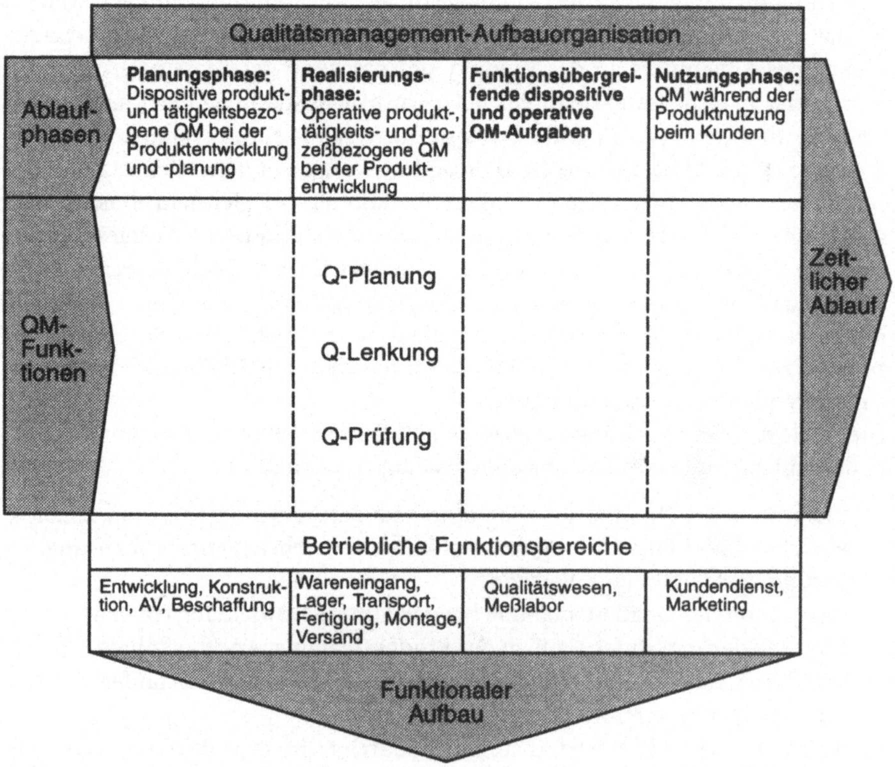

Bild 5.4. QM-Funktionen im Qualitätskreis

5.4 Aufbau des Qualitätswesens

Auch wenn unter dem Motto *Jeder Mitarbeiter ist ein Qualitätsmitarbeiter* sehr viele Qualitätsmanagement-Aktivitäten an den Mitarbeiter delegiert werden, bleiben viele Qualitätsmanagement-Aufgaben übrig, die von zentraler Stelle ausgeübt werden sollten.

Beim Aufbau des Qualitätswesens sind einige Organisationsgrundsätze zu beachten. Die Hauptaufgabe des Qualitätswesens als Organisationseinheit in der Aufbauorganisation ist die Sicherung der Qualität in definierten organisatorischen Zuständigkeitsbereichen. Diese Funktion wurde früher fälschlicherweise auch als Qualitätskontrolle bezeichnet. Auch bei Übertragung der Qualitätsverantwortung in andere Bereiche oder an die Zulieferer ist für die Prüfung der Erfüllung der Qualitätsanforderung in diesen Bereichen ein unabhängiger Funktionsbereich, eben genau das Qualitätswesen, zuständig. Es beschäftigt sich ausschließlich mit dem Qualitätsmanagement.

Der Aufgabenumfang des Qualitätswesens hängt sehr von der Unternehmensgröße, vom hergestellten Produkt, von der Menge und vom Anspruchsniveau des Produktes ab. Als Aufgaben seien beispielhaft aufgezählt:

- Prüfplanungsentwicklung mit Beschaffung und Überwachung der eingesetzten Prüfmittel,
- Vorgabe des Meßsystems, Qualitätsschulung,
- Bearbeitung von Reklamationen,
- Qualitätsprüfungen,
- Qualitätsaudits,
- Probeläufe,
- Maschinenfähigkeitsanalysen,
- Zuverlässigkeitsuntersuchungen,
- Verabschieden von Konstruktionsentwürfen,
- Abwicklung von Abnahmeprüfungen durch den Kunden,
- Aufbau vom Prüflabor,
- Prüfmittelfähigkeitsfeststellungen,
- Einschaltung bei unerklärlichen Qualitätseinbrüchen.

Im Sinne der Bildung betrieblicher Qualitätsregelkreise müssen die Ergebnisse der vom Qualitätswesen durchgeführten Prüfungen in allen Funktionsbereichen an den für Qualitätsplanung zuständigen Mitarbeitern weitergeleitet werden, um die notwendigen Korrekturmaßnahmen zu ergreifen.

Zu den Aufgaben des Qualitätswesens gehören zunächst Qualitätsplanung, Qualitätsprüfung und Qualitätslenkung. Danach folgen die Qualitätsanalyse und die Qualitätsverbesserung, mit systematischen Korrektivmaßnahmen und der Entwicklung von Verhütungsprogrammen und Qualitätsverbesserungsseminaren. Abschließend erfolgt die Stoff- und Systemprüfung im Qualitätslabor. Hier finden auch Zuverlässigkeitsprüfungen, Material- und Musterprototypprüfungen statt.

Vorgeschrieben nach DIN EN ISO 9000 ist, daß der Leiter des Qualitätswesens direkt der Geschäftsleitung unterstellt ist, also nicht von Vorgesetzten aus anderen Bereichen Anweisungen entgegennehmen muß.

Aus übergeordneter Sicht muß dieser Qualitätsleiter auch dafür sorgen, daß die in Tafel 5.8 genannten kritischen Erfolgsfaktoren beim Einsatz eines integrierten Qualitätsmanagement-Systems erfüllt sind.

Die Umsetzung dieser qualitätsgerechten Strukturen basiert auf Vorgabe eindeutiger, aktueller und vollständiger Prozeß-, Produkt- und Ausführungsspezifikationen, wie sie an jeder Stelle im Prozeß hinterlegt sind.

5.5 Literaturhinweise

Binner, H.F.: Wartung gehört mit ins Logistik-Konzept. In: Logistik heute 9/89, S. 42-43

Bläsing J. P.: CAQ Qualitätssicherung unter CIM-Zielen. Vieweg Verlag

Bleichelt, F.; Franken, P. (1984): Zuverlässigkeit und Instandhaltung - Mathematische Methoden. Hanser Verlag, München

DGQ: Begriffe zum Qualitätsmanagement. 5. Aufl., o.O. 1993

DGQ-Schrift Nr. 11-04: Begriffe und Formelzeichen im Bereich der Qualitätssicherung. Berlin, 1987

DGQ (Herausgeber): Begriffe im Bereich der Qualitätssicherung. Frankfurt: DGQ-Schrift Nr. 11-04, 4. Auflage 1987

DIN 31051: Instandhaltung, Begriffe und Maßnahmen, Beuth Verlag, Berlin, o.J.

DIN 55350, Teil 11: Begriffe der Qualiätssicherung und Statistik, Grundbegriffe der Qualitätssicherung. Berlin, o.J.

DIN 55350, Teil 12; Begriffe der Qualitätssicherung und Statistik. Merkmalsbezogene Begriffe. Berlin, o.J.

DIN EN ISO 8402, Entwurf: Qualität, Begriffe. Berlin, 1989

DIN EN ISO 8402 A1, Entwurf: Qualität, Begriffe, Ergänzung 1. Berlin, 1989

Geiger, Walter: Qualitätslehre, Einführung, Systematik, Terminologie. Braunschweig-Wiesbaden, 1986

Gerlach, H.H.: Instandhaltung als integraler Bestandteil der Fabrikplanung. In: Planung+Produktion, MI-Trendbuch 1992, S. 140-147

Jankow, R.: Instandhaltung - Eine Managementaufgabe. In: VDI-Z 134 (1992) Nr. 6, S. 89-93

Juran, J.M.: Handbuch der Qualitätsplanung. Deutsche Übersetzung von „Juran on Planing for Quality". Landsberg/Lech: Verlag moderne Industrie AG, 2. überarbeitete Auflage 1990

Kotte, G.: Instandhaltung sichert Wirtschaftlichkeit. In: Baugewerbe 23-24/92, S. 39-43

Masing, W. (Hrsg. 1988): Handbuch der Qualitätssicherung. 2. Aufl. Hanser Verlag, München

Messerschmidt-Bölkow-Blohm GmbH (Hrsg., 1984) Qualitätsbegriffe (Definitionen und Erläuterungen). 2. Aufl., MBB, Ottobrunn

Schmidt, E.: Sicherheit und Zuverlässigkeit aus konstruktiver Sicht. Ein Beitrag zur Konstruktions-lehre. Dissertation, TH-Darmstadt 1981

Schönbach, G.: 20 Schritte zur Qualität. RKW, o.O., o.J.

Wiegand, K.: Masing, W. (Hrsg. 1988): Handbuch der Qualitätssicherung: Gewährleistung. 2. Aufl. Hanser Verlag, München

6 Aufbau eines Qualitätsmanagementsystems nach dem Normenwerk DIN EN ISO 9000 bis 9004

6.1 Ziel und Zweck eines Qualitätsmanagementsystems

Häufig stellen Kunden nicht nur höhere Qualitätsanforderungen an die Produkte, sondern auch direkte Anforderungen an das Qualitätsmanagementsystem des Zulieferers bzw. Herstellers, mit dem Ziel, daß ein funktionierendes Qualitätsmanagementsystem für eine angemessene Produktqualität sorgt. Ausschlaggebend ist allerdings die juristische Absicherung nach dem Produkthaftungsgesetz, um im Schadensfalle den Zulieferer in die Regreßansprüche einzubinden.

Nach der DIN 55350 versteht man unter einem Qualitätsmanagementsystem die festgelegte Aufbau- und Ablauforganisation zur Durchführung des Qualitätsmanagements. Das unternehmensspezifisch zu installierende Qualitätsmanagementsystem muß den eigenen Erfordernissen und Rahmenbedingungen entsprechend ausgelegt werden. Das Normenwerk DIN EN ISO 9000 bis 9004 schreibt spezielle Vorgaben in Form von zu erfüllenden Qualitätsmanagement-Elementen für die Gestaltung eines Qualitätsmanagementsystems international fest, denen dieses System genügen muß.

Aus diesem Grund wird dieses Normwerk der DIN EN ISO 9000 bis 9004 ausführlich erläutert. Es gibt aber noch andere Regelwerke, die ebenfalls Inhalte von Qualitätsmanagementsystemen ansprechen; beispielsweise die *AQAP-Regelwerke*, weiter einzelne *VDE-Bestimmungen, KTA-Regeln* für das Qualitätsmanagement in Kernkraftwerken oder die *Qualitätssicherungsforderung für den Bereich der Luft- und Raumfahrt*. Allerdings erheben diese Qualitätsvorschriften nicht den Anspruch, ein so umfangreiches Regelwerk für ein integriertes Qualitätsmanagement in seiner Gesamtheit zu sein, wie es die Normenreihe DIN EN ISO 9000 bis 9004 beinhaltet.

Ziel des Qualitätsmanagementsystems ist die Sicherung der nötigen Abläufe im Unternehmen zur Erfüllung der Qualitätsanforderungen, die wiederum aus Kundenanforderungen resultieren. Dieses Qualitätsmanagementsystem soll darüber hinaus die nötigen Qualitätsmanagement-Darlegungen erfüllen und dem Kunden oder einer unabhängigen Institution die Zertifizierung von Produkten, Abläufen und/oder des Qualitätsmanagementsystems ermöglichen.

Ein Qualitätsmanagementsystem besteht aus der *Aufbauorganisation* (in der alle Strukturen eingeführt und festgelegt sind, die sich für die Entwicklung, Einführung und Durchführung qualitätssichernder Maßnahmen verantwortlich zeichnen) und aus der *Ablauforganisation*, in der die Abläufe während der einzelnen Lebensphasen eines Produktes geplant, gesteuert und realisiert werden. Weiter gehören *Führungselemente* dazu. Hierunter werden das Qualitätsmanagement-Handbuch, die Qualitätsmanagement-Verfahrensanweisungen sowie Audits und Berichte verstanden.

Inhalt des Qualitätsmanagementsystems sind alle betriebsspezifisch notwendigen Qualitätsmanagement-Elemente, wie sie auch im Qualitäts-Handbuch festgelegt und dokumentiert sind. Im Handbuch ist detailliert beschrieben, wie die Qualitätsmanagement-Funktionen *Qualitätsplanung*, *Qualitätslenkung* und *Qualitätsprüfung* in allen angesprochenen Tätigkeiten und Prozesse in der Praxis umgesetzt sind.

Die Überprüfung des Qualitätsmanagementsystems erfolgt über Audits. Hier wird die Übereinstimmung der erzeugten Qualität zur gewünschten Qualität festgestellt.

Ausgangspunkt für die Gestaltung des Qualitätsmanagementsystems sind die Qualitätsanforderungen, aus denen sich die Definition der Qualitätsmerkmale durch die Qualitätsplanung ergibt.

Das Qualitätsmanagement hat die Aufgabe, diese Merkmale operativ im Unternehmen durchzusetzen.

Aus den Qualitätselementen des Qualitätskreises werden die Qualitätsmanagement-Elemente abgeleitet, die das Qualitätsmanagementsystem beschreiben. Diese Beschreibung erfolgt in einem Qualitätsmanagement-Handbuch, das dann die Basis für die Qualitätsmanagement-Darlegung, differenziert nach verschiedenen Darlegungsstufen, der DIN EN ISO 9001 bis 9003 beinhaltet.

Ein normenkonformes und zertifiziertes Qualitätsmanagementsystem soll die Erfüllung vereinbarter Kundenanforderungen garantieren und sicherstellen, daß nach bestimmten Verfahren und Vorgaben im Unternehmen qualitätssichernd gearbeitet wird. Gleichzeitig soll dieses Qualitätsmanagementsystem den Nachweis der Sorgfaltspflicht des Untermehmens bei Haftungsfragen erbringen.

Weiter fördert die Einführung eines Qualitätssystems im Unternehmen bei allen Beteiligten ein neues Qualitätsbewußtsein, das sich in der Optimierung von komplexen betrieblichen Abläufen äußert. Damit ist die Grundlage für die kontinuierliche Prozeßverbesserung mit angesprochen.

6.2 Anforderungen an ein Qualitätsmanagementsystem

Die unternehmensspezifische Ausprägung des Qualitätsmanagementsystems orientiert sich an den internen Anforderungen, die die Geschäftsleitung an das Qualitätsmanagementsystem richtet, und an externen Anforderungen, die für ein Produkt durch einen Kunden an ein Qualitätsmanagementsystem gestellt werden, gemäß ISO 9000ff.

Interne Anforderungen leiten sich aus den Aufgaben und Tätigkeiten innerhalb der betrieblichen Bereiche während der Produktentwicklungs-, Produktentstehungs- bis hin zur Produktnutzungsphase ab. In jeder Abteilung ergeben sich dabei spezifische Aufgaben. Das Qualitätsmanagementsystem muß garantieren, daß alle Anforderungen an die einzelnen Arbeitsprozesse auch qualitätsgerecht erfüllt werden. Über die Qualitätsmanagement-Elemente werden diese Anforderungen innerhalb der einzelnen Betriebsbereiche präzisiert.

Bei den externen Anforderungen, die sich an das Qualitätsmanagementsystem richten, geht es in erster Linie um die vorgegebenen Qualitätsmerkmale und Spezifikationen, die bei der Herstellung dieses Produktes einzuhalten sind, um das Produkt so herzustellen, wie es den Vereinbarungen entspricht. Dazu gehören auch die Umweltverträglichkeit oder Serviceleistungen.

6.3 Aufbau eines Qualitätsmanagementsystems

Den detaillierten unternehmensspezifischen Aufbau eines Qualitätsmanagementsystems, das sich aus den vorher beschriebenen Anforderungen ableitet, zeigt Bild 6.1. Die Aufbauorganisation des Qualitätsmanagements sollte nach ablauforganisatorischen, prozeßorientierten Gesichtspunkten unterteilt werden in die Hauptfunktionen, die innerhalb der dispositiven Prozeßkette benötigt werden, also in die klassischen Abteilungen wie z.B. Vertrieb, Entwicklung, Konstruktion, Arbeitsvorbereitung, Fertigungssteuerung oder Einkauf. Dazu kommen die Bereiche, die der operativen Qualitätsprozeßkette zuzuordnen sind, also Wareneingang, Lager, Transport, Fertigung, Lackiererei, Montage und Versandabteilung. Weiter muß unterteilt werden in funktionsübergreifende Qualitätsprozeßketten mit den Aufgabenstellungen des Qualitätswesens wie Schulung, Förderung, Meßlabor oder Prüfplanung sowie abschließend die Qualitätssicherung beim Kunden (hierfür ist aufbauorganisatorisch der Kundendienst zuständig). Diese Darstellung ergänzt die nach gleichem Schema (Bild 5.4) beschriebenen Qualitätsmanagement-Funktionen Qualitätsplanung, Qualitätslenkung, Qualitätsprüfung. Aufbau- und ablauforganisatorische Gesichtspunkte werden verknüpft über die bereits aus dem Qualitätskreis bekannte phasenbezogene Betrachtung der Qualitätselemente.

Innerhalb des Qualitätsmanagements müssen die Ablaufelemente unterschieden werden nach Qualitätsmanagement-Aktivitäten bei der unmittelbaren Produkterstellung und solchen bei der Nutzung. Dazu gehört das Qualitätsmanagement bei der Produktplanung bzw. Entwicklung, das Qualitätsmanagement bei der Beschaffung und das Qualitätsmanagement bei der Realisierung in der Produktion. Es folgen im zweiten Block die Zuordnung der Ablaufelemente für die Qualitätsmanagement-Aktivitäten bezüglich der Hilfsmittel für die Produkterstellung, unterschieden nach Lagerung, Handhabung und Transport, Kennzeichnung, Prüfmittelüberwachung und Dokumentation.

Unter Block 3 sind Qualitätsmanagement-Aktivitäten beim Auftreten fehlerhafter Einheiten mit den dazugehörenden Ablaufelementen aufgeführt. Den Ab-

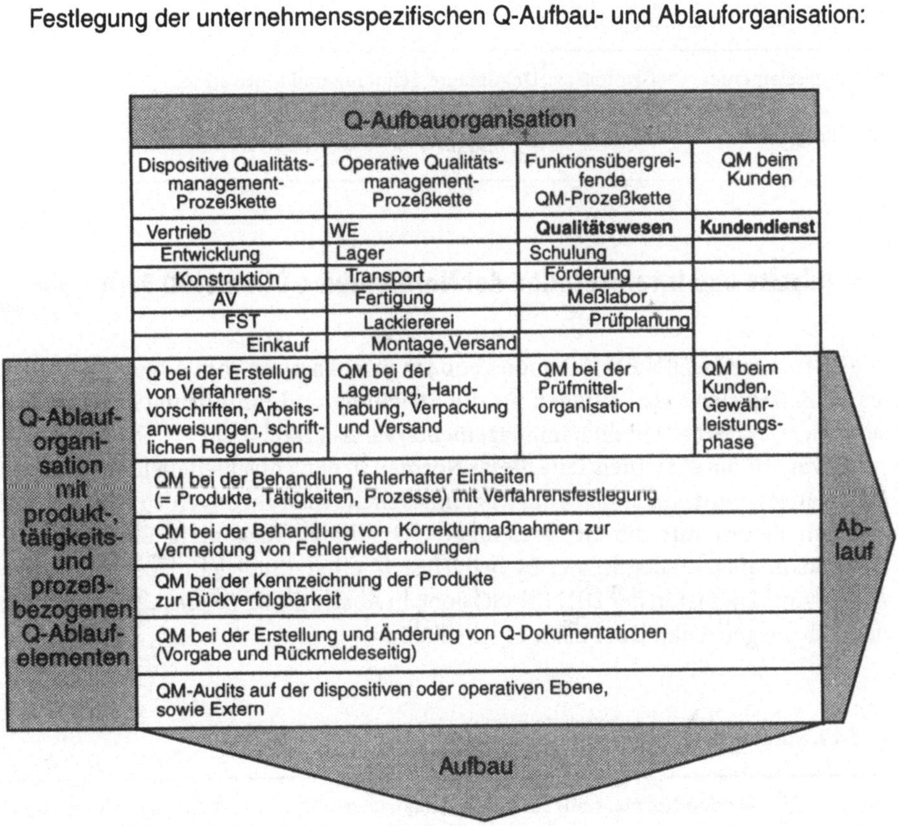

Festlegung der unternehmensspezifischen Q-Aufbau- und Ablauforganisation:

Q-Aufbauorganisation			
Dispositive Qualitätsmanagement-Prozeßkette	Operative Qualitätsmanagement-Prozeßkette	Funktionsübergreifende QM-Prozeßkette	QM beim Kunden
Vertrieb	WE	**Qualitätswesen**	**Kundendienst**
Entwicklung	Lager	Schulung	
Konstruktion	Transport	Förderung	
AV	Fertigung	Meßlabor	
FST	Lackiererei	Prüfplanung	
Einkauf	Montage, Versand		

Q-Ablauforganisation mit produkt-, tätigkeits- und prozeßbezogenen Q-Ablaufelementen

Q bei der Erstellung von Verfahrensvorschriften, Arbeitsanweisungen, schriftlichen Regelungen	QM bei der Lagerung, Handhabung, Verpackung und Versand	QM bei der Prüfmittelorganisation	QM beim Kunden, Gewährleistungsphase
QM bei der Behandlung fehlerhafter Einheiten (= Produkte, Tätigkeiten, Prozesse) mit Verfahrensfestlegung			
QM bei der Behandlung von Korrekturmaßnahmen zur Vermeidung von Fehlerwiederholungen			
QM bei der Kennzeichnung der Produkte zur Rückverfolgbarkeit			
QM bei der Erstellung und Änderung von Q-Dokumentationen (Vorgabe und Rückmeldeseitig)			
QM-Audits auf der dispositiven oder operativen Ebene, sowie Extern			

Ablauf

Aufbau

Bild 6.1. Aufbau eines QM-Systems

schluß bilden Ablaufelemente im Abschnitt 4 unter der Bezeichnung *Qualitätsmanagement-Aktivitäten nach Übergabe an den Abnehmer in der Nutzungsphase des Produktes*, mit dem Gefahrenübergang, mit der Reklamationsverarbeitung und der Weitergabe von Qualitätsmanagement-Informationen.

Dies entspricht nicht exakt der Einteilung und Reihenfolge der in der DIN EN ISO 9001 genannten Elemente, obwohl sich alle dort angesprochenen Qualitätsmanagement-Elemente auch in dieser Darstellung wiederfinden. Der Vorteil dieser Gliederung mit Zuordnung der genannten Qualitätsmanagement-Elemente liegt in einer sehr sauberen Abgrenzung, während bei der DIN EN ISO 9001 mitunter Zuordnungsproblematiken auftreten.

Eine engere Anlehnung an die Norm DIN EN ISO 9000 zeigt die in Tafel 6.1 vorgenommene Unterteilung der Qualitätsmanagement-Elemente in Führungselemente, Aufbauelemente und Ablaufelemente. Die Norm selber nimmt diese Einteilung nicht vor. Jedoch lassen sich die darin enthaltenen Qualitätsmanagement-Elemente nach diesen Gesichtspunkten ebenfalls unterteilen bzw. zuordnen.

Tafel 6.1. Qualitätssicherungselemente

Führungselemente:	Grundsätze, Dokumente, Schulung und Motivation.
Aufbauelemente:	Qualitätswesen, Fertigungsprüffeld, Qualitätsrevision.
Ablaufelemente:	phasenbezogen und phasenübergreifend.

6.4 Inhalte und Interpretation der Normenreihe DIN EN ISO 9000 - 9004

Die Normenreihe DIN EN ISO 9000 - 9004 in ihrer Fassung vom August 1994 dient als Grundlage bzw. als Leitfaden für die Erstellung und Einführung eines umfassenden, integrierten Qualitätsmanagementsystems (Tafel 6.2).

Bevor auf die einzelnen Teile dieser Normen in den verschiedenen Abschnitten eingegangen wird, sind noch einige grundsätzliche Ausführungen zu machen. Die Normen liefern nur die Grundelemente (Qualitätsmanagement-Elemente) für Qualitätsmanagementsysteme. Es bedarf stets einer unternehmensspezifischen Anpassung. Dies ist in der DIN EN ISO 9004 in Abschnitt 02 *Organisatorische Ziele* deutlich ausgedrückt. Dort heißt es wörtlich:

Tafel 6.2. Normen DIN EN ISO 9000 bis 9004

Die DIN EN ISO 9000 Normenreihe für Qualitätsmanagementsysteme stellt eine Leitlinie zum Aufbau eines *unternehmensspezifischen* Systems dar. Dieses System hat die Aufgaben,

- das vom Unternehmen vorgegebene Qualitätsniveau mit dem geringstmöglichen Aufwand zu erreichen,
- fehlerverhütend, vorbeugend zu wirken,
- als Instrument für Rationalisierung zu dienen und den betrieblichen Wirkungsgrad zu verbessern,
- Haftungsrisiken aus der Produkthaftung durch einen Nachweis angemessener Maßnahmen zu reduzieren.

Inhalte der Normen

DIN EN ISO 9000:	Leitfaden zur Auswahl und Anwendung der Normen zum Qualitätsmanagement und zur Qualitätssicherung/QM-Darlegung
Qualitätssysteme:	
DIN EN ISO 9001:	Nachweisstufe für Entwicklung und Konstruktion, Produktion, Montage und Wartung
DIN EN ISO 9002:	Nachweisstufe für Produktion, Montage und Wartung
DIN EN ISO 9003:	Nachweisstufe für Endprüfungen
DIN EN ISO 9004:	Qualitätsmanagement und Elemente eines Qualitätsmanagementsystems, Leitfaden.

Die Bedeutung jedes Elements (oder jeder Forderung) in einem Qualitätsmanagementsystem unterscheidet sich je nach Art der Tätigkeit und des Produkts.

Um eine optimale Wirksamkeit zu erzielen und um die Erwartungen des Kunden zu erfüllen, ist es wesentlich, daß das Qualitätsmanagementsystem an die Art der Tätigkeit der Organisation und an das Angebotsprodukt angepaßt wird.

Auch im nationalen Vorwort der DIN EN ISO 9004 heißt es:

Das Qualitätsmanagement einer Organisation wird durch zahlreiche interne und externe Einflüsse geprägt. Hier sind beispielsweise zu nennen: die Ziele der Organisation, die erzeugten Produkte, die Anspruchsklasse für die Angebotsprodukte, die eingesetzte Technologie, die Größe der Organisation, das Arbeitsumfeld der Organisation, die Mitarbeiter. Ein universell geeignetes Qualitätsmanagementsystem kann es demnach nicht geben; folglich kann man ein solches System auch nicht normen.

Es kommt also für jedes Unternehmen darauf an, bei der Auswahl des geeigneten Modells branchen- und produktbezogene Auswahlfaktoren zu beachten. Eine besondere Aufmerksamkeit ist nach der DIN EN ISO 9000 den dort genannten Auswahlfaktoren:

- Komplexität des Designs und der Konstruktion
- Reifegrad des Designs und der Konstruktion
- Komplexität des Realisierungsprozesses
- Merkmale des Produkts oder der Dienstleistung
- das Produkt oder der Dienstleistung betreffende Sicherheitsaspekte
- Wirtschaftlichkeitskriterien

zu schenken.

Indirekt geht die DIN EN ISO 9000 auch auf die einleitend in diesem Buch besprochene Unternehmensqualität ein, in dem sie ausführt:

Es ist zu betonen, daß die Forderungen an die Qualitätssicherung/QM-Darlegung, die in dieser internationalen Norm in DIN EN ISO 9001, 9002 und 9003 festgelegt sind, eine Ergänzung (nicht eine Alternative) zu den festgelegten Qualitätsforderungen (an Produkte) sind.

Unternehmensqualität wird in diesem Buch definiert als die Summe der produkt- und Qualitätsmanagementsystembezogenen Forderungen; die Normenreihe DIN EN ISO 9001 bis 9004 soll davon die Qualitätsmanagementsystembezogenen Forderungen innerhalb der Unternehmensqualität abdecken.

Die Normenreihe DIN EN ISO 9000 bis 9004 besteht aus fünf einzelnen Abschnitten, die sich in eine Serie von Einzelnormen unterteilen.

Die DIN EN ISO 9000 besteht aus folgenden Teilen:

1. DIN EN ISO 9000 Teil 1 (08/94) ist der Leitfaden zur Auswahl und Anwendung der gesamten Normenreihe.
2. DIN ISO 9000 Teil 2 (03/92): *Qualitätsmanagement und Qualitätssicherungsnormen* enthält den allgemeinen Leitfaden zur Anwendung von DIN EN ISO 9001, 9002 und 9003.

3. DIN ISO 9000 Teil 3 (06/92): *Qualitätsmanagement und Qualitäts-sicherungsnormen* enthält einen Leitfaden für die Anwendung von DIN EN ISO 9001 auf die Entwicklung, Lieferung und Wartung von Software.
4. DIN EN ISO 9000 Teil 4: (06/94) Normen zu *Qualitätsmanagement* und zur Darlegung von *Qualitätsmanagementsystemen* – Leitfaden zum Management zu Zuverlässigkeitsprogrammen.

Der Teil 2 befindet sich im Entwurf und ist noch nicht verabschiedet.

Erste Darlegungsstufe ist die DIN EN ISO 9001 (08/94) unter der Bezeichnung *Qualitätsmanagementsysteme: Modell zur Qualitätssicherung/QM-Darlegung in Design, Entwicklung, Produktion, Montage, Wartung.* Eine weitere Darlegungsstufe ist DIN EN ISO 9002 (08/94) unter der Bezeichnung *Qualitäts-managementsysteme, Modell zur Qualitätssicherung/QM-Darlegung in Produktion, Montage und Wartung.* Die letzte Darlegungsstufe ist die DIN EN ISO 9003 (08/94) unter der Bezeichnung *Qualitätsmanagementsysteme, Modell zur Quali-tätssicherung/QM-Darlegung bei der Endprüfung.*

Die DIN ISO 9004 gliedert sich in mehrere Teile, z.B.:

DIN EN ISO 9004 Teil 1 (08/94) Qualitätsmanagement und Elemente eines Qualitätsmanagementsystems – Leitfaden.

DIN EN ISO 9004 Teil 2 (06/92) Qualitätsmanagement und Elemente eines Qualitätssicherungssystems – Leitfaden für Dienstleistungen.

E DIN ISO 9004 Teil 3 (07/92) Qualitätsmanagement und Elemente eines Qualitätssicherungssystems – Leitfaden für verfahrenstechnische Produkte.

E DIN ISO 9004 Teil 4 (07/92) Qualitätsmanagement und Elemente eines Qualitätssicherungssystems – Leitfaden für Qualitätsverbesserung.

E DIN ISO 9004 Teil 7 (12/93) Qualitätsmanagement und Elemente eines Qualitätsmanagementsystems – Leitfaden für Konfigurationsmanagement.

6.4.1 Inhalte der DIN EN ISO 9000

Die bisherige Norm DIN EN ISO 9000 (08/94) stellt einen Leitfaden bzw. Wegwei-ser durch das Normenwerk 9001 – 9004 dar. Sie gibt Hinweise zur Auswahl und Anwendung, zu Qualitätsmanagement-Elementen und zu Qualitätsmanagement-Darlegungsstufen. Neben einer allgemeinen Einführung wird ein Überblick über den Zusammenhang der Normen gegeben und die Bewertung von Qualitäts-managementsystemen vor Vertragsabschluß einschließlich der zu berücksichti-genden Gesichtspunkte bei der Vertragsvorbereitung behandelt.

Wörtlich wird in der Einleitung DIN ISO 9000-2 ausgeführt:

> Diese Internationale Norm liefert einen allgemeinen Leitfaden zur Anwendung von ISO 9001, ISO 9002 und ISO 9003. Mit dieser Internationalen Norm wird nicht beab-sichtigt, die Anleitungen für Anwender, wie sie in ISO 9000, ISO 9000-3, ISO 9004 und ISO 9004-2 enthalten sind, zu wiederholen.
>
> Zweck dieser internationalen Norm ist es, dem Anwender einen besseren Zu-sammenhang und mehr Präzision, Klarheit und Verständnis bei der Anwendung der

Forderungen der Qualitätssicherungs-Normen ISO 9001, ISO 9002 und ISO 9003 zu verschaffen. Diese Internationale Norm fügt jedoch den Forderungen von ISO 9001, ISO 9002 und ISO 9003 weder etwas hinzu noch verändert sie diese.

Die DIN EN ISO 9000, Teil 3 ist ein *Leitfaden für die Anwendung der ISO 9001 auf die Entwicklung Lieferung und Wartung von Software* und ist im Juni 1992 erschienen. Da der Prozeß der Entwicklung und Pflege von Software sich erheblich von dem der meisten anderen Arten industrieller Produkte unterscheidet, liegt mit diesem Teil eine Norm vor, um die Anwendung der ISO 9001 für solche Organisationen zu erleichtern, die Software entwickeln. Diese Norm betont die gleichzeitige Betrachtung mit ISO 9004.

6.4.2 Inhalte der DIN EN ISO 9001, 9002, 9003

Dieses dreistufige Regelwerk findet bei Einführung von Qualitätsmanagementsystemen die häufigste Anwendung, weil es als zu vereinbarende Darlegungsstufe im Vertragsfall die Grundlage zwischen Lieferant und Auftraggeber ist. In jeweils abgestuften Forderungen werden die einzelnen Qualitätsmanagement-Elemente für die Beschreibung des Qualitätsmanagementsystems herangezogen.

Die **DIN EN ISO 9001** enthält die umfangreichste Darlegungsforderung für Qualitätsmanagementsysteme und beschreibt ein Modell zur Darlegung des Qualitätsmanagements in Design/Entwicklung, Produktion, Montage und Wartung mit insgesamt 20 Qualitätsmanagement-Elementen.

Die Inhalte jedes einzelnen Qualitätsmanagement-Elementes sind unter der Kapitelpunktbezeichnung der DIN EN ISO 9001, Pkt. 4.1 bis 4.20, wie folgt zu beschreiben:

- 4.1   Verantwortung der Leitung
- 4.2   Qualitätsmanagementsystem
- 4.3   Vertragsprüfung
- 4.4   Designlenkung
- 4.5   Lenkung der Dokumente und Dateien
- 4.6   Beschaffung
- 4.7   Lenkung der vom Kunden beigestellten Produkte
- 4.8   Kennzeichnung und Rückverfolgbarkeit von Produkten
- 4.9   Prozeßlenkung (in Produktion und Montage)
- 4.10 Prüfungen
- 4.11 Prüfmittelüberwachung
- 4.12 Prüfstatus
- 4.13 Lenkung fehlerhafter Produkte
- 4.14 Korrektur- und Vorbeugungsmaßnahmen
- 4.15 Handhabung, Lagerung, Verpackung, Konservierung und Versand
- 4.16 Lenkung von Qualitätsaufzeichnungen
- 4.17 Interne Qualitätsaudits
- 4.18 Schulung

- 4.19   Wartung
- 4.20   Statistische Methoden

Die **DIN EN ISO 9002** enthält Qualitätsmanagement-Elemente als Modell zur Darlegung des Qualitätsmanagements in Produktion, Montage und Wartung. Damit sind Unternehmen gemeint, die in Lizenzfertigungen Normteile herstellen oder nur nach genauen Vorgaben produzieren, weil das in der DIN EN ISO 9001 vorhandene Qualitätsmanagement-Element *Designlenkung/Entwicklung* nicht enthalten ist.

Die **DIN EN ISO 9003** stellt die niedrigste Form der Darlegungsstufe dar. Dieser Nachweis bezieht sich im wesentlichen auf die Endprüfungen. Da in dieser Norm auch nur sehr eingeschränkte Forderungen an die Managementaufgaben und an andere wesentliche Elemente eines Qualitätsmanagement gestellt werden, wie z.B. Rückverfolgbarkeit, Qualitätsnachweise, interne Qualitätsaudits u.a., kann hier nicht der Anspruch erhoben werden, ein umfassendes Qualitätsmanagementsystem zu beschreiben. Es handelt sich hier also in dieser Norm nur um die Formulierung einer Darlegungsforderung.

Im Tafel 6.3 werden die Anwendungsunterschiede in der DIN EN ISO 9001, 9002, 9003 in Kurzform herausgestellt. Eine vergleichende Betrachtung pro Qualitätsmanagement-Element über alle drei Darlegungsstufen gibt Bild 6.2. Bezugspunkt sind hier die 20 Qualitätsmanagement-Elemente der DIN EN ISO 9001. Unterschieden werden dazu über Symbole volle Forderungen wie in der 9001 als schwarz markierter Kreis, weniger strenge Forderungen als in der ISO 9001 und ISO 9002 als halber schwarz markierter Kreis.

Ergänzend zur Betrachtung der Einteilung der Qualitätselemente im Qualitätskreis lassen sich die 20 Qualitätsmanagement-Elemente in drei Gruppen einteilen. Unterschieden wird zwischen:

- Qualitätsmanagement-Führungselementen,
- phasenspezifischen Qualitätsmanagement-Elementen und
- phasenübergreifenden Qualitätsmanagement-Elementen,

wobei die phasenübergreifenden Qualitätsmanagement-Elemente noch einmal unterteilt sind in:

- systembezogene,
- allgemeinbezogene und
- produkt- bzw. leistungsbezogene Qualitätsmanagement-Elemente.

Die Zuordnung der Qualitätsmanagement-Elemente zu dieser Einteilung sieht wie folgt aus: bei den Qualitätsmanagement-Führungselemente mit ihren in der DIN genannten Unterpunkten handelt es sich um

- Punkt 4.1.2 - Organisation,
- Punkt 4.1.3 - Qualitätsmanagement-Bewertung durch die oberste Leitung der Organisation,
- Punkt 4.17 - Interne Qualitätsaudits,
- Punkt 4.5 - Überwachung der Qualitätsmanagement-Dokumentation.

Tafel 6.3. Anwendungsunterschiede der Normen DIN EN ISO 9001 bis 9003

Die DIN EN ISO 9001 ist anwendbar, wenn

- speziell eine Entwicklungsleistung verlangt wird und die für das Produkt vorgegebenen Forderungen hauptsächlich in Form von Leistungsangaben festgelegt sind, also noch der Konkretisierung bedürfen, oder wenn
- das vom Vertrauen in die Produktqualität durch einen angemessenen Nachweis der Eignung des Lieferers für Design, Entwicklung, Produktion, Montage und Wartung gefördert werden kann.

Die DIN EN ISO 9002 ist anwendbar, wenn

- die Qualitätsforderungen das Produkt in Form eines festliegenden Entwurfs oder einer festliegenden Spezifikation vorgegeben ist, oder wenn
- das Vertrauen in die Produktqualität durch einen angemessenen Nachweis der Eignung des Lieferers für Produktion, Montage und Wartung gefördert werden kann.

Die DIN EN ISO 9003 ist anwendbar, wenn

- die Erfüllung der vorgegebenen Forderungen durch die Produkte mit angemessener Verläßlichkeit durch eine Endprüfung gezeigt und die Eignung des Lieferers durch diese an den gelieferten Produkten durchgeführten Qualitätsprüfungen insgesamt zufriedenstellend nachgewiesen werden kann.

Beispielhaft wird daraus das Element 4.1.3 *Qualitätsmanagement-Bewertung durch die oberste Leitung der Organisation* in Tafel 6.4 näher erläutert. Für die Bewertung des Qualitätsmanagement des Qualitätsmanagementsystems durch die Leitung ist der Qualitätsmanagement-Leiter verantwortlich. Zu den Kriterien sind die entsprechenden Instrumente genannt, die dem Qualitätsmanagement-Leiter zur Verfügung stehen, um das von ihm zu verantwortende Qualitätsmanagementsystem zu bewerten.

Die den Qualitätsmanagement-Führungselementen zuzuordnenden Qualitätsmanagement-Dokumente sind:

- 4.0   Qualitätsmanagement-Handbuch
  für die ganze Organisation und
  für eine spezielle Produktgruppe.

- 4.1   Qualitätsmanagement-Verfahrensanweisungen
  in Arbeitsanweisungen,
  in Prüfanweisungen und
  in Verfahrensregeln.

- 4.16   Qualitätsmanagement-Berichterstattung:
  Berichte über Qualitätsmanagement und
  Qualitätsaufzeichnungen.

- 4.17   Qualitätsnachweise für
  eigene Produkte und Tätigkeiten und
  Produkte von Zulieferern.

Abschnitt	QM-Elemente der DIN EN ISO 9001	Zugehöriger Abschnitt der Norm DIN EN ISO 9002	DIN EN ISO 9003
4.1	Verantwortung der Leitung	●	◑
4.2	Qualitätsmanagementsystem	●	◑
4.3	Vertragsprüfung	●	●
4.4	Designlenkung/Entwicklung	—	—
4.5	Lenkung der Dokumente und Daten	●	●
4.6	Beschaffung	●	—
4.7	Lenkung der vom Kunden beigestellten Produkte	●	●
4.8	Kennzeichnung und Rückverfolgbarkeit von Produkten	●	◑
4.9	Prozeßlenkung (in Produktion und Montage)	●	—
4.10	Prüfungen	●	◑
4.11	Prüfmittelüberwachung	●	●
4.12	Prüfstatus	●	●
4.13	Lenkung fehlerhafter Produkte	●	◑
4.14	Korrektur- und Vorbeugungsmaßnahme	●	◑
4.15	Handhabung, Lagerung, Verpackung, Konservierung und Versand	●	●
4.16	Lenkung von Qualitätsaufzeichnungen	●	◑
4.17	Interne Qualitätsaudits	●	◑
4.18	Schulung	●	◑
4.19	Wartung	●	—
4.20	Statistische Methoden	●	◑

Schlüssel: ● volle Forderung wie 9001   ◑ weniger streng als 9001 und 9002

— QM-Element kommt nicht vor

Bild 6.2. Vergleichstabelle DIN ISO 9001/9002/9003

Die phasenübergreifenden Qualitätsmanagement-Ablaufelemente der DIN EN ISO 9001 werden eingeteilt in:

- 4.1   Verantwortung der Leitung
- 4.2   Qualitätsmanagementsystem
- 4.8   Qualitätsmanagementsystem bei Kennzeichnung und Rückverfolgbarkeit
- 4.12   Prüfstatus
- 4.10   Qualitätsprüfungen
- 4.11   Prüfmittelüberwachung
- 4.13   Behandlung fehlerhafter Einheiten
- 4.14   Korrektur- und Vorbeugungsmaßnahmen
- 4.18   Schulung

Tafel 6.4. Erläuterung zu Element 4.1.3 der DIN EN ISO 9001
(Bewertung des Qualitätsmanagement-Systems durch die oberste Leitung).

Für die Bereitstellung der Instrumente (Berichte und Auswertungen) ist der Qualitäts-
managementleiter verantwortlich.

Kriterien	*Instrumente*
Akzeptanz des Qualitätsanspruchs im Unternehmen	Berichte über interne Audits relevante Besprechungsprotokolle
Kundenzufriedenheit	Kundenbefragung Anzahl und Analyse der Reklamationen
Qualität der Leistungserstellung	Leistungskennzahlen Anzahl und Analyse der Fehlermeldungen Anzahl der Änderungen
Qualität der Lieferanten	Lieferantenbewertungs- und -beurteilungsergebnisse
Wirtschaftlichkeit	Präventive Kosten Prüfkosten Fehlerfolgekosten Unternehmensergebnis

---

Als Erläuterung zu dem zuerst genannten Element 4.1 der DIN EN ISO 9001 wird
im Tafel 6.5 beispielhaft eine Checkliste zur Selbsteinschätzung der *Qualitätsmanagement-Verantwortung der Leitung* gezeigt, wie sie bereits zur Beschreibung
des Qualitätsmanagementsystems (Kapitel 2) zur Klarstellung der notwendigen
Managementaktivitäten Verwendung fand.

Anschließend werden die phasenspezifischen Ablaufelemente der DIN EN ISO
9001 genannt. Es handelt sich um:

- 4.3   Vertragsprüfung bzgl. Qualitätsmanagement
- 4.4   Qualitätsmanagement bei Planung und Entwicklung
- 4.6   Qualitätsmanagement bei Beschaffung
- 4.9   Qualitätsmanagement bei Realisierung
- 4.19 Qualitätsmanagement bei Nutzung mit Kundendienst, Instandhaltung und Marktbeobachtung.

In der Praxis ist die Zuordnung von Abläufen und Prozessen zu den einzelnen
Qualitätsmanagement-Elementen mitunter problematisch, weil die dort aufgeführten Forderungen für ganz unterschiedliche organisatorische Unternehmens-
formen und -typen Gültigkeit besitzen und in Abhängigkeit der jeweiligen betrieblichen Rahmenbedingungen interpretiert werden müssen. Hier hilft im
Qualitätsmanagement-Handbuch der Querverweis, an welcher Stelle diese Zuordnung vorgenommen wurde.

Tafel 6.5. Erläuterung zu Element 4.1 der DIN EN ISO 9001
Checkliste zur Selbsteinschätzung - Qualitätsverantwortung der obersten Leitung.

❑ Sind die Qualitätspolitik und die daraus abgeleiteten Qualitätsziele festgelegt und werden sie den Mitarbeitern in geeigneter Weise verdeutlicht?

❑ Gibt es eine unternehmensweit festgelegte und umgesetzte Verpflichtung zur Qualität?

❑ Ist die Qualitätspolitik des Unternehmens so definiert, daß sie in erster Linie auf die Verminderung, die Eliminierung und auf die Verhütung unzulänglicher Mittel ausgerichtet ist?

❑ Sind die bereitgestellten Mittel ausreichend, um die Qualitätsziele zu erreichen?

❑ Wird das Qualitätsmanagement-System periodisch von der Unternehmensleitung bewertet?

❑ Sind die Qualitätsfaktoren neuer Produkte, Prozesse oder Dienstleistungen von der obersten Leitung ausreichend identifiziert?

❑ Sind die allgemeinen und die speziellen Verantwortungen für qualitätsrelevante Tätigkeiten der Mitarbeiter festgelegt und dokumentiert?

❑ Sind die Verantwortungen und Befugnisse der Mitarbeiter festgelegt und dokumentiert?

❑ Sind systematische Maßnahmen zur Koordination der Schnittstellen zwischen den Organisationseinheiten vorhanden?

❑ Sind Verantwortungen und Befugnisse der Mitarbeiter immer soweit ausreichend, daß die Qualitätsziele auch erreicht werden können?

❑ Gibt es einen gültigen Organisationsplan des Unternehmens?

❑ Sind die schriftlichen Anweisungen zu den Verfahren und Abläufen einfach, eindeutig und verständlich formuliert?

6.4.3 Inhalte der DIN EN ISO 9004

Die DIN EN ISO 9004 ist ein Leitfaden zur Entwicklung und Einführung eines Qualitätsmanagementsystems nach heutigem Stand. Sie beschreibt in einem umfassenden Rahmen die unternehmerische Sorgfaltspflicht im Hinblick auf das Qualitätsmanagement. Sie soll die Auswahl geeigneter Qualitätsmanagement-Elemente erleichtern und den Umfang, d.h. das Zuschneiden auf die jeweiligen Bedürfnisse, erleichtern.

Die DIN EN ISO 9004 dient dem ausdrücklichen Ziel, beschreibend und erklärend alle Elemente eines Qualitätsmanagementsystems darzustellen und zu erläutern.

Im Bild 6.3 werden die Unterschiede der Einteilung der einzelnen Qualitätsmanagement-Elemente in den Abschnitten der DIN EN ISO 9004 zu den zugehörigen Abschnitten der Norm 9001, 9002, 9003 deutlich.

Zu erwähnen ist, daß die in der DIN EN ISO 9004 enthaltenen Abschnitte in Punkt 6, ‚Finanzielle Überlegungen zu QM-Systemen' und zu Abschnitt 19 ‚Produktsicherheit' keinen eigenen Nachweis in der DIN EN ISO 9001, 9002 oder 9003 besitzen.

Auch bei dieser Norm können die gleichen Einteilungsgesichtspunkte nach:

- Führungselementen
- phasenübergreifenden Elementen
- phasenbegleitenden Qualitätsmanagement- Elementen

vorgenommen werden. Zur Erläuterung werden hier die einzelnen Abschnitte der DIN EN ISO 9004 mit ihren Elementen diesen drei Gruppen zugeordnet:

Führungselemente sind:
- Managementaufgaben (Abschnitt 4),
- Grundsätze zum Qualitätsmanagementsystem mit dem internen Qualitätsaudit (Abschnitt 5.4),
- Finanzielle Überlegungen zu Qualitätsmanagementsystemen (Abschnitt 6),
- Ausbildung und Qualifikation von Mitarbeitern (Abschnitt 18),
- Produktsicherheit und Produkthaftung (Abschnitt 19).

Als phasenübergreifend können angesehen werden:
- Rückverfolgbarkeit von Material (Unterabschnitt 11.2),
- Prüfstatus (Unterabschnitt 11.7),
- Produktprüfungen (Abschnitt 12),
- Prüfmittelüberwachung (Abschnitt 13),
- Behandlung fehlerhafter Einheiten (Abschnitt 14),
- Korrekturmaßnahmen (Abschnitt 15),
- Qualitätsaufzeichnungen (Abschnitt 17),
- Anwendung statistischer Verfahren (Abschnitt 20).

Als phasenbegleitende Qualitätsmanagement-Elemente verbleiben:
- Qualität im Marketing (Abschnitt 7)
- Qualität bei Auslegung und Design (Abschnitt 8)
- Qualität bei der Beschaffung (Abschnitt 9)
- Qualität von Prozessen (Abschnitt 10)
- Produktionslenkung (Abschnitt 11)
- Aufgaben nach der Produktion (Abschnitt 16)

Die DIN EN ISO 9004, Teil 2 (06/92) sollte ein Leitfaden zur Umsetzung eines Qualitätsmanagementsystems für den Dienstleistungsbereich sein, z.B. Unternehmen-/Organisationen im Gaststättengewerbe, Kommunikationsbereich, Gesundheitswesen, für Instandhaltungsdienste, öffentliche Einrichtungen, Handel, Finanzwesen und in Berufsbereichen wie Ingenieur-/Architekturbüros, Schulen sowie für Verwaltungen Dienstleistungen (z.B. Beratungsunternehmen), Forschungseinrichtungen etc.). Da hier allerdings nur sehr viele allgemeine Aussagen getroffen werden, muß diese Norm inhaltlich weiter verbessert werden, damit sie im Dienstleistungsbereich eine effektive Unterstützung bieten kann.

Abschnitt in ISO 9004	Titel	Zugehöriger Abschnitt der Norm		
		ISO 9001	ISO 9002	ISO 9003
4	Verantwortung der Leitung	4.1 ●	●	◐
5	Grundsätze zum Qualitätsmanagementsystem (QM-System)	4.2 ●	●	◐
5.4	Auditieren des Qualitätsmanagementsystems (intern)	4.17 ●	●	◐
6	Qualitätsbezogene Wirtschaftlichkeit	—	—	—
7	Qualität im Marketing (Vertragsprüfung)	4.3 ●	●	●
8	Qualität bei Auslegung und Design (Desinglenkung)	4.4 ●	—	—
9	Qualität bei der Beschaffung (Beschaffung)	4.6 ●	●	—
10	Qualität in der Produktion [Prozeßlenkung (in Produktion und Montage)]	4.9 ●	●	—
11	Produktionslenkung	4.9 ●	●	—
11.2	Lenkung und Rückverfolgbarkeit von Material (Identifikation von Produkten)	4.8 ●	●	◐
11.7	Überwachung des Verifizierungsstatus (Prüfstatus)	4.12 ●	●	●
12	Produktverifizierung (Prüfungen)	4.10 ●	●	◐
13	Prüfmittelüberwachung (Prüfmittel)	4.11 ●	●	●
14	Fehler (Lenkung fehlerhafter Produkte)	4.13 ●	●	◐
15	Korrekturmaßnahmen	4.14 ●	●	◐
16	Handhabung und Aufgaben nach der Produktion (Lagerung der Dokumente)	4.15 ●	●	●
16.4	Wartung	4.19 ●	●	—
17	Qualitätsdokumentation und Qualitätsaufzeichnungen (Lenkung, Verpackung, Versand)	4.5 ●	●	◐
17.3	Qualitätsaufzeichnungen	4.16 ●	●	◐
18	Personal (Schulung)	4.18 ●	●	◐
19	Produktsicherheit	—	—	—
20	Gebrauch statistischer Methoden (Statistische Methoden)	4.20 ●	●	◐
...	Lenkung der vom Auftraggeber beigestellten Produkte	4.7 ●	●	●

Schlüssel: ● volle Forderung   ◐ weniger streng als 9001   — QM-Element kommt nicht vor

Bild 6.3. Vergleichstabelle DIN EN ISO 9004 - 9001/2/3

Weitere Teile der DIN EN ISO 9004 liegen als Entwurf vor. Es handelt sich hierbei um:

Teil 3: Leitfaden für verfahrenstechnische Produkte
Teil 4: Leitfaden zum Management von Qualitätsverbesserungen
Teil 5: Leitfaden für Qualitätsmanagement-Pläne
Teil 6: Leitfaden für Qualitätsmanagement im Projektmanagement

Teil 7: Qualitätsmanagement und Elemente eines Qualitätsmanagementsystems – Leitfaden für Konfigurationsmanagement

Im Tafel 6.6 sind die Inhalte des hier beschriebenen Normenwerkes der DIN EN ISO 9000 - 9004 als Vorgabe für die Auslegung eines unternehmens- spezifischen Qualitätsmanagementsystems in Kurzform zusammengefaßt, das Zusammenwirken der einzelnen Abschnitte zeigt Tafel 6.7.

Tafel 6.6. Inhalte der Normen DIN EN ISO 9000 bis 9004

DIN EN ISO 9000:

Diese Norm beschreibt
- die Ziele einer Qualitätsmanagementorganisation,
- die Anwendung der Normen DIN EN ISO 9001 bis 9004,
- die Grundsätze der Nachweisführung,
- die Auswahlgesichtspunkte,
- die Nachweisstufen sowie
- die allgemein notwendigen und erforderlichen Begriffe.

In der DIN EN ISO 9000 werden Anleitungen zur Auswahl einer der drei Nachweisstufen nach DIN EN ISO 9001 bis 9003 gegeben.

DIN EN ISO 9001, 9002, 9003:

Die Normen DIN EN ISO 9001 bis 9003 bilden ein dreistufiges Regelwerk und legen im Vertragsfall fest, was für diezu vereinbarende Nachweisstufe gilt. Das Regelwerk gestattet auch einen speziellen Zuschnitt zwischen den drei Stufen. Den drei Nachweisstufen entsprechen zugehörige Nachweisforderungen. Diese Forderungen richten sich an Maßnahmen der Qualitätssicherung, des Qualitätsmanagements, der Qualitätsplanung, Qualitätslenkung und Qualitätsprüfung. Sie sind zu unterscheiden von der Qualitätsforderung an das Produkt selbst. Eine Qualitätssicherungs- Nachweisforderung in einer festgelegten Nachweisstufe kann vom Auftraggeber direkt gefordert oder aufgrund gesetzlicher Auflagen in einem Leistungsvertrag entstehen. Dieses Regelwerk ist das umfassendste, branchenneutral, der Anwendungsbereich unterliegt keinen produktspezifischen Einschränkungen. Die höchste Anforderungsstufe ist die DIN 9001. Die Anwendungstiefe wird in DIN 9002 und 9003 *nicht* variiert, vielmehr werden einige Qualitätsmanagementelemente in sinnvoller Weise weggelassen.

DIN EN ISO 9004:

Die Norm DIN EN ISO 9004 ist ein international abgestimmter Leitfaden für die Erstellung eines Qualitätsmanagementsystems in einem Unternehmen. Die Norm dient dem Ziel, beschreibend und erklärend alle Elemente eines Qualitätsmanagementsystems darzustellen und zu erläutern. Der Anwendungsbereich ist nicht produktspezifisch begrenzt. Die Auswahl und Tiefe der Anwendung bleibt dem Anwender überlassen.

Die in DIN EN ISO 9004 enthaltenen Abschnitte über Wirtschaftlichkeitsbetrachtungen und qualitätsbezogene Kosten, Produktsicherheit unterliegen keinem Nachweis nach DIN EN ISO 9001 bis 9003.

Tafel 6.7: Zusammenwirken der Normenwerke der DIN EN ISO 9000 bis 9004

DIN EN ISO 9000: Allgemeiner Leitfaden für das Normenwerk, fördert Zusammenhänge, Klarheit, Verständnis.

      ⇓   ⇓

DIN EN ISO 9001/2/3:   ⇔   DIN EN ISO 9004

Qualitätsmanagement-System   Empfehlung für das
Modell zur Darlegung der   Qualitätsmanagement
Qualität nach außen, in Form
von Qualitätselementen

        ⇓   ⇓

umgesetzt durch ein unternehmensspezifisches normenkonformes Qualitätsmanagement-System im Unternehmen

---

6.4.4 Weiterentwicklung der DIN EN ISO 9000 ff. zu Umweltschutz-Managementsystemen

Zur Erfüllung der in Kapitel 1.3.5 genannten umweltrelevanten Forderungen gibt es in der Normung Tendenzen, im Sinne der DIN EN ISO 9000-Normenreihe die Bildung von Umweltschutz-Managementsystemen zu unterstützen. Dazu haben die beiden internationalen Normenorganisationen ISO und IEC beschlossen, eine *Strategic Advisory Group on Environment (SAGE)* mit der Aufgabe zu gründen, den zukünftigen Bedarf für die internationale Umweltschutz-Normung zu ermitteln. Hier standen u.a. folgende Themen im Vordergrund:

- Ermittlung der umweltbezogenen Leistungsfähigkeit,
- Umweltproduktkennzeichnung,
- Umweltschutz-Management,
- Umweltschutzaudits.

Die SAGE-Gruppe empfahl zu diesen Themen eine internationale Normung zu initiieren und die bestehende technisch orientierte Umweltschutznormung zu koordinieren sowie einen Leitfaden hierfür zu erstellen. Zu klären ist noch anhand einer Umfrage bei den Mitgliedern von ISO und IEC, ob für diese Fragen ein neues technisches Komitee in ISO oder bestehende Komitees mit der Normung beauftragt werden.

Durch die Kommission *Umwelt in DIN* wird deutsche Zuarbeit zu SAGE geleistet. Die Experten in dieser Kommission aus den unterschiedlichen interessierten Kreisen (Industrie, Behörden, andere Institutionen) sind sich weitgehend darüber einig, daß zukünftig Normen über Umweltschutz-Managementsysteme weitgehend kompatibel zur ISO 9000-Serie sein müssen.

In Analogie zum Qualitätsmanagementsystem des Unternehmens, das die umfassende Unternehmensqualität durchsetzen soll, dient ein ebenfalls einzurichtendes Umweltschutzmanagementsystem dazu, die umfassenden Umweltschutzforderungen bei Herstellung der Produkte und Dienstleistungen, aber auch die Forderungen an das Umweltschutzmanagementsystem selber zu erfüllen, wobei eine enge Wechselbeziehung zwischen beiden Managementsystemen bestehen muß, weil Umweltschutzforderungen ein Bestandteil der übergeordneten Qualitätsmanagement-Forderungen sind, aber umgekehrt auch Qualitätsmanagement-Forderungen Bestandteile eines übergeordneten Umweltschutzgedankens sind. Deshalb müssen die zu entwickelnden Normen für Umweltschutz-Managementsysteme auch vollständig kompatibel sein mit den Normen über Qualitätsmanagementsysteme, also mit der DIN 9000 ff.

Der Normenausschuß *Qualitätsmanagement, Statistik und Zertifizierungsgrundsätze (MQZ)* im DIN ist z.Zt. sehr intensiv mit diesem Thema beschäftigt, um die Vorstellungen über ein kompatibles Umweltschutzmanagementsystem zum Qualitätsmanagementsystem der DIN EN ISO 9000 ff. dem technischen Komitee 176 *Quality-Management and Quality-Assurance* der ISO zu unterbreiten. Hiermit hat sich die Delegation des TC 176 ausführlich auseinandergesetzt und dann den Beschluß gefaßt, die ISO 9000-Serie als grundsätzlich anwendbar für eine Normung über Umweltschutz-Managementsysteme anzusehen, dabei auch gleichzeitig die Bereitschaft bekundet, an einer solchen Normung mitzuarbeiten.

Dem TC 176 liegen konkret drei Normungsvorschläge des MQZ-Ausschusses vor. Sie umfassen:

- Anwendung und Erweiterung von DIN EN ISO 9004 auf das Umweltschutz-Management,
- Anwendung von ISO 9001/9002/9003 auf das Umweltschutz-Management,
- Anwendung ISO 10 011 Teile 1 bis 3 auf das Audit von Umweltschutz-Managementsystemen.

Parallel zu diesen Normungsüberlegungen hat zur besseren Entwicklung des EG-Binnenmarktes und den daraus resultierenden Harmonisierungsforderungen für einen freien Warenverkehr in der EG der Umweltministerrat der EG Mitte letzten Jahres eine europäische ÖKO-Audit-Verordnung, bestehend aus 21 Artikeln und 5 Anhängen veröffentlicht.

Diese EG-Verordnung soll dem betrieblichen Umweltschutz neue Impulse geben, weil ab April 1995 damit Unternehmen ihr Umweltmanagement freiwillig begutachten lassen können und bei einem erfolgreichen ÖKO-Audit dafür das Brüsseler ÖKO-Label erhalten. Dieses ÖKO-Label bestätigt, daß die vom Unternehmen an die Öffentlichkeit gerichtete Umwelterklärung den gültigen Umweltgesetzen und Verordnungen entspricht bzw. vom Unternehmen erfüllt wird. Das Unternehmen kann dieses ÖKO-Label für die Selbstdarstellung benutzen, allerdings nicht in der Produktwerbung oder auf Verpackungen.

Aus diesen Entwicklungen zeichnet sich ab, daß sich die Normung bezüglich der Vorgabe von Umwelt- bzw. Sicherheitsspezifikationen weiterentwickeln wird, damit Qualitätsmanagement, Umweltmanagement und Sicherheitsmanagement bei der Produkterstellung für internationale Märkte eine gemeinsame, von allen Beteiligten anerkannte Basis erhalten.

6.5 Planung und Einführung eines Qualitätsmanagementsystems

Die Planung und Einführung eines Qualitätsmanagementsystems ist eine sehr anspruchsvolle Aufgabe. Der Erfolg ist von der Erfüllung einer Reihe von Voraussetzungen vor der eigentlichen Einführung dieses Qualitätsmanagementsystems abhängig. Da es sich hier um einen sehr komplexen Vorgang handelt, den ein Einzelner im Unternehmen nicht alleine bewältigen kann, ist es notwendig, die Planung und Einführung des Qualitätsmanagementsystems mit Hilfe einer Projektorganisation durchzuführen.

Allerdings müssen als Voraussetzung für den Erfolg im Vorfeld des Projektes vom Management folgende Voraussetzungen zu erfüllen sein.

Die Geschäftsleitung muß sich voll mit dem Projekt *Einführung eines Qualitätsmanagementsystems* identifizieren und dieses Projekt in der Aufbau-, Einführungs- und Anwendungsphase voll und aktiv unterstützen. Dies ist natürlich nur möglich, wenn die Verantwortlichen auch die nötigen Grundlagenkenntnisse der Qualitätsphilosophie und Qualitätspolitik besitzen. Auch die Inhalte der DIN EN ISO 9000-9004 sollten bekannt sein, damit klare Zielsetzungen in Bezug auf die Wahl der geeigneten Nachweisstufe des Qualitätsmanagementsystems, den geplanten Umfang und Detaillierungsgrad vorgegeben werden können.

Ist ein gemäß den Normen der DIN EN ISO 9001, 9002 oder 9003 beschriebenes Qualitätsmanagementsystem im Unternehmen eingeführt, besteht die Möglichkeit, sich die Konformität entsprechend der gewählten Darlegungsstufe durch eine Konformitätsbescheinigung, d.h. durch ein Zertifikat, bestätigen zu lassen (Bild 6.4). Auf diese Zertifizierung wird im Kapitel 8 ausführlich eingegangen.

Bei der Einführung ist ein Qualitätsmanagementsystem als Führungsinstrument zu betrachten. Deshalb muß das Management auch die Gründe und den Zweck für den Aufbau und die Einführung eines Qualitätsmanagementsystems allen Mitarbeitern deutlich machen, um das notwendige Qualitätsbewußtsein zu erzeugen.

In der Planungsphase innerhalb der Projektorganisation wird ein Projektteam gebildet, in dem alle Unternehmensbereiche vertreten sind. Erfahrungsgemäß ist die Übernahme der Projektleitung durch ein Mitglied der Geschäftsleitung von hohem Nutzen für den Erfolg des Gesamtprojektes.

In dem Projektteam sollte in einer Zuständigkeitsübersicht festgelegt werden, wer für die Ausarbeitung der einzelnen Qualitätsmanagement-Elemente und der dazugehörigen Richtlinien bzw. Anweisungen zuständig ist. Die Qualität des Projektes selbst wird durch diesen Plan verbessert. Die Projektmitarbeiter erhalten dadurch klare Verantwortungsbereiche für den Aufbau des Qualitätsmanagementsystems gemäß den Normvorgaben. Auch die Zuordnung von Aufgaben und

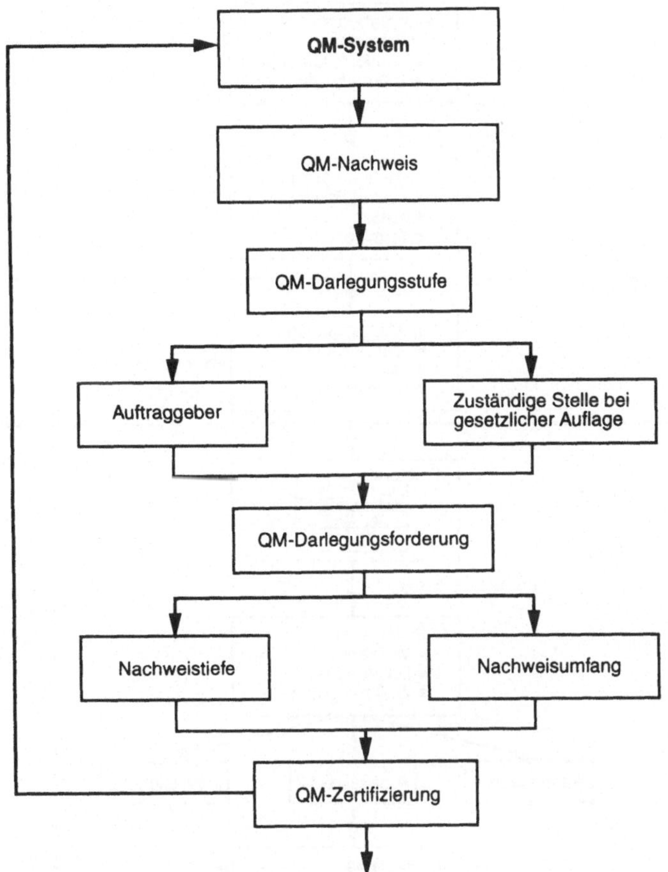

Bild 6.4. QM-System-Auslegung

Kompetenzen mit der entsprechenden Zielvorgabe gehört zu der Verantwortungs-delegation.

In der Praxis bewährt es sich auch, wenn nach einer gemeinsamen Optimierung der Prozesse diese Zuständigkeiten pro Qualitätsmanagement-Element vergeben werden. Es folgt dann die eigentliche Projektausführung, wie sie im Bild 6.5 in allgemeiner Form beschrieben ist.

Die zugrunde gelegte Projektaufbau- und Ablauforganisation setzt sich aus fünf Hauptschritten zusammen. Es handelt sich im ersten Schritt um die bereits oben angesprochene Projektplanung mit den Qualitäts-Zielvorgaben und derProjektteambildung. Im Schritt 2 schließt sich die Projektsteuerung auf der Basis der verabredeten Projektorganisation an. In Schritt 3 folgt die Ausführung der Projektteilschritte, hier also die Ist-Analyse und die Sollablauferstellung. Durch das Projekt-Controlling wird wieder der Regelkreisgedanke aufgegriffen, um Abweichungen von den ursprünglichen Vorgaben möglichst rasch zu erkennen und gezielte Korrekturmaßnahmen zu ergreifen. Regelmäßige Projektberichte dokumentieren im fünften und letzten Schritt den Projektfortschritt und

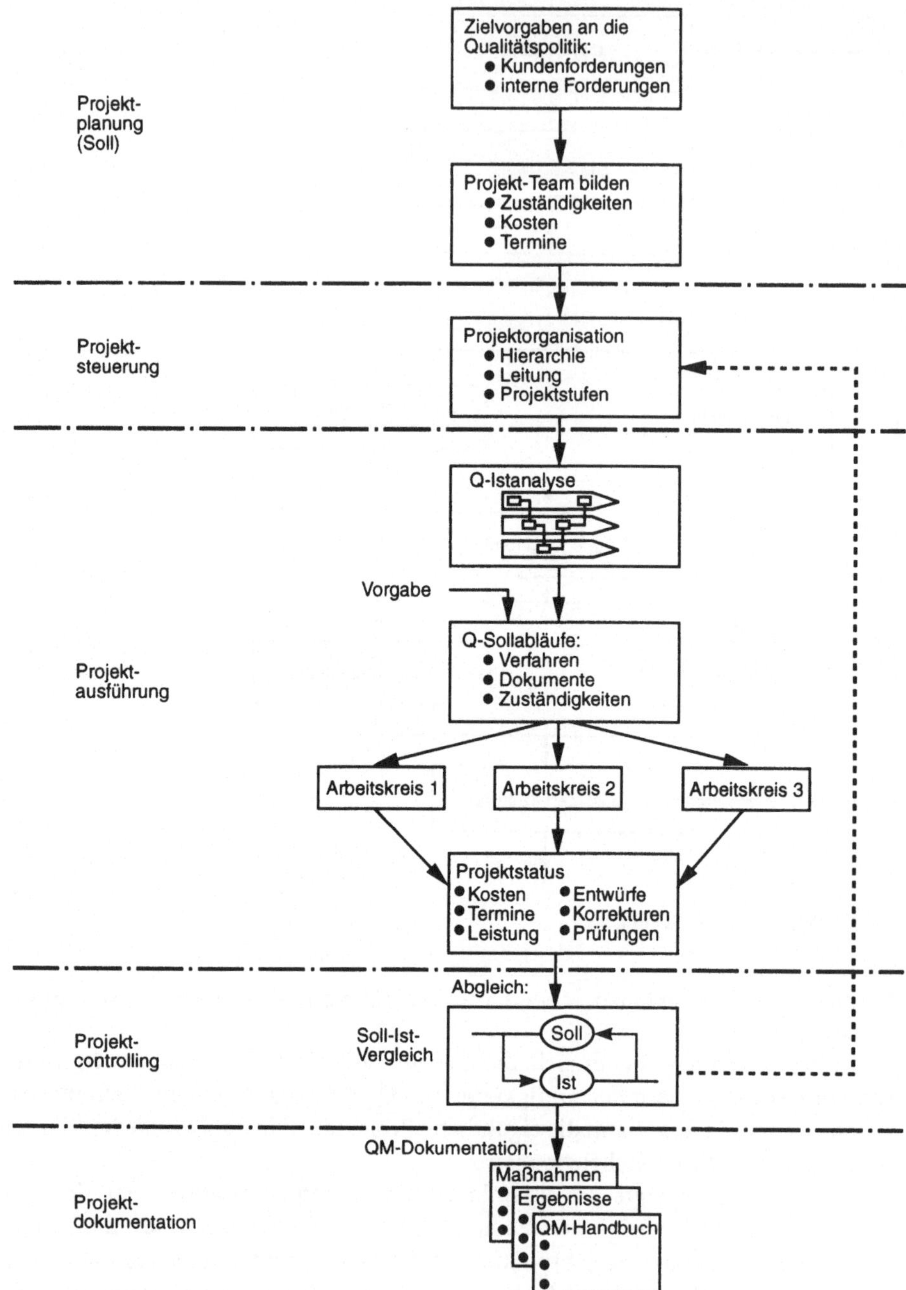

Bild 6.5. Projektaufbau- und -ablauforganisation bei Einführung eines QM-Systems

die künftige Vorgehensweise bis zur Erreichung des angestrebten Projektzieles, hier also die Einführung des Qualitätsmanagementsystems mit der Erstellung des Qualitätsmanagement-Handbuchs.

Die zeitliche Reihenfolge bei der Projektabwicklung, wie in Bild 6.6 dargestellt, orientiert sich an folgenden Phasen:

- Einstiegsphase,
- Analysephase,
- Konzeptphase,
- Realisierungsphase.

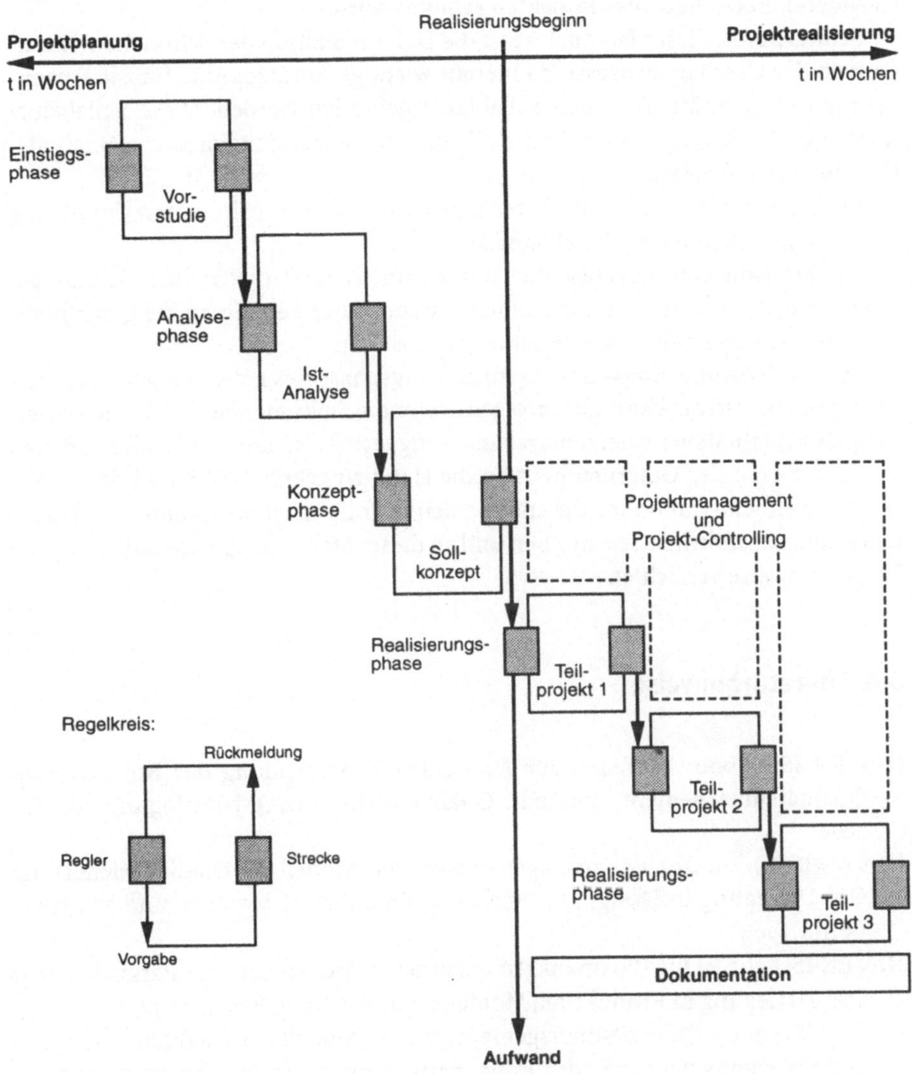

Bild 6.6. Projekt-Abwicklungsphasen

Diese Betrachtung ergänzt die Darstellung der Projektaufbau- und ablauforganisation.

Als Einstieg in das Projekt *Einführung des Qualitätsmanagementsystems* ist eine Vorstudie sehr nützlich, um in Form einer Problemanalyse alle die das Projekt später betreffenden Randbedingungen zu lokalisieren und vor allen Dingen eine Abgrenzung des Untersuchungsbereiches zu ermöglichen. Aus dieser Vorstudie ergibt sich die genaue Zielsetzung und Aufgabenstellung bei Qualitätsmanagementsystemeinführung.

Nach Bildung des Projektteams kann dann die Ist-Analyse-Phase beginnen, in der die bestehenden Geschäftsprozesse, das Mengengerüst und die Schnittstellen zu anderen Bereichen oder Projekten ermittelt wird.

Schwerpunkt dieser Ist-Analyse ist die Dokumentation der Schwachstellen innerhalb der Geschäftsprozesse, da hieraus wichtige Ansatzpunkte für die Formulierung der qualitätsrelevanten Sollabläufe gefunden werden. Diese Sollabläufe werden in der Konzeptphase für die folgende Umsetzung in Form von Qualitäts-Handbüchern abgefaßt.

Es schließt sich dann die Realisierungsphase mit der schrittweisen Umsetzung der einzelnen definierten Sollabläufe an.

Die Projektarbeit muß begleitet werden durch ein mittelfristiges Schulungsprogramm, das im Sinne der Qualitätsförderung aller Beteiligten die Qualifikation verbessert und damit den Projekterfolg abstützt.

Die Implementierungs- und Zertifizierungsphase des entwickelten Qualitätsmanagementsystems kann nur erfolgen, wenn die Dokumentation bzw. Beschreibung des Qualitätsmanagementsystems fertiggestellt ist, um es allen Betroffenen und Beteiligten des Unternehmens an die Hand zu geben. Da hierbei das Qualitätsmanagement-Handbuch die entscheidende Rolle spielt, wird dieses im folgenden Kapitel ausführlich beschrieben und an dieser Stelle auf eine Detaillierung der Vorgehensweise verzichtet.

6.6 Literaturhinweise

DIN EN ISO 9000: Leitfaden zur Auswahl und Anwendung der Normen zum Qualitätsmanagement und zur Qualitätssicherung/QM-Darlegung. Berlin, 1994

DIN EN ISO 9001: Qualitätsmanagementsysteme: Modell zur Qualitätssicherung/ QM-Darlegung in Design, Entwicklung, Produktion, Montage und Wartung. Berlin, 1994

DIN EN ISO 9002: Qualitätsmanagementsysteme: Modell zur Qualitätssicherung/ QM-Darlegung in Produktion, Montage und Wartung. Berlin, 1994

DIN EN ISO 9003: Qualitätsmanagementsysteme: Modell zur Qualitätssicherung/ QM-Darlegung bei der Endprüfung. Berlin, 1994

DIN EN ISO 9004: Qualitätsmanagement und Elemente eines Qualitätsmanagementsystems, Leitfaden. Berlin, 1994

HDI Information: Qualitätssicherungssysteme - Normen und Zertifikate. H-III 10/ 89 (5., 06/92)
Schönbach, G.: 20 Schritte zur Qualität. RKW

7 Leitfaden zur Erstellung eines Qualitätsmanagement-Handbuches

7.1 Zielsetzung und Aufgaben des Qualitätsmanagement-Handbuches

Die Erstellung eines Qualitätsmanagement-Handbuches dient allein dem Ziel, ein vorhandenes bzw. zu entwickelndes, unternehmensspezifisches Qualitätsmanagementsystem zu dokumentieren. Das Qualitätshandbuch ist daher nur Mittel zum Zweck, um dieses Qualitätsmanagementsystem mit allen unternehmensrelevanten Ausprägungen der vorher in der DIN EN ISO 9001 bis 9003 beschriebenen Qualitätsmanagement-Elemente umfassend abzubilden und damit einen Überblick über die Gesamtheit aller Qualitätsmanagement-Aktivitäten im Unternehmen zu geben.

Damit hat dieses Qualitätsmanagement-Handbuch einen hohen Stellenwert für das Funktionieren des Qualitätsmanagementsystems, weil durch die Beschreibung der Prozesse und Anweisungen dieses Qualitätsmanagementsystem präzisiert, dokumentiert und damit umsetzbar wird. Im Vordergrund der Betrachtung und des Verständnisses muß aber immer das Qualitätsmanagementsystem selber stehen.

Für die Zertifizierung (Kapitel 8) ist vor allem die Praxisanwendung der im Qualitätsmanagement-Handbuch beschriebenen Verfahren und Abläufe die maßgebliche Voraussetzung, denn vor der Erarbeitung des Qualitätsmanagement-Handbuchs steht das Vorhandensein eines Qualitätsmanagementsystems.

Unter diesen Voraussetzungen lassen sich die Ziele und Aufgaben eines Qualitätsmanagement-Handbuches beschreiben.

Mit Hilfe des Qualitätsmanagement-Handbuches können die Qualitätsmanagement-relevanten Prozesse rationeller gestaltet und transparent abgebildet werden.

Das Qualitätsmanagement-Handbuch dient dem Lieferanten zur Qualitätssicherung, Nachweisführung und Dokumentation. Es erfolgt darin eine Festlegung der Organisations- und Aufsichtspflichten mit Zuständigkeitsabgrenzungen und Zuweisungen, z.B. im Zusammenhang mit der Produzentenhaftung.

Das Qualitätsmanagement-Handbuch ermöglicht dem Kunden die Durchführung der Qualitätsfeststellung. Es ist gleichzeitig ein zusätzliches akquisitorisches Instrument und stellt eine vertrauensbildende Maßnahme für den Kunden dar. Es ist die unternehmensinterne Kommunikationsgrundlage über die Zuordnung von Qualitätsmanagement-Funktionen, Qualitätsmanagement-Aufgaben, Qualitätsmanagement-Maßnahmen, Qualitätsmanagement-Verantwortung und Qualitätsmanagement-Zuständigkeiten.

Die DIN EN ISO 9001 fordert in Element 4.2 die Dokumentation des Qualitätsmanagementsystems. Jedoch sind der Umfang und die Tiefe dieser Dokumentation von jedem Unternehmen selbst zu definieren. Damit sind Qualitätsmanagementsysteme, auch gleicher Branche und Betriebsgrößen, nicht mehr miteinander vergleichbar. Dies ist problematisch, weil Qualitätsmanagementsysteme mit marketingorientierter Feigenblattfunktion mitunter neben sehr aufwendigen, zur Erreichung der Qualitäts-Führerschaft eingeführten Qualitätsmanagementsystemen stehen, ohne daß der Unterschied von außen sofort erkennbar ist.

7.2 Inhalt und Form eines Qualitätsmanagement-Handbuches

Im Entwurf zur DIN EN ISO 8402 a) 1 vom Oktober 89 wird der Begriff Qualitätsmanagement-Handbuch festgelegt als ein Dokument, das die Qualitätspolitik, das Qualitätsmanagementsystem und die qualitätsrelevanten Vorgehensweisen einer Organisation darlegt. Ergänzend dazu ist das Qualitätssicherung-Handbuch nach DIN 55350, Teil 16, z.Zt. im Entwurf, Ziffer 2.4.1 definiert als die Beschreibung des Qualitätsmanagementsystems eines Unternehmens oder Unternehmensbereiches, die von der Unternehmungsleitung in Kraft gesetzt, bezüglich ihrer praktischen Anwendung überwacht und jeweils dem neuesten Stand angepaßt wird.

Das Qualitätsmanagement-Handbuch kann sich auf die Gesamtheit der Aktivitäten einer Organisation, aber auch nur auf einen Teil davon beziehen. Der Anwendungsbereich eines Qualitätsmanagement-Handbuches wird von dem Titel und den im Handbuch erwähnten Qualitätszielen beschrieben.

In der Regel enthält ein Handbuch folgende Aussagen:

Im allgemeinen Teil 1 die Erklärung zur Qualitätspolitik mit Erläuterung der im Unternehmen praktizierten Qualitätsmanagement-Grundsätze, die grundsätzliche Darstellung der Ablaufelemente des Qualitätsmanagementsystems, die Festlegung zur Überprüfung, Aktualisierung und Überwachung des Qualitätsmanagement-Handbuches, die Verantwortlichkeiten und Befugnisse sowie die gegenseitige Beziehung von Mitarbeitern in leitenden, ausführenden oder überprüfenden qualitätsrelevanten Tätigkeiten.

Im Teil 2 sind die Umfänge der unternehmensspezifischen Qualitätsmanagement-Elemente innerhalb der gewählten Nachweisstufe nach der DIN EN ISO 9001 bis 9003 enthalten.

Die Durchführungsbestimmungen der in den Elementen beschriebenen Aktivitäten erfolgt über Verfahrensanweisungen und Arbeitsanweisungen. Die Qualitätsmanagement-Elemente selber sind in der Form, wie im Tafel 7.1 dargestellt, im Qualitätsmanagement-Handbuch zu hinterlegen.

Tafel 7.1. Elemente des Qualitätsmanagement im Qualitätsmanagementhandbuch

---

Vorgabe der Elemente nach DIN EN ISO 9001
abgeleitet aus dem Qualitätskreis nach DIN EN ISO 55 350

Jedes Element ist im Handbuch wie folgt zu beschreiben:

1. Zweck und Ziel (Erläuterung des Elements)
2. Generelle Forderungen (die das Element im Rahmen des Qualitätsmanagements erfüllen soll)
3. Gültigkeitsbereich
4. Verfahren (Maßnahmen); pro Element werden „n"-Unterelemente vorgegeben. Für jedes Unterelement wird die Verantwortung für die Abarbeitung der Anforderungen in den einzelnen Fachabteilungen festgelegt
5. Verantwortung (Zuständigkeiten)
6. Mitgeltende Dokumente
7. Audit-Fragebogen für dieses Element des Qualitätsmanagement

---

Im dritten Teil des Qualitätsmanagement-Handbuches befinden sich dann die Anhänge in Form der erarbeiteten Verfahrensanweisungen, Arbeitsanweisungen und mit geltenden Unterlagen.

Folgenden formalen Anforderungen sollte das Qualitätsmanagement-Handbuch genügen. Als Format wird DIN A4 empfohlen, eine Lose-Blatt-Sammlung sollte Ergänzungen und Änderungen leicht ermöglichen, die Verwendung eines stabilen Ordners mit deutlicher Kennzeichnung als Qualitätsmanagement-Handbuch ist ebenfalls sinnvoll. Jedes Blatt des Handbuches sollte den Firmennamen oder das Firmenlogo enthalten, weiter die Kapitelnummer und Titel, den Änderungsstand des Kapitels, die laufende Seitennumerierung und Angabe der Gesamtseitenzahl des Kapitels, die Nennung von Ersteller und Prüfer des Blattes sowie den Tag der Freigabe.

An zentraler Stelle, beispielsweise im Qualitätswesen, muß der aktuelle Änderungsstand der einzelnen Handbuchkapitel und des gesamten Handbuches verzeichnet sein und verwaltet werden. Auch wird dort der Verteiler dieses Handbuches geführt. Dies ist in einer Liste durch Unterschrift zu bestätigen. Weiterhin ist ein Verzeichnis der Ausgabestände der im Handbuch zitierten Normen und Richtlinien zu finden. Auf dem Deckblatt ist neben dem Titel *Qualitätsmanagement-Handbuch* auch die laufende Nummer dieses Handbuches (Exemplar-Nummer) zu vermerken. Es ist darauf hinzuweisen, ob dieses Exemplar dem Änderungsdienst, evtl. zeitbegrenzt, unterliegt. Zusätzlich sollte das Deckblatt Hinweise über den Vertraulichkeitscharakter bzw. Rechtsschutz und auf den Geltungsbereich, wie Werk, Bereich, Produkte, Abnehmer, Auftrag, enthalten.

7.3 Gestaltung des Qualitätsmanagement-Handbuches

Der dreiteilige Aufbau eines Qualitätsmanagement-Handbuches in Anlehnung an den Aufbau der DIN EN ISO 9001 hat den Vorteil, daß ein direkter Vergleich der Normforderungen mit den entsprechenden unternehmensspezifischen Qualitätssicherungs-Aktivitäten, die im Handbuch festgelegt sind, möglich ist. Dies erleichtert auch den Ablauf bei der Zertifizierung. Die Darstellung der Qualitätsmanagement-Elemente im Teil 2 mit ihren Wechselbeziehungen, ihrer unternehmensspezifischen Auslegung und die Normenkonformität läßt sich bei dieser Gliederung am leichtesten erfüllen. Ein anderer Aufbau mit einer anderen Gliederung eines Qualitätsmanagement-Handbuches könnte mit einem höheren zeitlichen Aufwand verbunden sein und auch die Zertifikatserlangung verteuern. Dies ist aber grundsätzlich möglich.

Die Gliederung nach der DIN EN ISO 9001 bis 9003 hat allerdings den Nachteil, daß Zuordnungsprobleme auftreten können, weil phasenübergreifende mit phasenspezifischen Komponenten in dieser Norm verknüpft sind. Beispielsweise stellt sich die Frage, ob Wareneingangsprüfungen dem phasenübergreifenden Element ‚Qualitätprüfung' zuzuordnen sind oder dem phasenspezifischen Element ‚Beschaffung'. Gelöst werden diese Fragen im Handbuch durch Querverweise. Außerdem fehlen bei der Gliederung nach DIN die qualitätsrelevanten Aussagen bezüglich Qualitätskosten, Wirtschaftlichkeit, Umweltschutz oder Produkthaftung, weil diese als Qualitätsmanagement-Elemente nicht mit enthalten sind. Eine weitere Möglichkeit der Gestaltung des Qualitätsmanagement-Handbuches kann deshalb u.a. in Anlehnung an die DIN EN ISO 9004 mit Unterteilung der Qualitätsmanagement-Elemente in

- Führungselemente
- phasenübergreifende Elemente
- phasenspezifische Elemente

erfolgen.

Im Qualitätsmanagement-Statushandbuch sind in Stufe 2 interne Abläufe detailliert festgehalten, die firmenspezifisches Know-how darlegen. Dieses Handbuch ist deshalb auch nur intern zu verwenden. Es hat die Funktion eines Nachschlagewerkes und soll den gezielten Zugriff auf bestimmte qualitätsrelevante Informationen und deren schnelles Wiederauffinden ermöglichen. Als lebendes Dokument unterliegt es dabei dem Änderungsdienst. Auf der Subcenterebene (Stufe 3) und auf der Prozeßebene (Stufe 4) sind dann die Qualitätssicherung-Verfahrensanweisungen und Qualitätssicherung-Prüfanweisungen zugeordnet, die detailliert vorgeben, wie Qualitätssicherung-Aktivitäten durchzuführen sind.

Zusammengefaßt läßt sich in Zuordnung zum Unternehmensmodell die Dokumentation des Qualitätsmanagementsystems in vier Stufen abbilden (Bild 7.1). Auf der obersten Stufe steht das Qualitätsmanagement-Handbuch als zentraler Punkt der Qualitätsmanagement-Dokumentation. Um zu verhindern, daß firmenspezifisches Know-how offengelegt wird, ist hier zwischen einem externen und

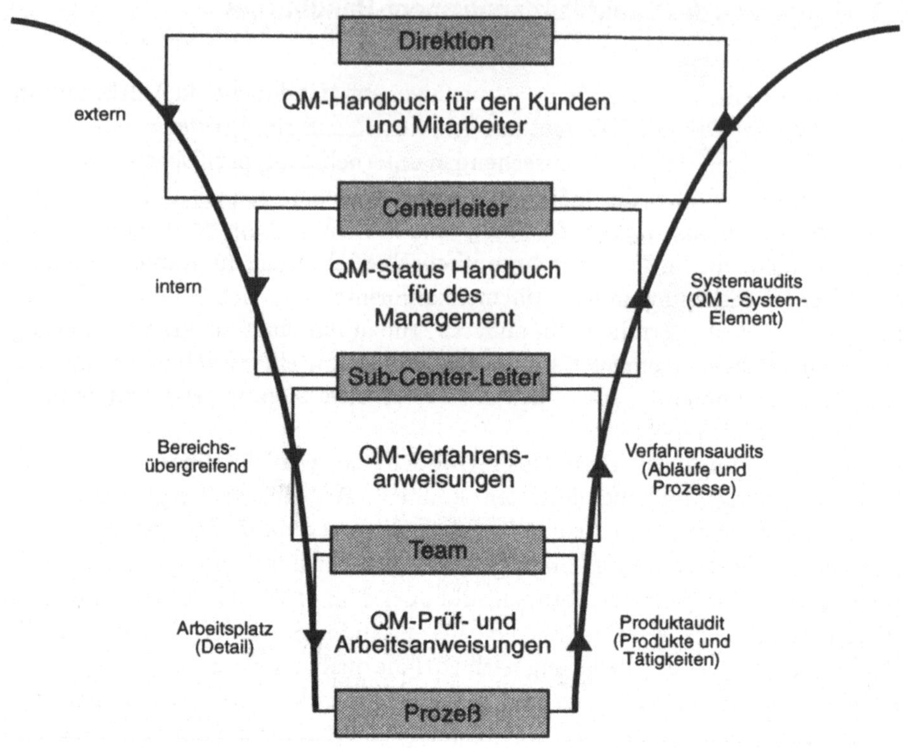

Bild 7.1. Dokumentation des QM-Systems

internen Qualitätsmanagement-Handbuch unterschieden. Das externe Qualitäts-management-Handbuch wird unter dem Stichwort *Kundenorientierung* im Rahmen der Akquisition und Kundenpflege ausgegeben. Es unterliegt aber nicht dem Änderungsdienst. Unter dem Stichwort *Mitarbeiterorientierung* sollte dieses Buch aber auch allen Mitarbeitern, die damit in Berührung kommen, zur Information weitergegeben werden, damit die Mitarbeiter über die Qualitätspolitik und die Zuständigkeiten des Unternehmens informiert sind.

7.3.1 Externe Präsentation

Nach außen werden die Qualitätsphilosophie des Unternehmens, die Firmen-struktur und die Qualitätspolitik dargelegt. Damit ist das Qualitäts-Management-Handbuch die Grundlage, auf deren Basis der Kunde das Qualitätsmanage-mentsystem anerkennt. Somit gilt es als Bezugspunkt für die Durchführung von Audits durch externe Organisationen. Inhaltlich stellt es die Qualitätsmanage-ment-Elemente und ihre spezifische Umsetzung im Unternehmen unter Bezug-nahme auf die entsprechenden Forderungen zum Qualitätsmanagement dar. Weiterhin zeigt es die Qualitätsmanagement-Verantwortlichkeiten und Zuordnungen.

7.3.2 Interne Darstellung

Das interne Qualitätsmanagement-Handbuch, hier als Qualitätsmanagement-Statushandbuch bezeichnet, gilt nur für den internen Gebrauch. Es darf also nicht nach außen gegeben werden, weil dort unternehmenspezifisches Know-how erläutert ist. Die Verteilung erfolgt von der Unternehmensleitung bis zur Abteilungsleiterebene mit kontinuierlichem Änderungsdienst.

Dieses Qualitäts-Handbuch ist als Führungsinstrument zu betrachten. Es gibt u.a. dem Führungskreis Informationen über die Schnittstellenregelungen im Qualitätsmanagementsystem und ist Bezugspunkt für die interne Auditierung und Zertifizierung. Inhaltlich erfolgt eine detaillierte normenkonforme Darstellung der Qualitätsmanagement-Forderungen und die Darlegung ihres Erfüllungs-Nachweises mit Querverweise auf mitgeltende Qualitätsmanagement-Dokumente.

7.3.3 Qualitätsmanagement-Verfahrensanweisungen

Die Qualität und der Nutzen des zu entwickelnden und einzuführenden Qualitätsmanagementsystems hängt entscheidend von präzisen Qualitätsmanagement-Verfahrensanweisungen und den noch erläuterten Qualitätsmanagement-Arbeits- und Prüfanweisungen ab.

Beispiele für Qualitätsmanagement-Verfahrensanweisungen sind: Regelungen für die Auftragsabwicklung bei Sonderausführung, Durchführung von Konstruktions- und Berechnungsaufgaben und Bearbeitung von Reklamationen sowie die Materialauswahl und Bestellung.

Qualitätsmanagement-Verfahrensanweisungen enthalten detaillierte, organisatorische Beschreibungen zur Einhaltung der vorgeschriebenen Abläufe mit entsprechender Formulargestaltung. Auch in diesen Verfahrensanweisungen ist sehr viel organisatorisches Know-how des Unternehmens enthalten. Die detaillierte Beschreibung der in den einzelnen Auftragsphasen anzuwendenden Qualitätssicherungskriterien hat immer unter dem Gesichtspunkt der Normkonformität zu erfolgen. Dabei sollte aber nicht übersehen werden, daß auch in der Norm viele Hinweise zum Ermessensspielraum gegeben sind, um unnötige Bürokratie und zusätzlichen Erstellungsaufwand, der in keinem Verhältnis zum Nutzen steht, zu vermeiden.

Einige *Beispiele* solcher Hinweise aus der DIN EN ISO 9001 sind:

- Änderung/Modifikation von Dokumenten:
  Wo durchführbar, muß die Art der Änderung im Dokument selbst oder in geeigneten Anlagen/Beilagen ausgewiesen werden.

- Identifikation und Rückverfügbarkeit von Produkten:
  Wo es zweckmäßig ist, muß der Lieferant Verfahren zur eindeutigen Zuordnung des Produktes einführen und aufrechterhalten.
- Prozeßlenkung (in Produktion und Montage):
  Der Lieferant muß die Produktions- und, falls zutreffend, Montageprozesse, welche die Qualität direkt beeinflussen, festlegen und planen. Die beherrschten Bedingungen müssen enthalten
  a)   eine Überwachung und Lenkung anhand geeigneter Prozeß- und Produktmerkmale während Produktion und Montage,
  b)   die Genehmigung von Prozessen und Einrichtungen, wenn zweckmäßig.
- Versand:
  Der Lieferant muß nach der Endprüfung für die Bewahrung der Qualität des Produktes sorgen. Wo es vertraglich festgelegt ist, muß dieser Schutz bis zur Auslieferung am Bestimmungsort ausgedehnt werden.
- Qualitätsaufzeichnungen:
  Wo es vertraglich vereinbart ist, müssen Qualitätsaufzeichnungen zur Auswertung durch den Auftraggeber oder seinen Beauftragten für eine vereinbarte Zeitdauer zugänglich gemacht werden.
- Kundendienst:
  Sofern Kundendienst vertraglich vereinbart ist, muß der Lieferant Verfahren zu dessen Ausführung einrichten und aufrechterhalten.
- Statistische Methoden:
  Wenn zweckmäßig, muß der Lieferant Verfahren zur Festlegung angemessen statistischer Methoden einführen.

Die zu erarbeitenden Ausführungsbestimmungen und Ablaufvorgaben müssen immer verständlich, umsetzbar und praktikabel formuliert werden, um für die Mitarbeiter die Arbeit zu erleichtern.

An dieser Stelle sei auf Kapitel 1 hingewiesen. Dort ist ausgeführt, daß aus rechtlicher Sicht in der Normenreihe DIN EN ISO 9001 bis 9003 mehrere Forderungen nicht erfüllt sind. Um so wichtiger wäre es, diese bei der Erstellung der Qualitätsmanagement-Verfahrensanweisungen mit zu berücksichtigen. Dies gilt auch für die nicht in der DIN EN ISO Norm enthaltenen Forderungen, beispielsweise in Bezug auf aussagefähige Schadensanalysen oder Analysen mit kurzfristigen, zielbezogenen wirksamen Auswertungen.

Die Qualitätsmanagement-Verfahrensanweisungen müssen zunächst in schriftlichen Verfahrensbeschreibungen niedergelegt werden.

Bei diesen Verfahrensanweisungen sind normenkonforme Abschnitte in der Reihenfolge 1 bis 10 zu berücksichtigen. Die Wirksamkeit dieser Verfahrensanweisung, d.h. ob und in welchem Maß sie den Zweck, die Aufgabe und damit die Qualitätsanforderung der Norm erfüllt, wird später durch das Qualitätsaudit beurteilt.

Verfahrensanweisungen in 10 Abschnitten

- Unter **Abschnitt 1** wird der Zweck der Anweisung erläutert. Hier geht es um eine klare Zielbeschreibung, was mit dieser Anweisung beabsichtigt ist.
- **Abschnitt 2** beinhaltet den Geltungsbereich mit Hinweis auf Ausnahmen.
- Im **Abschnitt 3** werden die in dieser Verfahrensanweisung benutzten Begriffe und Definitionen erklärt.
- **Abschnitt 4** der Gliederung gibt Auskunft über die Zuständigkeit und Verantwortlichkeiten.
- **Abschnitt 5** enthält eine detaillierte Beschreibung der Prozesse.
- In der Ablaufbeschreibung sollte auch auf Voraussetzungen, Vorbereitungen oder Querverbindungen hingewiesen werden. Im **Abschnitt 6** der Verfahrensanweisung soll dies unter Hinweise und Anmerkungen genannte werden, ebenso mitgeltende Unterlagen oder Literaturhinweise.
- Unter **Abschnitt 7** wird die Dokumentation beschrieben.
- **Abschnitt 8** beschreibt den Änderungsdienst mit gegenwärtigem Änderungsstand.
- **Abschnitt 9** listet den notwendigen Verteiler auf.
- Unter **Abschnitt 10** werden die zugehörigen geordneten Unterlagen (siehe 6.1) beigefügt.

Eine detaillierte Beschreibung der Prozesse (Abschnitt 5) kann in unterschiedlich methodischer Form erfolgen (siehe dazu Kapitel 8). Die notwendigen Ablaufelemente in dieser Beschreibung sind:

- Organisations-(Funktions-)bereich,
- Reihenfolge der Aufgabe,
- Aufgabenbeschreibung,
- funktionale Schnittstellen,
- Prüfung Dokumente und Daten.

7.3.4 Qualitätsmanagement-Arbeits- und Prüfanweisungen

Qualitätsbeeinflussende Arbeitsschritte sind in detaillierten produktbezogenen Arbeitsanweisungen vorzuschreiben. Sie spiegeln das technische Know-how wieder und dienen dem Anwender als Vorgabe für seine tägliche Arbeit. Hinsichtlich der Qualität des zu entwickelnden und einzuführenden Qualitätsmanagementsystems gelten die gleichen Aussagen wie bei den Qualitätsmanagement-Verfahrensanweisungen.

Diese Arbeits- und Prüfanweisungen sind also direkte Anweisungen für Personen, die qualitätsbeeinflussende Tätigkeiten ausüben. Damit soll sichergestellt werden, daß wichtige Fertigungs- und Montageschritte mit Einfluß auf die Qualität der Produkte oder den Qualitätsnachweis beherrscht werden. Sie erleichtern eine schnelle Einweisung von neuem Personal und ermöglichen die Reproduzierbarkeit.

Beispiele sind Bedienungsanleitungen, Zeichnungen, Fertigungsanweisungen, Montagestücklisten, Prüfanweisungen, Schweißvorschriften oder Handlungspläne.

7.4 Verantwortungsbereiche und Informationsbeziehungen

Die in den Verfahrens- und Arbeitsanweisungen zum Qualitätsmanagement beschriebenen Prozeßabläufe müssen hinsichtlich der Zuständigkeit der Beteiligten und der zu verwendeten Informationen sauber definiert sein. *Aufbau*organisatorische Gesichtspunkte sind mit *ablauf*organisatorischen Gesichtspunkten zur Durchführung des Qualitätsmanagements zu verknüpfen. Die Aufbauorganisation wird üblicherweise anhand von *Organigrammen* beschrieben. Unter dem ablauforientierten Aspekt ist eine *Matrixdarstellung* für die Zuordnung der Qualitätsmanagement-Aufgaben am zweckmäßigsten.

In den Zeilen dieser Matrix werden die Qualitätsmanagement-Aufgaben innerhalb der einzelnen Qualitätsmanagement-Funktionen, die am jeweiligen Prozeß beteiligt sind, untereinander aufgeführt, und die organisatorischen Einheiten (Funktionsbereiche) mit ihren Kurzzeichen in den Matrixspalten nebeneinander angeordnet. In der Matrix wird der Umfang der Aufgaben ebenfalls mit Kurzzeichen symbolisiert. Dabei bedeutet:

D = Durchführungsverantwortung.
Dies ist eine Gesamtverantwortung, wenn in dem betrachteten Matrixfeld keine Mitwirkungsverantwortung auftritt. Für die Kosten liegt eine federführende Verantwortung vor.

M = Mitwirkungsverantwortung
Mitverantwortliche müssen sich auf Anforderung des federführenden Verantwortlichen an der Aufgabenerfüllung beteiligen.

I = Informationsberechtigung
Die Berechtigten müssen durch den federführenden Verantwortlichen über die entsprechenden Qualitätssicherungs-Abläufe unterrichtet werden. Sie haben die Pflicht, bei Bedarf z.B. beim Auftreten von Schwachstellen, auf eine Änderung bei der Abwicklung der Aufgabenerfüllung oder des Prozesses hinzuwirken.

Mit Hilfe dieser in Bild 7.2 abgebildeten Matrix werden die Aufgaben zugeordnet.

Die Erstellung der Qualitätsmanagement-Zuständigkeitsmatrix erfolgt in drei Schritten:

1. Schritt: Planung der aufgabenbezogenen Tätigkeiten mit Festlegung der Ablaufelemente des Qualitätsmanagementsystems für einen definierten Geschäftsprozeß;

Ablaufelemente:	K	Mu	Pt	N	AV	Fe	Mo	V	L	Tr	Pr	Ku
Q-Planungsaufgaben:												
Konstruktion (K)												
Musterbau (Mu)												
Prototyp (Pt)												
Entwicklung (N)												
AV (AV)												
Fertigung (Fe)												
Montage (Mo)												
Versand (V)												
Lager (L)												
Transport (Tr)												
Prüfplanung (Pr)												
Kundendienst (Ku)												
Q-Lenkungsaufgaben:												
Konstruktion (K)												
Musterbau (Mu)												
Prototyp (Pt)												
Entwicklung (N)												
AV (AV)												
Fertigung (Fe)												
Montage (Mo)												
Versand (V)												
Lager (L)												
Transport (Tr)												
Prüfplanung (Pr)												
Kundendienst (Ku)												
Transport,Handhabung												
Lager												
Q-Prüfaufgaben												
Konstruktionsentwürfe												
Wareneingang												
Fertigung												
Montage												
Prototyp												
Musterbau												
Materialien												
Übergeordnete QM-Aufg.												
Q-Audits												
Q-Schulung												
Q-Förderung												
Kundenreklamation												

Aufgaben-Code: E Entscheiden   D Durchführen   M Mitwirken   I Informieren

Bild 7.2. QM-Zuständigkeitsmatrix (tätigkeits-, prozeß-, produktbezogen)

Beispiel: im Rahmen der Prüfplanung werden Prüfspezifikationen (Prüfmerkmale und Prüfverfahren für eine Qualitätsprüfung), Prüfanweisungen (die anzuwendenden Prüfspezifikationen sowie die Zeitpunkte und Prüfumfänge der durchzuführenden Qualitätsprüfungen), und Prüfablaufpläne (Abfolge der Qualitätsprüfungen zu den Arbeitsgängen der Fertigung) notwendig.

2. Schritt: Zuordnung der Zuständigkeiten, Verantwortlichkeiten und Kompetenzen bei der Ausführung dieser Funktion innerhalb eines bestimmten Prozesses mit der Zuordnung von

D - Durchführungsverantwortung,
E - Ermittlungsverantwortung,
I - Informationsverantwortung.

3. Schritt: Tätigkeitsbezogene Planung der organisatorischen Durchführung durch die beteiligten Gruppen, mit Zuordnung der Zuständigkeiten entsprechend der festgelegten Qualitätsmanagement-Funktionen aus Schritt 1.

Die tätigkeitsbezogene Planung auf der Basis einer systematischen Prozeß-analyse erfolgt in einer methodischen Vorgehensweise, die im Kapitel 8 an einem Beispiel erläutert wird.

Auch die Informationsbeziehung mit den verwendeten Dokumenten, Datenträgern und den darin enthaltenen Daten kann in Matrixform abgebildet werden. Pro Verfahren oder pro Teilprozeß lassen sich die Datenträger in dieser Matrix auflisten und den Funktions- bzw. Aufgabenträgern zuordnen.

7.5 Vorgehensweise zur Erstellung eines Qualitätsmanagement-Handbuches

Die Planung und Einführung eines Qualitätsmanagementsystems hängt eng mit der Erstellung des Qualitätsmanagement-Handbuches zusammen. Ist die unternehmensspezifische Qualitätspolitik festgelegt, dann können die Anforderungen an das Qualitätsmanagementsystem mit Vorgabe der Aufbau- und Ablauforganisation zur Erfüllung der Qualitätsgrundsätze und Zielsetzungen abgeleitet werden. Über die Zuständigkeitsmatrix werden Prozeß und Teilprozeß die Aufgaben, Zuständigkeiten und Organisationseinheiten vorgegeben. Die Ausprägung der einzelnen Qualitätsmanagement-Elemente innerhalb des unternehmenspezifischen Qualitätsmanagementsystems werden mit Qualitätsmanagement-Verfahrens- und Qualitätsmanagement-Arbeitsanweisungen präzisiert.

Die Planung und Einführung eines Qualitätsmanagementsystems und die Vorgehensweise zur Erstellung eines Qualitätsmanagement-Handbuches haben viele Gemeinsamkeiten. Die Projektgruppe legt unter Anleitung des Managements die Inhalte des unternehmensspezifischen Qualitätsmanagementsystems fest und führt diese in das Qualitätsmanagement-Handbuch ein.

Als erstes erfolgt eine Prozeß-Analyse mit Sammlung aller qualitätsrelevanter Unterlagen und Hilfsmittel.
Aus der darauf aufbauenden Schwachstellenanalyse werden die ermittelten Defizite lokalisiert, danach die bestehenden Abläufe optimiert und in Form von Prozeß-Sollvorgaben dokumentiert. Innerhalb der Projektorganisation wird nach der Zuständigkeitsmatrix festgelegt, wer für die Erstellung und Prüfung der Handbuchkapitel zuständig ist. Auch die Definition der Erstellung, Änderung, Prüfung, Freigabe, Verteilung und

Archivierung der Qualitätsmanagement-relevanten Unterlagen ist vorgegeben. Weiterhin sind die Verantwortlichen für die Erstellung und Prüfung der Qualitätsmanagement-Verfahrens- und Arbeitsanweisungen bestimmt.

Aus der Prozeß-Analyse und der Schwachstellen-Analyse wird abgeleitet, welche Ablaufbeschreibungen und Dokumente noch zu erstellen sind. Die Projektteam-Mitglieder ersehen aus der Zuständigkeitsmatrix, für welche Prozesse, Qualitätsmanagement-Elemente und Kapitel im Handbuch sie zuständig sind. Innerhalb des Projekt-Terminplanes haben Sie dann in Anlehnung an die Normenreihe DIN EN ISO 9001 bis 9003 bei jedem Punkt zu prüfen, ob die Forderungen für das Unternehmen relevant sind und wie der Ablauf in Ihrem Unternehmen im definierten Bereich zu organisieren ist. Als Arbeitshilfe sollte auf Checklisten zurückgegriffen werden.

Regelmäßig wird im Team über den Fortschritt der Arbeit berichtet und diskutiert. Besonders schnittstellen- und bereichsübergreifende Tätigkeiten müssen untereinander abgestimmt werden, bevor der erste Entwurf einer Beschreibung des Qualitätsmanagement-Handbuches vorliegt. Jeder Projektteambeteiligte muß diesen Entwurf hinsichtlich Verständlichkeit, Vollständigkeit, Korrektheit und Redundanzen prüfen und Korrekturwünsche schriftlich fixieren. Nach der vollständigen Prüfung des Handbuches werden diese Korrekturwünsche in Form einer Liste von allen Mitgliedern des Teams abgearbeitet und anschließend zur zweiten Bearbeitung der Handbuchtexte durch die verantwortlichen Mitarbeiter des Teams weitergeben. Es folgt noch einmal eine Prüfung durch alle Projektteammitglieder, bevor die abschließende Freigabe des Qualitätsmanagement-Handbuches durch den Leiter des Qualitätswesens und die Geschäftsführung erfolgt. Außerdem bestätigen die Verantwortlichen durch ihre Unterschrift, daß das entstandene Dokument korrekt und vollständig ist. Das Inkrafttreten des Qualitätsmanagement-Handbuches und die Verteilung der Handbücher sollen durch Aushänge, ggf. durch eine entsprechende Mitteilung an die Mitarbeiter bekanntgegeben werden.

Der Leiter des Qualitätswesens wird das Original des Qualitätsmanagement-Handbuches verwalten. Die unerlaubte Weitergabe oder das Kopieren dieser Unterlage muß unterbunden werden.

Das Qualitätswesen ist für den *Änderungsdienst* zuständig. Hierfür sind innerhalb des Qualitätsmanagement-Handbuches durch detaillierte Anweisungen die Vorgehensweisen festzulegen. Änderungsanträge sind grundsätzlich an den Leiter des Qualitätswesens zu stellen. Art und Umfang der Änderung wird mit den Verantwortlichen der betroffenen Bereiche abgestimmt. Vor Verabschiedung der Änderung hat eine Freigabe von der Geschäftsleitung, in Zusammenarbeit mit dem Leiter des Qualitätswesens, zu erfolgen. Die danach stattfindende Genehmigung ist vom Leiter des Qualitätswesens durch Datum und Unterschrift in einer Revisionsstandstabelle zu bestätigen. Das Qualitätswesen hat zu organisieren, daß alle Mitarbeiter über die Änderungen informiert werden und ungültige Exemplare zurückgegeben werden.

Daneben ist das Qualitätsmanagement-Handbuch einem jährlichen Review zu unterwerfen. Hierbei ist zu prüfen, ob der letzte Stand der Technik berücksichtigt wurde oder ob Prozeßabläufe geändert worden sind, die eine Anpassung des Qualitätsmanagement-Handbuches erfordern.

7.6 Literaturhinweise

Bläsing J. P.: CAQ Qualitätssicherung unter CIM-Zielen. Vieweg Verlag

DGQ-Schrift 12-62: Leitfaden zur Erstellung eines Qualitätssicherungs-Handbuchs, Berlin, 1987

DGQ-Schrift 12-61: Aufbauorganisation der Qualitätssicherung. Berlin, 1987

Masing, W. (Hrsg.): Handbuch der Qualitätssicherung. 2. Aufl. Hanser Verlag, München 1988

Pärsch, Joachim: Qualitätssicherungs-Handbuch. Teil 1: Grundlagen, Teil 2: Beispiele. Ginsheim, 1988

Schönbach, G.: 20 Schritte zur Qualität. RKW, Frankfurt

Schwenke, Rolf G.R.: Qualitätssicherungs-Handbuch. Planen - Ausarbeiten - Einführen - Kontrollieren, Frankfurt, 1988

Walsh, L.; Wurster, R.; Kimberg, R.J. (Hrsg.): Quality Management Handbook. Marcel Dekker, New York 1986

8 Qualitätsaudits und Zertifizierung

8.1 Aufgaben und Aufbau von Audits

Interne Qualitätsaudits sind ein überaus wichtiges Element des Qualitätsmanagementsystems. Sie dienen zur Überprüfung, ob die im Qualitätsmanagement-Handbuch beschriebenen Vorgaben eingehalten werden und ob das Qualitätsmanagementsystem seinen Zweck erfüllt.

Die Bedeutung von Qualitätsaudits wird durch eine eigens hierfür erstellte Norm unterstrichen, die:

DIN EN ISO 10011 (2, Stand 07/92), Leitfaden für das Audit von Qualitätsmanagementsystemen
Teil 1: Audit-Durchführung,
Teil 2: Qualifikationskriterien für Auditoren,
Teil 3: Management von Audit-Programmen.

Ein internes Qualitätsaudit ist ein wirksames Instrument zur Produkt-, Prozeß- und Ablaufverbesserung. Es übt eine Kontrolle über die Wirksamkeit des vorhandenen Qualitätsmanagementsystems aus und Schwachstellen werden aufgedeckt. Bei dem Audit wird geklärt, ob die Qualitätsmanagement-Maßnahmen wirklich eingeführt, die notwendigen schriftlichen Anweisungen an den Arbeitsplatz vorhanden sind und die schriftlichen Anweisungen von den Mitarbeitern auch beachtet werden. Geklärt wird weiter, ob die eingeführten Maßnahmen wirksam sind und ob die vorhandene Dokumentation ausreichend und zweckmäßig ist.

Nach Abschluß des Audits wird von den Auditoren ein Auditbericht erstellt, in dem die Ergebnisse dargestellt sind. Dieser Bericht wird mit den Verantwortlichen des auditierten Bereiches besprochen. Dabei muß die Wirksamkeit des Qualitätsmanagementsystems beurteilt und bewertet werden.

Die einzuleitenden Korrekturmaßnahmen als ein Auditergebnis sind in Element 4.14 der DIN EN ISO behandelt. Ziel dieser Korrekturmaßnahmen ist die ständige Verbesserung des Qualitätsmanagementsystems, die Vermeidung von Fehlern und die Entwicklung von Fehlervermeidungsstrategien.

Vorbereitung

Natürlich muß ein internes Audit sehr gut vorbereitet sein. Vorab ist beispielsweise zu klären: Ob das Auditziel festgelegt ist, ob die Prüfungsgrundlage vorhanden ist, ob weitere mitgeltende Unterlagen und Regelungen vorab eingesehen werden müssen, ob ergänzende Informationen anzufordern sind, welche Abweichungen existieren, welche Schwerpunkte zu auditieren und welche Stichproben vorzunehmen sind. Weiter sind die Rahmenbedingungen mit Ort, Dauer, etc. festzulegen. Insbesondere müssen bereichsspezifische Fragelisten entwickelt werden. Die hierbei zu stellenden Fragen beziehen sich auf den zu untersuchenden Bereich.

Beispielhafte Fragenstellungen bei Audits im Verkaufsbereich lauten:

- Arbeitet der Verkauf mit einer schriftlichen Standard-Fragenliste, anhand derer alle wichtigen Punkte des Produkts und/oder die Kostenkalkulation mit dem potentiellen Abnehmer durchgesehen werden?
- Werden die Kriterien für die Prüfung und Abnahme in Absprache mit den Abnehmern festgelegt und auf einer Produktkontrollkarte und -zeichnung festgehalten?
- Besteht eine schriftliche oder mündliche Absprache über die Freigabe des Angebotes oder nicht?
- Gibt es eine mündliche oder schriftliche Absprache über Auftragsnahme, Preis und Lieferzeit?
- Werden Produktion und Entwicklung (im nachhinein nachprüfbar) befragt, bevor ein Angebot für neue Produkte festgelegt wird?
- Werden Produktion, Entwicklung und Qualitätskontrolle über Kundenklagen von der angesprochenen Abteilung informiert?

Aus den Antworten zeigen sich die bestehenden Defizite im auditierten Qualitätsmanagementsystem. Zur Vorbereitung eines Qualitätsaudits gehört auch, daß die Teammitglieder rechtzeitig informiert werden und durch einen kompetenten Mitarbeiter eine Einführung in die system-, verfahrens- und produktspezifischen Vorgänge des zu überprüfenden Bereichs erhalten. Dies ist deshalb wichtig, da die Mitglieder dieser Auditteams im allgemeinen nicht dem Bereich angehören sollten, der auditiert wird. Bei der Terminabstimmung muß ein Termin ausgewählt werden, bei dem alle Beteiligten ohne Ablenkungen zur Verfügung stehen. Die Effizienz und Akzeptanz eines Qualitätsaudits ist sehr klein, wenn durch momentan auftretende Störungen oder Belastungen während des Audits eine Ausnahmesituation entsteht.

Nachbereitung

Ebenso wichtig wie die Auditvorbereitung ist die Auditnachbereitung. Hierfür wird zunächst der Auditbericht erstellt. In diesem Auditbericht sind die im Abschlußgespräch gewonnenen Erkenntnisse, Korrekturmaßnahmen und Empfehlungen in schriftlicher Form festzuhalten. Die Maßnahmen an die Linienorganisation sind aufzubereiten und an die zuständigen Funktionseinheiten in der Linienorganisation weiterzuleiten. Der Auditor selber ist nach dem Regelwerk nicht befugt, Anweisungen bzw. Korrekturmaßnahmen zu erteilen, bzw. einzuleiten. Eine solche Anweisung darf nur ausschließlich durch den Vorgesetzten des auditierten Funktionsbereiches erfolgen.

In Bild 8.1 ist der Ablauf eines Qualitätsaudits zusammenfassend dargestellt. Er unterteilt sich hier in die drei Stufen Auditvorbereitung, Auditdurchführung und Auditauswertung. Durch interne oder externe Forderungen über den Auditplan werden die Auditziele der Geltungsbereich, die Auditorenauswahl und die Rahmenbedingungen festgelegt. Die Auditdurchführung unterteilt sich in die Selbst-

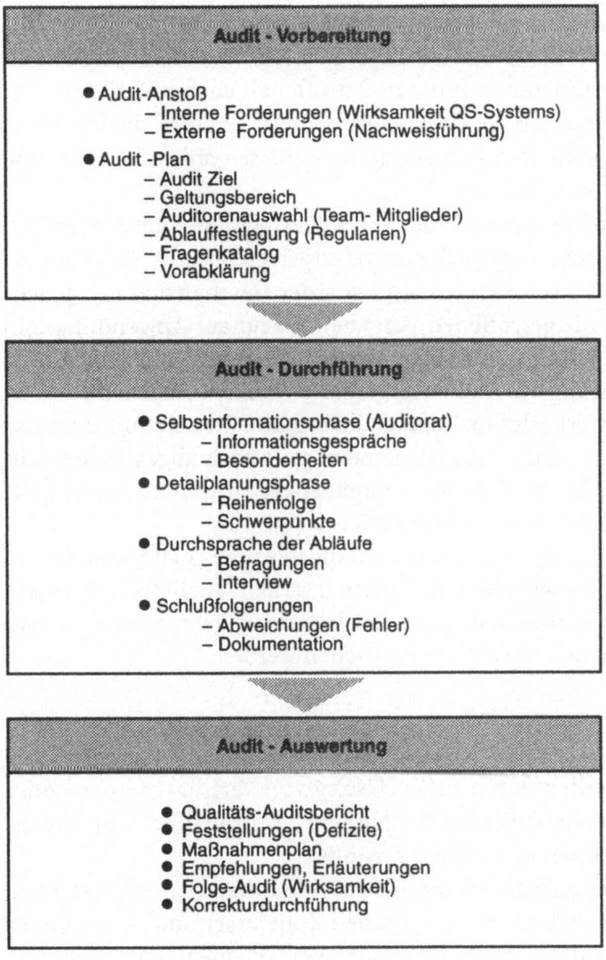

Bild 8.1. Ablauf eines Qualitätsaudits

informationsphase der Auditoren, weiter in die Detailplanungsphase mit der Festlegung der Reihenfolge und den Untersuchungsschwerpunkten des Audits sowie in die Durchsprache der Abläufe mit den Schlußfolgerungen. Es folgt in der Auditauswertung die Erstellung des Qualitätsauditberichts, das Festlegen der Defizite, der sich daraus ergebende Maßnahmenplan, die Korrekturdurchführung und die Planung der Folgeaudits.

Qualitätsauditsberichte sollten folgende Informationen enthalten: Verantwortlicher für die Durchführung des Audits; Audit-Teilnehmer und Empfängerkreis; betroffene Organisationseinheit; Feststellungen (Defizite), nicht Ursachenforschung; erforderliche Empfehlungen, Korrekturen und Maßnahmen mit Begründungen; Auswirkungen der Korrekturmaßnahmen; Verantwortlichkeit und Termin für die Durchführung der Korrekturmaßnahmen; Ergebnis der Nachrevision. Auditsberichte sollen keine Anklageschriften sein. Es geht bei dem Audit nicht darum, Ursachen zu ermitteln oder selbst Korrekturmaßnahmen einzuleiten. Dies ist immer Aufgabe des dafür zuständigen Vorgesetzten. Deshalb sind vor einer Veröffentlichung der Berichte immer die Ergebnisse, Beanstandungen und erforderlichen Korrekturmaßnahmen mit den Betroffenen ausführlich und umfassend zu diskutieren. Innerhalb dieses Qualitätsauditsberichtes dürfen keine subjektiven Feststellungen enthalten sein, sondern es müssen objektive, sachliche und eindeutige Aussagen vorliegen.

Die Qualitätsberichte selber werden einer Terminverfolgung unterworfen und nach Abschluß des Audits archiviert. Nach einem festgelegten Audit-Zeitplan, der von den Auditoren z.B. jahresweise erstellt und von der Geschäftsleitung genehmigt werden muß, werden die getroffenen Vorgaben erneut auf Anwendung und Wirksamkeit geprüft. Die häufigsten Fehler bei der Durchführung von Audits sind: Mangelhafte Vorbereitung des Audits; fehlerhafte Wahl der Auditteilnehmer; Auditoren zu wenig informiert oder nicht geschult; unklare Zielsetzung; unzureichendes Auditberichtswesen; Maßnahmenliste nicht gründlich abgearbeitet; fehlende Unterstützung durch das Management; ungünstiger Zeitpunkt; vorschnelle Akzeptanz von Unzulänglichkeiten; unklare Berichterstattung.

In den bisherigen Ausführungen standen mehr die internen Qualitätsaudits im Vordergrund. Dabei wurde festgehalten, daß diese internen Qualitätsaudits nach der DIN EN ISO 9001 feste Bestandteile eines Qualitätsmanagementsystems sind und im Qualitätsmanagement-Element 17 besprochen werden.

Externe Qualitätsaudits

Externe Qualitätsaudits werden durch Veranlassung von Vertragspartnern oder zur Zertifizierung eines Qualitätsmanagementsystems durchgeführt. Für interne und externe Qualitätsaudits gibt es mehrere Anstöße.

In Kapitel 4 wurde ausführlich auf die Qualitätsnachweisführung aufgrund von Qualitätsmanagement-Vereinbarung zwischen Zulieferern und Abnehmern eingegangen. Unter Bezug auf das Qualitätsmanagement-Element 4.6.2 innerhalb der DIN EN ISO 9001 und auf die Auswahl von qualifizierten Lieferanten als Abschnitt 9.3 der DIN EN ISO 9004 wird in Tafel 8.1 auf die nachzuweisende

Tafel 8.1. Nachweis der Qualitätsfähigkeit bei der Beschaffung

---

DIN EN ISO 9001: Beurteilung von Unterlieferanten

Der Lieferant muß Unterlieferanten aufgrund ihrer Eignung zur Erfüllung der Forderungen des Untervertrags, eingeschlossen die Qualitätsforderungen, auswählen.

Die Auswahl von Unterlieferanten sowie der Art und Umfang der Überwachung durch den Lieferanten muß vom Produkttyp abhängen und - wo zweckmäßig - von Aufzeichnungen über die früher nachgewiesene Fähigkeit und Leistung des Lieferanten.

DIN EN ISO 9004: Auswahl von qualifizierten Zulieferanten

Jeder Zulieferant sollte eine nachgewiesene Fähigkeit zur Lieferung von Zulieferungen haben. Die Methoden zur Feststellung dieser Fähigkeiten können irgendeine Kombination der folgenden Punkte enthalten:

1. Beurteilung und Bewertung der Fähigkeit des Zulieferanten und/oder seines Qualitätssicherungssystems an Ort und Stelle.

2. Bewertung von Produktmustern.

3. Vorgeschichte und ähnlichen Zulieferungen

4. Prüfergebnisse von ähnlichen Zulieferungen

5. Veröffentlichte Erfahrungen anderer Anwender.

Qualitätsfähigkeit des Lieferanten hingewiesen. Auch hier spielt die Auditierung wieder eine wesentliche Rolle. Ebenso in Artikel 25a) der EG-Beschaffungsrichtlinie 90/531/EWG Liefer- und Bauaufträge.

Vollständig lautet dieser Artikel:

> Verlangt der Auftraggeber zum Nachweis dafür, daß der Dienstleistungserbringer bestimmte Qualitätsanforderungen erfüllt, die Vorlage von Bescheinigungen von unabhängigen Qualitätsstellen, so nehmen diese auf Qualitätsnachweisverfahren auf der Grundlage der einschlägigen Normen aus der Serie EM 29000 und auf Bescheinigungen durch Stellen Bezug, die nach der Normenserie EN 45000 zertifiziert sind.

Auditierung und Zertifizierung sind also entscheidende Maßnahmen für den Wettbewerbserfolg, denn ohne den Nachweis der Wirksamkeit des eingesetzten Qualitätsmanagementsystems und der darin enthaltenen Qualitätsmanagement-Elemente, wird in Zukunft eine Auftragsausführung nur noch sehr eingeschränkt möglich sein.

8.2 Arten von Qualitätsaudits

Nach dem Untersuchungsbezug und den jeweiligen Hauptaufgaben des Audits lassen sich verschiedene Arten unterscheiden. Für alle Qualitätsaudits gilt, daß sie innerbetrieblich mit Eigenpersonal als auch extern mit Fremdauditoren im Sinne einer Nachweisführung abgewickelt werden können. Weiterhin können diese Qualitätsaudits entweder in festgelegten Zeitabständen oder aus besonderem Anlaß durchgeführt werden.

Bei der Zielsetzung ist zu unterscheiden, ob das gesamte Qualitätsmanagementsystem, einzelne Verfahren oder Prozesse oder das Qualitätsniveau eines Produktes überprüft werden soll. Entsprechend unterteilt man üblicherweise in die drei Arten:

- Systemaudit,
- Verfahrensaudit,
- Produktaudit.

Verfahrens- und Produktaudits sind interne betriebliche Aktivitäten, die keiner Zertifizierung durch externe Stellen unterliegen. Gerade bei Verfahrensaudits bestünde hier die Gefahr, daß bei einer externen Auditierung firmeninternes Know-how offenbart werden müßte. Obwohl jedes der drei genannten Auditarten eine unterschiedliche Zielsetzung und einen unterschiedlichen Untersuchungsschwerpunkt besitzt, ist die in Punkt 8.2 beschriebene Vorgehensweise bei der Durchführung eines Qualitätsaudits grundsätzlich ähnlich.

8.2.1 Systemaudit

Beim Systemaudit wird die Wirksamkeit eines Qualitätsmanagementsystems durch Prüfung der einzelnen Qualitätsmanagement-Elemente auf ihre Ausprägung und ihre Anwendung hin untersucht. Hier steht also das installierte Qualitätsmanagementsystem im Vordergrund der Betrachtung.

Mit Hilfe der Systemaudits soll eine systematische Prüfung des Qualitätsmanagementsystems, wie es durch seine betriebsspezifisch angepaßten Qualitätsmanagement-Elemente im Qualitätsmanagement-Handbuch beschrieben ist, erfolgen. Dabei soll die Transparenz und Wirksamkeit der einzelnen Qualitätsmanagement-Elemente festgestellt werden.

Der Untersuchungszweck und die notwendigen Basisinformationen für Systemaudits sind: Neben der Vollständigkeit und Wirksamkeit des Qualitätsmanagementsystems und der Transparenz und Wirksamkeit aller notwendigen Qualitätsmanagement-Elemente wird auch die Aufbauorganisation hinsichtlich der organisatorischen Zusammenhänge bezüglich Qualitätspolitik, Qualitätsförderung und Qualitätswesen überprüft sowie die Informationspraxis, Personalführung und die Planungs-, Steuerungs- und Überwachungsmethoden. Weiter ist der Kenntnisstand und die Qualifikation der Mitarbeiter Gegenstand der Untersuchung, d.h. inwieweit sie die vorgegebenen Qualitätsmanagement-Anweisungen und Richtlinien befolgen und ob alle im Qualitätsmanagement-Handbuch beschriebenen Qualitätsmanagement-Aktivitäten bei der Durchführung der Aufgaben eingehalten werden.

Basisinformationen für das Systemaudit sind das Qualitätsmanagement-Handbuch, das gültige Organisationsdiagramm mit der dazugehörenden Führungsstruktur, die festgelegten Verantwortlichkeiten und Kompetenzen, die Unternehmensrichtlinien, Organisationsanweisungen, Verfahrensanweisungen und Vorschriften sowie festgelegte Verfahrensabläufe für die einzelnen Qualitäts-management-Elemente.

8.2.2 Verfahrensaudit

Beim Verfahrensaudit wird die Wirksamkeit bestimmter Verfahren und Prozesse auf Einhaltung der vorgegebenen Arbeitsabläufe und auf ihre Zweckmäßigkeit für das Qualitätsmanagement überprüft. Abläufe und Arbeitsschritte sind der Gegenstand dieser Verfahrensuntersuchung.

Durch das Verfahrensaudit sollen Arbeitsabläufe und die in den einzelnen Fertigungsstadien des Produktes angewandten Fertigungsverfahren auf ihre Zweckmäßigkeit, Sicherheit und Wirtschaftlichkeit und auf ihre Qualitätsfähigkeit innerhalb der einzelnen Entstehungsstufen untersucht werden. Neben den Produktionsverfahren sind aber auch produktionsvorgelagerte bzw. begleitende Arbeitsabläufe sowie Dienstleistungen zu überprüfen.

Auch die Zulassung von Mitarbeitern und Betriebsmitteln, das Handhaben und Kennzeichnen von Teilen im Prozeß sowie die Lagerung der Teile gehören zu den Untersuchungsgegenständen der Verfahrensaudits.

Die dafür benötigen Basisinformationen sind beispielsweise Verfahrensbeschreibungen, Anlagebeschreibungen, Prüfeinrichtungsbeschreibungen mit den dazugehörenden Ablaufvorschriften und Arbeits- und Prüfanweisungen. Weiterhin Normen, Qualitätsvorgaben, Spezifikationen, Pflichtenhefte, Fehlerkataloge aber auch Personalqualifikationsprofile und Stellenpläne. Für die Materialhandhabung sind Materialsteuerungsbeschreibungen und Lageranweisungen bereitzustellen.

Verfahrensaudits werden gerne bei komplexen Produktionsprozessen benutzt, bei denen die Qualitätsprüfung für sich alleine zu wenig Aussagekraft über das gesamte angewendete Verfahren geben kann. Dazu zählen beispielsweise Bereiche aus der Oberflächenbehandlung, Montageprozesse oder chemische Prozesse.

8.2.3 Produktaudit

Beim Produktaudit erfolgt die Untersuchung einer über eine Stichprobe festgelegten Zahl von versandfertigen Produkten auf Übereinstimmung mit den vorgegebenen Qualitätsmerkmalen bzw. Spezifikationen.

Es handelt sich um die Überprüfung von versandfertigen Produkten auf der Basis eines vorher festgelegten Stichprobenumfanges. Die Überprüfung erfolgt unabhängig vom sonstigen Prüfablauf nach der vorschriftsmäßigen Endprüfung. Dabei werden diese versandfertigen Produkte auf Übereinstimmung mit den Zeichnungen, Spezifikationen, Normen, gesetzlichen Vorschriften oder den Auftragsunterlagen überprüft.

Wesentlich ist die Auswertung von Mängelschwerpunkten um Trendaussagen bezüglich der Qualität zu erhalten oder systematische Fehler aufzudecken. Auch die Qualitätszahl (Qualitätsindex) kann ermittelt werden. Die Qualitätszahl ist der Quotient aus der erreichten Punktzahl zur möglichen Punktzahl. Die Punktzahlen ergeben sich dabei aus dem Gewichtungsfaktor der einzelnen Fragen multipliziert mit dem Erfüllungsgrad der einzelnen Frage.

Da es sich hier um die Überprüfung versandfertiger Produkte auf Übereinstimmung mit den gültigen Unterlagen handelt, gehört auch die Überprüfung der Kennzeichnung und Verpackung mit zu den produktorientierten Audits. Basisinformationen sind dazu die Auftragsunterlagen, Zeichnungen, Normen, Fertigungspläne, Montagevorschriften, Dokumentationsrichtlinien, Produktspezifikationen, Werkstoffblätter, Einkaufsrichtlinien, Prüfvorschriften, Stempelungs- und Kennzeichnungsvorschriften, aber auch gesetzliche Vorschriften.

8.3 Zertifizierung

Unter einer Zertifizierung ist die Bescheinigung über den Zustand einer Sache oder eines Systems nach erfolgreicher Prüfung durch eine dafür unabhängige Instanz zu verstehen.

Wie bereits angesprochen, fordern häufig Abnehmer vom Lieferanten im Rahmen von Qualitätsmanagement-Vereinbarungen, daß ein überprüfbares und oder zertifiziertes Qualitätsmanagementsystem die Grundlage für die Zusammenarbeit ist. Die Unternehmen können in diesem Falle eine unabhängige Stelle beauftragen, ihr Qualitätsmanagementsystem auf Übereinstimmung mit den Vorgaben der Norm zu überprüfen. Die erteilten Zertifikate bescheinigen diese Übereinstimmung.

Welche Gründe veranlassen ein Unternehmen, eine Zertifizierung anzustreben? Dazu zählen wesentlich: vertragliche Forderungen einzelner Kunden, Verbesserung der Wettbewerbsfähigkeit, Gleichziehen mit der Konkurrenz, Sicherung von Großaufträgen, Verwendung als Marketing-Instrument, vertrauensbildende Maßnahme, Abwehr von Mehrfachprüfungen, Förderung der Mitarbeitermotivation, Reduzierung der Qualitätskosten, Schutz vor Haftungsansprüchen, Verbesserung von Termintreue und Flexibilität, Sicherung qualitätsrelevanter Prozesse.

Das Zertifikat kann die Häufung von Audits durch die Kunden einschränken und Mehrfachprüfungen somit abwehren.

Durch die Zertifizierung soll ferner eine einfachere Einhaltung gesetzlicher Auflagen erreicht werden.

Für eine erfolgreiche Zertifizierung ist vor allem die vollständige Praxisanwendung der im Qualitätsmanagement-Handbuch und in weiterer Qualitätsmanagement-Unterlagen beschriebenen Verfahren und Prozesse maßgebend. Damit sind alle Beteiligten im Unternehmen, das Management, die Vorgesetzten in der Linie und alle Mitarbeiter gefordert, über eine konsequente Anwendung eine tatsächliche Nutzenbringung des Qualitätsmanagement zu erreichen.

Tafel 8.2 macht diesen Zusammenhang deutlich. Hier wird als Ausgangssituation aufgeführt, daß der gemeinsame EG-Markt für die zukünftige Auftragsvergabe das qualitätsbezogene, zertifizierte Unternehmen fordert.

Durch ein anerkanntes Zertifikat lassen sich die Unternehmen bestätigen, daß ein normkonformes, funktionsfähiges Qualitätsmanagementsystem anforderungsgerecht eingeführt ist.

Zu unterscheiden ist nach der Art des Zertifikates. Bei einem Produktzertifikat handelt es sich um die Bestätigung der Übereinstimmung des Produktes mit festgelegten Qualitätsanforderungen durch Prüfungen am Produkt. Bei dem Qualitätsmanagement-Zertifikat handelt es sich um ein Zeugnis, das eine Aussage über das ordnungsgemäße Funktionieren eines unternehmensbezogenen Qualitätsmanagementsystems macht.

Der positive Abschluß eines Qualitätsmanagementsystem-Audits ist Bedingung für das Erhalten eines Qualitätsmanagementsystem-Zertifikates. Dieses Audit muß die Existenz, die Dokumentation und die Wirksamkeit des Qualitätsmanagements entsprechend der Normenreihe DIN EN ISO 9000 ff. nachweisen. Kann dieser Nachweis erbracht werden, erlangt das Unternehmen die Bestätigung für seine Qualitätsfähigkeit durch den Erhalt eines Qualitätsmanagementsystem-Zertifikats.

Innerhalb der Qualitätssicherung-Vereinbarungen zwischen Abnehmer und Zulieferer muß eine eindeutige Zusage vom Zulieferer erfolgen, daß er nur mit Subunternehmen zusammenarbeitet, die ebenfalls der Qualitätsmanagement-

Tafel 8.2. Zertifizierung als Bestätigung der Qualitätsfähigkeit

---

Ausgangssituation: Der gemeinsame Markt fordert für die zukünftige Auftragsvergabe das qualitätsbezogen zertifizierte Unternehmen. Die Unternehmen lassen hierbei durch ein anerkanntes Zertifikat bestätigen, daß sie ein normkonformes, funktionsfähiges Qualitätsmanagement-System anforderungsgerecht eingeführt haben.

Produkt-Zertifikat:

Das Produkt-Zertifikat bestätigt die Übereinstimmung des Produkts mit festgelegten Qualitätsforderungen durch Prüfungen am Produkt.

Zertifikat für das Qualitätsmanagement-System:

Es handelt sich dabei um ein Zeugnis, das eine Aussage über das ordnungsgemäße Funktionieren eines unternehmensbezogenen Qualitätsmanagement-System macht.

Der Weg zum Zertifikat (für das Qualitätsmanagement):

Der positive Abschluß eines Qualitätsmanagement-Audits ist Bedingung für den Erhalt eines Zertifikats für das Qualitätsmanagement-System. Dieses Audit muß die Existenz, die Dokumentation und die Wirksamkeit des Qualitätsmanagement-Systems entsprechend der DIN EN ISO 9000-Reihe nachweisen. Kann dieser Nachweis erbracht werden, erlangt das Unternehmen die Bestätigung für seine Qualitätsfähigkeit anhand eines Zertifikats für das Qualitätsmanagement-Systems.

Darlegungspflicht genügen. Dies bedeutet, daß nur das qualitätsbezogen überprüfbare und/oder zertifizierte Unternehmen auf Dauer wettbewerbsfähig bleibt, weil es ansonsten aus dem Anbieterkreis herausfallen würde. Zwangsläufig müssen also auch die Subunternehmen qualitätsbezogen überprüfbar sein. Diese geben diese Forderung an ihre eigenen Subzulieferer weiter.

Qualitätsvereinbarungen mit Bezug auf die DIN EN ISO 9001 bis 9003 schreiben nur Mindestanforderungen an ein Qualitätsmanagementsystem anhand allgemeiner übergeordneter Modelle fest. Die Darstellung der Mindestanforderungen erfolgt dabei als branchenneutrale Qualitätsmanagement-Elemente (Kapitel 6).

Die Zertifizierung ist der Nachweis der vollständigen Praxisanwendung der im unternehmensspezifischen Qualitätsmanagement-Handbuch mit Hilfe der DIN EN ISO 9001 bis 9003 beschriebenen Verfahren und Abläufe zur Qualitätsmanagement-Nachweisführung.

Wie im Kapitel 1 ausgeführt, läßt sich nach Praxisuntersuchungen von der Qualität des Qualitätsmanagementsystems kaum auf die Qualität der ausgelieferten Produkte schließen. Hieraus beziehen auch die Kritiker an der derzeitigen Zertifizierungspraxis ihre Argumente. Danach wird durch den Erwerb des Qualitätsmanagement-Zertifikats nicht die Erfüllung einer definierten, nachvollziehbaren Qualitätsnorm bestätigt, sondern nur ein betriebsspezifischer Ablauf beschrieben und dokumentiert, der im Umfang und in Tiefe vom Unternehmen selber festgelegt wird. Dabei gibt es keine Gewähr dafür, daß das zertifizierte Unternehmen auf der Basis eines objektiv meßbaren Qualitätsstandards arbeitet, der für alle vergleichbaren Betriebe innerhalb der gleichen Branche identisch ist.

Die Art und Anzahl der vorhandenen bzw. zu erstellenden Qualitätsmanagement-Ablaufbeschreibungen in Form von Qualitätsmanagement-Verfahrens- und Arbeitsanweisungen bleiben dem Nutzer vorbehalten. Deshalb steht nach Meinung dieser Kritiker beim Zertifikatserwerb allein der Marketingaspekt im Vordergrund, nicht so sehr das Verstehen und Umsetzen des Qualitätsbewußtseins im Unternehmen.

8.4 Arten von Zertifikaten

Ein Qualitätsmanagement-Zertifikat ist nach der EN 45012 eine „Urkunde über die Konformität eines bezeichneten, dokumentierten Qualitätsmanagementsystems mit dem angegebenen Standard, die durch eine unabhängige Qualitätsmanagement-Zertifizierungsstelle ausgestellt wird". Damit „wird bestätigt, daß das Qualitätssystem der Fa. .... der Norm DIN EN ISO 9001 entspricht."

Diese Aussage eines Qualitätsmanagement-Zertifikats setzt folgendes voraus:

1. Das Qualitätsmanagementsystem ist gemäß der angegebenen Qualitäts-Norm definiert, dokumentiert und wirksam sowie durch Audit geprüft und bei der Bewertung für in Ordnung befunden worden.

2. Das Qualitätsmanagement-Handbuch und die weiteren Qualitäts-Dokumente beschreiben das tatsächlich existierende Qualitätsmanagementsystem und entsprechen in ihrer Gesamtheit den Anforderungen der Qualitäts-Norm.

3. Der Bereich des Unternehmens legt fest, für welchen das Zertifikat gemäß Angabe gilt. Ist das gesamte Unternehmen *qualitätsfähig*, so kann erwartet werden, daß die Produkte oder Dienstleistungen die vereinbarten Merkmale und Eigenschaften besitzen bzw. erfüllen.

Zu 2. ist zu ergänzen, daß das Handbuch allein nicht maßgebend sein muß, sondern die Gesamtheit der Dokumentation des Qualitätssystems. Ein Qualitätsmanagement-Handbuch kann deshalb durchaus sehr allgemein gehalten sein. Die Tiefe der Darstellung sollte den Zielen des Handbuchs entsprechen, die Kunden informieren und den Mitarbeitern eine allgemeine Vorgabe vermitteln.

Bei der Zertifizierung sind drei Arten zu unterscheiden:

- First-Party-Zertifizierung
Hierbei handelt es sich um eine Herstellererklärung, daß das Produkt oder auch das Qualitätssicherungssystem den vorgebenen Regelwerken entspricht. Die Herstellererklärung, häufig auch als Selbstzertifizierung bezeichnet, ist üblich im direkten Verkehr zwischen Zulieferer und Abnehmer.

- Second-Party-Zertifizierung
Darunter fällt die Begutachtung und Zulassung durch den Kunden. In diese Gruppe fällt die Bewertung des Kunden durch den Auftraggeber. AQAP-Zulassungen fallen hierunter ebenso wie Lieferantenbewertungen, die auf einem QS-System-Audit nach der VDA-Schrift 6 basieren und auf der Grundlage der Norm DIN EN ISO 9004 vorgenommen werden.

- Third-Party-Zertifizierung
Erteilung eines Zertifikates durch eine dritte, d.h. neutrale Stelle, die nicht direkt in den Geschäftsgang eingeschaltet ist.

Die bekannten Prüfzeichen, wie das RAL-Gütezeichen, das DIN-geprüft-Zeichen, das VDE-Zeichen, das GS-Zeichen und viele andere mehr sind Beispiele für produktbezogene Zertifizierungen.

Die Zertifizierung von Qualitätsmanagementsystemen gewinnt mehr und mehr an Bedeutung.

Die zertifizierende Stelle muß bestimmte Anforderungen erfüllen, damit sie diese Zertifizierung durchführen und das Zertifikat vergeben kann. Hierfür ist eine Akkreditierung durch die Akkreditierungsstelle notwendig.

Aufgaben der Qualitätsmanagement-Zertifizierungsstelle

Die Durchführung der Zertifizierung/Akkreditierung ist in der EN 45000 ff. festgelegt. Nach der EN 45012 *Kriterien für Stellen, die Qualitätsmanagementsysteme zertifizieren* hat eine Qualitätsmanagement-Zertifizierungsstelle folgende Aufgaben:

- die Einhaltung der Bedingungen der Qualitäts-Norm festzustellen,

- die Einhaltung der vom Unternehmen selbst gestellten Bedingungen für das Qualitätsmanagement zu überprüfen,
- die Ergebnisse dieser Prüfung zu bewerten,
- die Einhaltung für die Zertifizierung vorgegebener Verfahrensregeln zu prüfen und
- den Zertifizierungsvorgang wegen der Nachvollziehbarkeit auf eine ordnungsgemäße Dokumentation zu prüfen.

Eine wesentliche Anforderung der EN 45012 an ein Qualitätsmanagement-Zertifizierungsunternehmen ist seine Unabhängigkeit und die Beteiligung der interessierten Kreise an der Gestaltung des Zertifizierungsschemas. Daraus leiten sich nach der EN 45012 und nach der Auffassung der Organisation der Europäischen Akkreditierer (EAC, European Accreditation and Certification) folgende Forderungen ab:

- Unterbindung störender Verbindungen mit der sogenannten „first" und „second party",
- Vermeidung der Kompromittierung durch Beratungstätigkeit bei Aufbau und Implementierung von Qualitätssystemen bei den später Zertifizierenden,
- Unabhängigkeit der Qualitätsmanagement-Zertifizierungsstelle innerhalb einer großen Organisation, eventuell auch als Teil einer Organisation, die rechtliche Kontrolle über die Qualitätsmanagement-Zertifizierungsstelle ausüben kann und wirtschaftliches Interesse an der Zertifizierung hat,
- Unabhängigkeit von der Einflußnahme von Aktionären oder Gesellschaftern oder Gleichgestellten (z.B. Vereinsmitgliedern bei entsprechender Struktur der Qualitätssicherung-Zertifizierungsstelle),
- Forderung eines Lenkungsgremiums oder eine entsprechende Struktur der Qualitätsmanagement-Zertifizierungsstelle, dabei vornehmlich die Mitwirkung von interessierten Kreisen in einem Beirat und Bindung der Qualitätsmanagement-Zertifizierungsstelle an die Beschlüsse dieses Beirats,
- Besetzung der Qualitätsmanagement-Zertifizierungsstelle mit einem Leiter und einem Stellvertreter und weiterem erforderlichen Personal,
- Nichtdiskriminierende Verfahren: Gerade die Entwicklungsländer betonen das Recht auf Gleichbehandlung und Nichtdiskriminierung; die Zertifizierung wird deshalb auch nicht von der Mitgliedschaft oder Nichtmitgliedschaft in irgend einer Organisation abhängig gemacht. Auch Rabatte wirken, wenn sie nicht allen gleichmäßig zustehen, diskriminierend. Deshalb dürfen sie auch nicht direkt oder indirekt gegeben werden.
- Möglichkeit zum Einspruch gegen Maßnahmen der Qualitätsmanagement-Zertifizierungsstelle. Durch die Einführung einer Schiedsstelle, die die EN 45012 verlangt, können Streitigkeiten zwischen Zertifizierungsstelle und ihren Klienten ausgetragen werden. Wesentlich ist dabei die Unabhängigkeit dieses Gremiums von den Beteiligten.
- Existenz eines internen Qualitätsmanagementsystems. In der EN 45012 ist die Forderung nach der Installation eines internen Qualitätsmanagement nur mittelbar abgeleitet. Das Vorhandenensein eines Qualitäts-

Tafel 8.3. Akkreditierte Zertifizierungsstellen (Auswahl)

- DQS, Deutsche Gesellschaft zur Zertifizierung vonQualitätssicherungssystemen mbH.
- TÜV-Zertifizierungsgemeinschaft e.V. (TÜV-CERT)
- Germanischer Lloyd Qualitätssicherungs Zertifizierungs GmbH
- DEKRA AG Zertifizierungsdienst
- NIS Ingenieurgesellschaft mbH (NIS-ZERT)
- Det Norske Veritas Qualitätssicherungsservice GmbH (DNVQS)

managementsystems ist zusammen mit der Forderung nach einem Qualitäts-management-Handbuch durch die Norm impliziert.

- Fachkompetenz für die Auditierung. Das Zertifikat des Akkreditierers soll auch die Kompetenz des Zertifizierers bestätigen. Daher wird die Qualifikation der Mitarbeiter der Qualitätssicherungs-Zertifizierungsstelle im Audit des Akkreditierers nachgefragt und auch bei Wiederholungsaudits immer wieder überprüft.

Im Tafel 8.3 sind einige Qualitätsmanagement-Zertifizierungsstellen aufgelistet. Die auszuwählende Zertifizierungsstelle muß eine anerkannte Akkreditierung für die zu zertifizierende Branche des Antragstellers besitzen. Weiter sollte die Qualitätssicherung-Zertifizierungsstelle auch für exportierende Gesellschaften nachweisen können, daß ihre Zertifikate im Ausland akzeptiert werden. Zusätzlich sollten die Regeln der Zertifizierung in Beschreibungen, Verfahrens- und anderen Anweisungen veröffentlicht und Vertragsbestandteil sein.

8.5 Ablaufschema zur Zertifizierung

Der Ablauf der Zertifizierung hängt wieder eng mit dem Qualitätsmanagement, dem dazugehörenden Qualitätsmanagement-Handbuch und den Qualitätsaudits zusammen. In Tafel 8.4 sind die einzelnen Phasen der Zertifizierung mit den dazugehörenden Aktivitäten aufgeführt.

Vorgespräch

In Abstimmung mit der Zertifizierungsstelle ist zu klären, welche Qualitäts-management-Darlegungsstufe die Grundlage für die Zertifizierung sein sollte, hierfür kommen in erster Linie die DIN EN ISO 9001, 9002 oder 9003 infrage. Geklärt werden muß auch in diesem Vorgespräch, welcher Unternehmensbereich zertifiziert werden soll. Da auch geschlossen-funktionierende Betriebseinheiten ein Zertifikat erhalten, muß also der Geltungsbereich des Zertifikates eindeutig festgelegt sein. Natürlich muß auch das vorliegende Qualitätsmanagement-Handbuch sich auf diesen Geltungsbereich beziehen.

Tafel 8.4. Ablauf der Zertifizierung

Voraussetzung:	Im Unternehmen eingeführtes, funktionierendes, normenkonformes Qualitätsmanagement-System Umfassende Dokumentation über Qualitätsmanagement-Handbuch Entscheidung der Qualitätsleitung zur Zertifizierung (Geltungsbereich)
Vorphase:	Projektvorplanung Abstimmung mit Zertifizierungsstellen Bestandsaufnahme Voraudit Bewertung Notwendige Verbesserungen Durchführungsbestimmungen ergänzen (Verfahrensanweisungen) Interne Audits zur Überprüfung des eingeführten Qualitäts-management-Systems Antragstellung Antragsprüfung
Auditphase:	Antragsannnahme Beurteilung der Qualitätssicherungs-Dokumentation Auditvorbereitung/Planung Auditplan Auditbericht Bewertung und Einstufung Korrekturmaßnahmen Durchführung der Korrekturmaßnahmen
Zertifizierungs-phase:	Ausstellung des Zertifikats Registrierung Zertifizierungserneuerung

In einer Bestandsaufnahme in Form eines Voraudits, häufig unter Benutzung einer Kurzfragenliste, die der Kunde ausfüllt, stellt der Zertifizierer fest, ob die notwendigen Voraussetzungen für die Durchführung einer Zertifizierung überhaupt gegeben sind. Die Bestandsaufnahme erfolgt durch eine Analyse und Bewertung der Führungs- und Phasen-übergreifenden und phasenspezifischen Qualitäts-management-Elemente, in Form von Interviews mit den Verantwortlichen.

Die sich anschließende Bewertung hat sich im Schwerpunkt mit der Zertifizierbarkeit und der Qualitätsfähigkeit des Unternehmens zu beschäftigen. Hierbei geht es also nicht um die Prüfung detaillierter Verfahrensabläufe, sondern es geht um die Festlegung, ob zum gegenwärtigen Zeitpunkt überhaupt eine Zertifizierung sinnvoll und nützlich sein kann. Sicherlich können sich hieraus auch Verbesserungsvorschläge entwickeln. Allerdings sollte nicht die Zertifizierungsstelle selber diese Verbesserungen anbieten bzw. auch im Unternehmen durchführen.

Diese Verbesserungen werden in überarbeiteten Durchführungsbestimmungen (Qualitätsmanagement-Verfahrensanweisungen) dokumentiert. Laufende ingen (Qualitätsmanagement-Verfahrensanweisungen) dokumentiert. Laufende interne Audits zeigen, ob das eingeführte Qualitätsmanagementsystem den Anforderungen genügt. Hat das Unternehmen die Bestandsaufnahme in der Vorphase erfolgreich überstanden – dies wird von der Zertifizierungsstelle bestätigt – kann das Unternehmen einen Antrag auf Zertifizierung stellen. Mit der Antragsprüfung und Antragsannahme durch die Zertifizierungsstelle beginnt die Auditphase im Ablauf.

Auditphase

Im ersten Schritt erfolgt eine Beurteilung der vorliegenden Qualitätsmanagement-Dokumentation. Wenn diese positiv ausfällt, erfolgt die Vorbereitung und Durchführung des Audits. Gleiches gilt für die Auditabweichungsberichte, in denen nicht nur die festgestellten Abweichungen, sondern auch die vom auditierten Unternehmen beabsichtigten Korrekturmaßnahmen dokumentiert werden. Bevor das Zertifikat erteilt wird, müssen alle Korrekturmaßnahmen erledigt sein. Die Zertifizierungsstelle kann bei geringfügigen Abweichungen mit einer schriftlichen Erklärung des Unternehmens einverstanden sein, wenn durch das Unternehmen bestätigt wird, daß alle Korrekturmaßnahmen erledigt wurden.

Zu unterscheiden sind *Normabweichungen* und *Systemabweichungen*. Während Normabweichungen nach dem Grad ihrer Abweichung eingestuft werden und zur Ablehnung der Zertifizierung führen können, sind Systemabweichungen Inkonsistenzen und Widersprüche im geprüften Qualitätsmanagementsystem oder Abweichungen von den eigenen Forderungen bei der Umsetzung gegenüber den Verfahrensanweisungen oder anderen Dokumenten.

Bei Bewertung erfolgt eine Einstufung in eine von vier Klassen:

1. Kein Befund bzw. keine Änderungen,
2. Hinweis auf Änderungen/unverbindliche Empfehlung,
3. Notwendige Änderungen, die eine Zertifizierung unter Auflagen erlauben,
4. Fehler, die eine Zertifizierung nicht erlauben.

Die Zertifizierung wird abgeschlossen durch die Ausstellung des Zertifikats und die Registrierung in der Liste der Zertifikatsinhaber der Qualitätsmanagement-Zertifizierungsstelle. Die Zertifizierer müssen wegen der entsprechenden Auflage des Akkreditierers eine solche Liste führen. *Alle Zertifikate haben eine begrenzte Gültigkeitsdauer.* Die Fristen sind dabei unterschiedlich. Bei deutschen Zertifizierungsgesellschaften liegen sie bei zwei bis drei Jahren. Die Gültigkeit eines Zertifikats kann durch ein weiteres Audit verlängert werden.

Die Zertifizierung sollte in einer Form verlaufen, wie sie in Bild 8.2 dokumentiert ist. Die Strukturierung des entsprechenden Stufenkonzept wird in Tafel 8.5 beschrieben. Grundlage für diese Vorgehensweise sollten immer *vorher optimierte Geschäftsprozesse* sein.

Eine von vielen zur Optimierung von Geschäftsprozessen angebotenen Methoden sei kurz näher erläutert: die SYCAT-TQM (vom Autor). Diese Art von Soft-

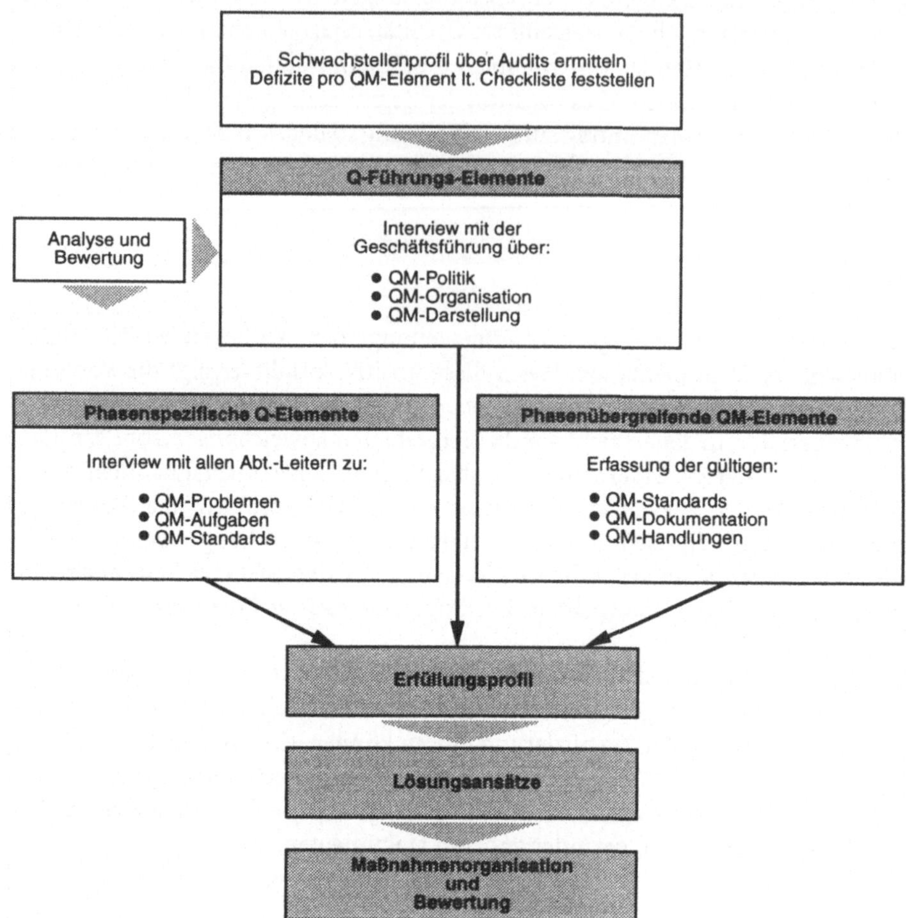

Bild 8.2. Vorbereitung auf die Zertifizierung

Flow-Produkte von einer ganzen Anzahl von EDV-Anbietern, wie z.B. IBM, DEC
oder SAP am Markt angeboten. Ziel des Softwareinsatzes ist es primär, Geschäftsprozesse als Bezugspunkte eines Qualitätsmanagementsystems zu analysieren, zu
optimieren und zu dokumentieren.

Beispiel: Bei SYCAT-TQM findet die Prozeßdokumentation gleich im Qualitätsmanagement-Handbuch Verwendung. Ausgangspunkt ist die funktionsübergreifende
Abbildung qualitätsrelevanter Abläufe. Dabei wird auch gleich die zeitliche Abhängigkeit bei der Aufgabenerledigung für einen definierten Geschäftsprozess, hier am Beispiel dargestellt. Die erforderlichen Tätigkeiten innerhalb der einzelnen Funktions-
reiche können in einen beliebigen Detaillierungsgrad hinterlegt werden. Zugeordnet
sind diesen Tätigkeiten die Mitarbeiter, die Dauer der Bearbeitungszeit der Tätigkeit
oder des einzelnen Arbeitsschrittes sowie die Durchlaufzeit für den Gesamtvorgang bei
Ausübung dieser Funktion innerhalb des betrachteten Funktionsbereiches.

Tafel 8.5. Stufenkonzept zur Zertifizierung

---

* **Stufe 1: Analyse und Strukturierung**
- Bestimmung von Tiefe und Umfang der QM-Abläufe und der Dokumentation:
- QM-relevante Geschäftsprozeßanalysen (SYCAT) mit Systemaudit
- Prozeßkettenmodellierung in Gruppenarbeit in Anlehnung an QM-Elemente DIN EN ISO 9001
- Definierter optimierter Sollablauf je Geschäftsprozeß mit Prozeßbeschreibung und -abbildung

* **Stufe 2: Dokumentation und Erarbeitung des QM-Handbuches**
- Eindeutige Schnittstellendefinition in der Ablauforganisation und Mitarbeiterinformation
- Ausarbeitung der QM-Verfahrensanweisungen
- Festlegung der QM-Dokumente mit Zuständigkeiten Element 4.2
- Dokumentation des QM-Systems im QM-Handbuch

* **Stufe 3: Einführung und Zertifizierung**
- Unternehmensinterne Mitarbeiterschulung zur Anwendung der vorgegebenen Maßnahmen
- Einführung in QM-Dokumente für die Verwirklichung dokumentarischer Verfahren
- Zertifizierung

Die Kreissymbole in diesem Bild stellen die Dokumente oder Datenträger dar, die für die Bearbeitung erforderlich sind und im Rahmen der Geschäftsprozeßerledigung an die nachfolgenden Abteilungen weitergegeben werden. Über einen weiteren Detaillierungsschritt sind diesen Dokumenten und Datenträgern auch die einzelnen Daten in einer Matrix zugeordnet. Über einen Schlüssel können diese Daten nach In- und Output sowie nach weiteren Gesichtspunkten klassifiziert werden. Auf diese Weise wird ein durchgängiger Arbeits- und Informationsfluß des betrachteten Prozesses vom Anwender lückenlos erfaßt und im PC abgebildet. Interaktiv werden die benötigten Daten gesammelt und eingegeben, wobei in Form von Gruppenarbeit die Ist- und Sollabläufe gegenübergestellt und Optimierungsansätze gemeinsam erarbeitet werden können. Den so entwickelten Sollabläufen werden dann die Qualitätsmanagement-Verantwortlichkeiten und -Verfahrensanweisungen zugeordnet bzw. im Rechner hinterlegt; gleiches gilt für Prüfpläne oder Arbeitsanweisungen. Im Auswertemodul können mit Hilfe der Datenbank Verantwortlichkeiten, Daten, Dokumente, Qualitätskosten, Durchlaufzeiten oder Qualitätskennzahlen gebildet werden. Auch die Formulargestaltung zu den einzelnen Ablaufschritten wird mit Hilfe dieses Tools unterstützt. Eine komplette Auditplanung und Auditauswertung mit Hilfe der im System hinterlegten Auditfragen rundet die Tool-Funktionalität ab.

8.6 Erkenntnisse aus Zertifizierungsaudits

Um Fehler bei der Einführung von Qualitätsmanagementsystemen zu vermeiden, werden in diesem Kapitel die Erfahrungen von Zertifizierern wiedergegeben. Defizite wurden wiederholt bei der Durchführung von Zertifizierungen in den Unternehmen festgestellt.

Am Anfang steht die Erkenntnis, daß eine umfassende kunden-, mitarbeiter- und prozeßorientierte Qualitätsmanagement-Philosophie vom Management häufig nicht verstanden und nicht überzeugend vertreten wird. Dies äußert sich in Defiziten einer umfassenden Qualitätsmanagement-Strategie oder in einer fehlenden, durchgängigen Qualitätspolitik. Häufig sind die Qualitätsziele innerhalb des Qualitätsmanagement-Ansatzes unscharf formuliert. Weder Kunden noch Mitarbeiter sind in der Lage, diese Qualitätsziele für sich umzusetzen. Fehlende Aufmerksamkeit gegenüber dem Kunden oder die Vermittlung eines Gefühls der Nichtbeachtung bei Reklamationsfällen zeigen, daß eine Kundenorientierung nicht ernsthaft praktiziert wird.

Diese Kundenorientierung muß auch von den Mitarbeitern getragen werden. Wenn die Qualitätsanforderungen nicht ausreichend definiert sind und die notwendigen Qualitätsinformationen fehlen, fällt es einem Mitarbeiter schwer, kundenorientiert zu denken. Dies umsomehr, wenn auch prozeßorientierte Führungs- und Ablaufstrukturen nicht vorhanden sind. Eine weitere Schwachstelle ist die unzureichende Projektorganisation bei der Planung und Einführung eines Qualitätsmanagementsystems sowie bei der Erstellung der Qualitätsmanagement-Dokumentation. Überlastete Projektteam-Mitglieder neigen dazu, sich wenig zu beteiligen. Widerstände gegen Änderungen eingefahrener Strukturen sorgen dafür, daß alles beim Alten bleibt. Häufig werden auch Defizite bei der Erfüllung der Normkonformität innerhalb der betriebsspezifisch angepaßten Qualitätsmanagement-Elemente festgestellt, beispielsweise im Berichtswesen, der Nachweisführung, bei der Prozeßbeherrschung, bei der Fehleranalyse oder bei fehlenden Spezifikationen.

Eine *Befragung* der zertifizierten Unternehmen über Nutzen und Risiken der Zertifizierung hat folgende Ergebnisse gebracht:

Als *Vorteile* wurden genannt, daß ein besseres Vertrauensverhältnis zu den Kunden entstanden ist. Auch die Verbreitung der Qualitätsphilosophie im Unternehmen, verbunden mit Akzeptanzsteigerung der Mitarbeiter wurde festgestellt. Durch Schnittstellenbereinigungen, klare Kompetenzverteilungen und durch die Notwendigkeit eindeutiger Prozeßverfahrensbeschreibungen und Festlegungen ist eine schnellere Schwachstellenermittlung gegenüber dem vorherigen Zustand festzustellen und damit auch eine Verbesserung der Abläufe.

Als *Nachteil* wurde die Bürokratiegefahr genannt. Geklagt wurde weiter über einen hohen Aufwand bei der Vorbereitung und bei der Einführung des Qualitätsmanagementsystems. Da die Tiefe und der Umfang der Qualitätsmanagement-Darstellung nicht geregelt ist, wurde mitunter ein unnötiger Detailierungsgrad bei den Verfahrensbeschreibungen angestrebt. Das System funktioniert deshalb nur bei einer hohen Disziplin der Mitarbeiter.

Auch die Kosten der Zertifizierung stellen ein Risiko dar, besonders dann, wenn diese Zertifizierung nur eine Feigenblattfunktion übernimmt und sich daraus kein umfassender Haftungsschutz ableiten läßt. Letzteres ist nur zu ändern, wenn das Unternehmen mit allen Beteiligten bestrebt ist, das eigene Qualitätsmanagementsystem zu verbessern und tatsächlich einen Nutzen aus der Zertifizierung zu ziehen. Die Zertifizierung kann dazu beitragen, daß die ablaufenden Prozesse für Kunden und Hersteller und Hersteller gleichermaßen sicherer und wirtschaftlicher ablaufen können.

Die Entwicklung und der Druck der Märkte wird dazu führen, daß die Leistung ständig verbessert werden muß, um die Kundenzufriedenheit zu erreichen. Die Zertifizierung ist eine Maßnahme, um dieses Ziel in die Praxis umzusetzen.

Auf die bisher noch nicht angesprochenen modernen Qualitätsmanagement-Verfahren innerhalb dieses zertifizierten Qualitätsmanagementsystems wird im nun folgenden Kapitel eingegangen.

8.7 Literaturhinweise

Adams, H.W.; Löhr, V.: Bedeutung von Qualitätssicherung-Systemen in der entstehenden Haftungsgesellschaft QZ 36, o.O. (1991)

AFNOR: CERTIFICAT Verzeichnis europäischer Zertifizierungsstellen

Allgemeine Kriterien für Stellen, die Qualitätssicherungssysteme zertifizieren (Mai 1990)

Bauer C-O.: Das Qualitätsprüf-Zertifikat - eine rechtlich gefährlich auslegbare Bescheinigung. HDI-Information H-III 7/91

Bernecker, K.: SPC 3 - Anleitung zur statistischen Prozeßlenkung (SPC). 1990.

Binner, H. F.: Prozeßkettenmodellierung. In: CIM Management 4/91, S. 30-34

Binner, H. F.: SYCAT-Software Tools für die Produktionslogistik. In: Deutsches IE-Jahrbuch 1991. REFA-Verband für Arbeitsstudien und Betriebsorganision e.V. Beitrag Nr. 5

DGQ-Schrift 12-63: Systemaudit. Berlin, 1987

DGQ: Stichprobenprüfung anhand qualitativer Merkmale. Verfahren und Tabellen nach DIN 40080. 9. Aufl. 1986.

DGQ: Audits zur Zertifizierung von Qualitäts-managementsystemen. 1993. 140 S.

DIN: Qualitätssicherung und Zertifizierung im Europäischen Binnenmarkt. Berlin,1993

Gaster, D.: Qualitätsaudit, System - Verfahren - Produkte. DGQ 12-28, Berlin: Beuth Verlag 1984

Gaster, D.: Systemaudit - Die Beurteilung des Qualitätssicherung-Systems. DGQ-Schrift Nr. 12-63, Frankfurt/Main 1987

Gaster, D.: Systemaudit. 2. Aufl. 1993.

Hansen, W.: Audits zur Zertifizierung von Qualitätsmanagementsystemen. 1993

Leitfaden für das Audit von Qualitätssicherungssystemen, Teil 1 bis Teil 3, (Juni 1992)

Jahn, H.: Qualitätssicherungs-Systeme und ihre Zertifizierung. Vortrag anläßlich der DGQ-Qualitätstagung vom 4.-5.11.86 in Berlin; s. auch QZ 32 (1987) 7, S. 341-344

Masing, W. (Hrsg. 1988): Handbuch der Qualitätssicherung. 2. Aufl. Hanser Verlag, München

Nageler, J.; Wilhelm, H.: Einführung und Überprüfung (Audit) des Qualitätssicherungssystems bei Herstellern von Primärkomponenten für Kernkraftwerke durch die Kraftwerk Union

Schönbach, G.: 20 Schritte zur Qualität. RKW

VDA: Produktaudit bei Automobilherstellern und Zulieferanten Frankfurt, 1983

Westkämper, E.: Vorwort zum Sonderteil Zertifizierung. Hanser Verlag München 1993, Sonderteil S. 4

9 Qualitätssicherung - Methoden und Werkzeuge

9.1 Japanische Wege zur Qualitätsführerschaft

Ständige Qualitätsverbesserungen nach japanischem Vorbild, die den Japanern die Qualitätsführerschaft auf globalen Märkten beschert haben, sind mit den bisher beschriebenen Vorgehensweisen zur Durchsetzung des Qualitätsmanagements in mittelständischen Unternehmen nicht vollständig angesprochen.

In diesem Kapitel geht es um die Umsetzung einer *Null-Fehler-Strategie* mit Hilfe von Methoden der systematischen Fehlervermeidung und Fehlerverhütung. Gemeint sind damit nicht Prüfverfahren und Auswertungen innerhalb der Qualitätsprüfung. Sie liefern zwar die Aussagen über die Abweichungen von den vorgegebenen Qualitäts-Merkmalen, aber erst dann, wenn die Arbeit bereits ausgeführt und das Produkt hergestellt wurde. Diese klassische Art einer Fehlerentdeckungsstrategie soll hier also durch eine vorbeugende Fehlerverhütungsstrategie abgelöst werden.

Bei den im folgenden besprochenen Methoden geht es deshalb um die konsequente Erarbeitung und Anwendung von Qualitätsmanagement-Informationen und Maßnahmen im Vorfeld der eigentlichen Arbeitsausführung. Es besteht ein enges Wechselspiel zwischen den Qualitätsprüfungsverfahren und den im folgenden beschriebenen Qualitätsmanagement-Methoden. Häufig sind diese Auswertungen aus Qualitätsprüfungen, die eine Aussage über die Qualitätsfähigkeit des Unternehmens treffen, der Anlaß, die folgenden Qualitätsmanagement-Methoden überhaupt anzuwenden.

Tafel 9.1 zeigt den Rahmen der im folgenden betrachteten Qualitäts-Methoden und Verfahren – unter Beachtung der bereits in Kapitel 2 (Qualitätsmanagement) erläuterten Strategiefelder:

Die *Kundenorientierung* ist der Hauptansatzpunkt von TQM (Total-Quality-Management). Im Strategiefeld Kundenorientierung ist *Quality-Function-Deployment* (QFD) die als erstes zu nennende, folgend noch detailliert beschriebene Methode, um methodisch eine qualitätsgerechte Produkt- und Prozeßentwicklung unter Berücksichtigung aller Wünsche und Forderungen des Kunden zu betreiben. Auch die bereits seit langem in Japan mit großem Erfolg angewandte Wertanalyse gestattet es, die Produkte zum Nutzen des Kunden optimal zu gestalten. Dies erfolgt fach- und abteilungsübergreifend in speziell dafür gegründeten Wertanalysegruppen.

Tafel 9.1. Schwerpunkte und Methoden japanischer Qualitätsphilosophien

Schwerpunkt	*Methode*
Kundenorientierung Stimme des Kunden hören, um ihn zufriedenzustellen und an das Unternehmen zu binden.	TQM, QFD, Wertanalyse
Mitarbeiterorientierung Fehler vermeiden und ständige Verbesserungen der Prozesse über motivierte Mitarbeiter mit Qualitätsverantwortung	7 Basiswerkzeuge, FMEA, Fehlerbaumanalyse, Ausfalleffektanalyse, KAIZEN, POKA YOKE
Prozeßorientierung Denken in Abläufen und Zusammen-hängen mit dem Ziel der Prozeß-beherrschung, um qualitätsgerecht und störungsfrei zu produzieren	SPC, QFD, Taguchi, Shainin

Zur Mitarbeiterorientierung sind die sieben Basiswerkzeuge zur Qualitätsver-besserung genannt. Durch strukturierte Vorgehensweisen bei der Qualitätsdaten-erfassung lassen sich gezielt Auswertungen vornehmen, die als Ansatzpunkte für die Qualitätsverbesserungen dienen. Während die Basiswerkzeuge helfen sollen, Probleme im Tagesgeschäft schnell zu erkennen, und ihre Ursache zu bestimmen, ist die Fehlermöglichkeits- und Einflußanalyse (FMEA) in der Fehlervorbeugung und Fehlervermeidung einzusetzen. Über die FMEA werden im Team Konstruk-tions- oder Prozeßabläufe systematisch untersucht, um potentielle Fehler bereits bei der Entwicklung oder vor der Fertigung und Montage eines Produktes zu er-fassen und durch geeignete Maßnahmen zu vermeiden. KAIZEN als der Hauptan-satz eines kontinuierlichen Verbesserungsprozesses durch die Mitarbeiter wurde bereits in Kapitel 3 ausführlich erläutert. Poka Joke ist eine Methode, mit der zufäl-lige oder unbeabsichtigte Fehler vermieden bzw. vermindert werden sollen.

Ein beherrschter Prozeß - mit Einhaltung vorgegebener Produkt- und Prozeß-merkmale - ist das Ziel aller Verbesserungsmaßnahmen. Zur Ermittlung der syste-matischen Einflüsse auf die Prozeß- und Produktmerkmale (für die Beeinflussung der Stör- und Prozeßparameter) gibt es mehrere Verfahren, neben SPC (Kapitel 10) auch die Taguchi und Shainin-Methode, die beide in diesem Kapitel näher be-schrieben sind.

9.2 Quality-Function Deployment (QFD)

Diese Qualitätsmanagement-Methode ist aus Sicht der Kundenorientierung der wichtigste Weg, um die Anforderungen am Produkt systematisch und gemäß der Kundenwünsche in die einzelnen Qualitätsmerkmale umzusetzen.

QFD ist gleichzeitig eine prozeßorientierte Methode, weil sie von der Produktidee bis zur Produktherstellung den integrierten Entwicklungsprozeß methodisch nachvollzieht. QFD wird im Englischen gleichermaßen als *deploy* (= entfalten) oder *develop* (= entwickeln) benutzt. Im Gegensatz zu anderen Qualitätssicherungsverfahren ist QFD eine japanisch geprägte Strategie, die neben der Optimierung des Kundennutzens auch die Verbesserung der relativen Wettbewerbsposition und das Hinzugewinnen von Marktanteilen durch das Gewinnen zufriedener Kunden zum Ziel hat.

Das Ziel von QFD ist eine methodische, qualitätsgerechte Produkt- und Prozeßentwicklung unter Berücksichtigung aller Wünsche und Forderungen des Kunden und unter funktionsübergreifender Beteiligung aller Mitarbeiter, mit der Motivation zur ständigen Verbesserung der Abläufe. Die prozeßübergreifende Zusammenarbeit erfolgt mit Hilfe eines aufeinander abgestimmten Planungs- und Kommunikationsinstrumentariums. Charakteristisch ist dabei die durchgängige Darstellung und Verknüpfung der einzelnen Planungsschritte in einem zentralen Arbeitspapier in Matritzenform. Dieses zentrale Arbeitspapier wird auch *house of quality* genannt, wobei QFD in vier aufeinander folgenden Phasen abläuft.

Dabei unterteilen sich die Phasen mit den dazugehörenden Tätigkeiten in:

Phasen	Tätigkeiten
Kundenanforderungsermittlung	Zerlegen in Produktmerkmale
Produktmerkmalsermittlung	Zerlegen in Teilemerkmale
Teilemerkmalsermittlung	Zerlegen in Herstellvorschriften
Herstellvorschriftenermittlung	Zerlegen in Produktionsanweisungen

Die wichtigsten Ausgangsgrößen der jeweils vorhergehenden Phase stellen dabei die Eingangsgrößen für die nachgeschaltete Phase dar. Kaskadenartig lassen sich aus den Produktzielwerten in der Phase 1 die Teilemerkmale herleiten, aus denen sich in Phase 2 wiederum Prozeßanforderungen bilden, die sich dann in Phase 3 auf einzelne Arbeits- und Prüfanweisungen herunterbrechen lassen. Damit wird es durch die Systematik der Anwendung von QFD möglich, unterschiedliche Aufgaben einzelner Bereiche zu erfassen und, im Hinblick auf das gesamte Produkt, zu bewerten.

Das zielgerichtete Vorgehen mit Hilfe einer Matrixdarstellung in diesem *house of quality*, wie es Bild 9.1 zeigt, geht von den Kundenwünschen (Was) sowie deren Bedeutung und dem Marktimage der Firma (Warum) auf der horizontalen Hauptachse aus. Auch die strategische Zielsetzung (Wohin) ist auf dieser horizontalen, marktbezogenen Hauptachse angeordnet.

Die vertikale Hauptachse dieses Hauses ist auf das Unternehmen ausgerichtet. Die globalen Produktmerkmale (Wie), die quantitativen Sollwerte und die technischen Anforderungen (Wie gut) stehen ebenfalls in der Vertikalen, ebenso wie weitere technisch relevante Angaben oder Auflagen des Gesetzgebers, zusätzlich noch die Bedeutung der Produktmerkmale.

Aus den Kundenwünschen werden die Produktmerkmale (z.B. Konstruktionsanforderungen) abgeleitet, danach das Produkt aus Kundensicht bewertet und im

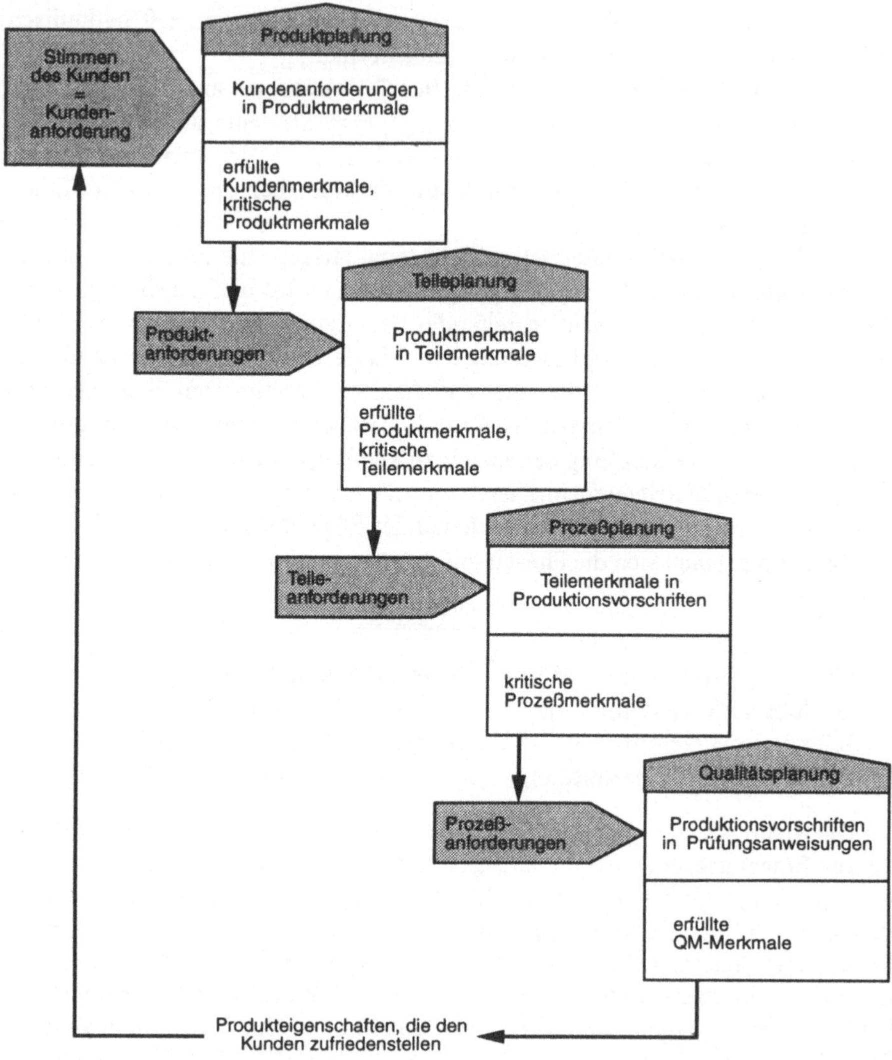

Bild 9.1. QFD (Quality-Function-Deployment) Phasen

Hinblick auf den Wettbewerb technisch analysiert. Wie bereits innerhalb des integrierten Entwicklungsprozesses in Kapitel 4 beschrieben ist, müssen die Team-Mitglieder aus allen beteiligten Bereichen, d.h. Vertrieb, Kundendienst, Konstruktion, Produktion oder Einkauf, kommen. Diese Team-Mitglieder müssen ihre Ideen und Meinungen frei entfalten können, ohne daß mit dem Vorgesetzten Konflikte auftreten. Die Unternehmensleistung muß für alle sichtbar das QFD-Projekt unterstützen und die dafür erforderlichen Sach- und Finanzmittel bereitstellen. Innerhalb der Vorgehensweise sind Projektorganisationsgrundsätze zu befolgen, d.h., es sind Teilaufgaben festzulegen, Verantwortungen zuzuordnen, Termine und Kosten vorzugeben und deren Einhaltung zu überwachen.

Die einzelnen Arbeitsschritte sind ebenfalls im Bild 9.1 im *house of quality* zugeordnet.

15 Schritte der Produktionsplanung

Schritt 1 beginnt mit der *Formulierung der Kundenanforderungen: Was will der Kunde?* In diesem Schritt ist darauf zu achten, daß die häufig nicht exakt formulierten Kundenwünsche in die technische Sprache des Unternehmens übersetzt werden. Nur so kann sichergestellt werden, daß alle Team-Mitglieder sich in die Kundenanforderungen hineinversetzen können, um tatsächlich ihr Ohr für die Stimme des Kundens zu schulen.

In Schritt 2 erfolgt die *Gewichtung der Kundenanforderungen.* Hier haben sich Gewichtungsstufen von 1 - 10 in der Praxis bewährt. Damit soll die Priorität der Kundenanforderungen an das Produkt festgelegt werden.

In Schritt 3 erhält der *Kundendienst* die Gelegenheit, seine Vorstellungen mit den wichtigsten Kundenanforderungen zu vergleichen. Anzustreben ist, daß der Kundendienst dort seine Schwerpunkte setzt, wo auch der Kunde seine höchsten Produkt- und Merkmalsgewichtungen vorgibt.

In Schritt 4 werden die entsprechenden *Produktmerkmale* den Kundenwünschen zugeordnet.

Für die in Schritt 4 festgelegten Merkmale werden in Schritt 5 die *meßbaren Zielgrößen* vorgegeben, d.h. es werden klare Ziele definiert, die kontrolliert werden können.

In Schritt 6 ist das eigentliche *Ziel* vorgegeben. Es wird mit Symbolen angezeigt, ob das *Wie?* in Schritt 4 mit dem entsprechenden Zielwert in Schritt 5 als Bestimmungsgröße für das vom Kunden gewünschte Produktmerkmal ausreichend ist. Dabei werden folgende Symbole verwendet:

I   =   Zielvorgabe zu niedrig, sollte angehoben werden, oder
I   =   Zielvorgabe zu hoch, sollte gesenkt werden.
O   =   Zielvorgabe richtig.

Im folgenden Schritt 7 wird die *Schwierigkeit* abgeschätzt, die entsteht, wenn die Schritte 4, 5 und 6 technisch umgesetzt werden. Diese Schwierigkeiten lassen sich in einer Zehnerskala ausdrücken, wobei Punkt 1 sehr leicht erreichbar und Punkt 10 nur sehr schwer nicht erreichbar zugeordnet ist.

In Schritt 8 wird in dem dahinter liegenden *Beziehungsfeld* zwischen Schritt 1 - *Was?* und Schritt 2 - *Wie?* quantitativ aufgezeigt, wie gut die Kundenwünsche erfüllt werden. Jeder Kundenwunsch aus Schritt 1 mit jedem Produktmerkmal aus Schritt 4 wird auf seine Beziehung überprüft und in Punkten von 0 - 3 ausgedrückt. Dabei bedeuten:

0   =   keine Beziehung,
1   =   geringe Beziehung,
2   =   mittlere Beziehung,
3   =   starke Beziehung.

Aus dieser *Beziehungsmatrix* läßt sich erkennen, wie gut das Produkt die Kundenwünsche erfüllt. Weiter wird die Frage beantwortet, ob alle Kundenwünsche mit hoher Gewichtung auch entsprechend hoch bewertete Beziehungszahlen (Erfüllungsgrade) besitzen. In der Gesamtheit ergibt sich die Aussage, ob alle Produktmerkmale so überzeugend sind, daß aus Kundensicht ein Produkt entsteht, daß zur Kundenzufriedenheit und damit zur Kundenanbindung führt. Falls bei dieser Bewertung Zielkonflikte entstehen, muß im Team der Produktentwurf neu überdacht und ggf. überarbeitet werden.

In Schritt 9 wird die *technische Bedeutung* aus Kundensicht ermittelt. Daraus wird eine Aussage möglich, in der das Besondere an dem Produkt erkennbar wird. Dabei wird die Berechnung der technischen Bedeutung folgendermaßen vorgenommen:

Die Kundengewichtungszahl aus Schritt 2 wird mit der jeweiligen Beziehungszahl in Schritt 8 multipliziert. Das so entstandene Produkt einer Spalte wird aufsummiert und als Schritt 9 in das house of quality eingetragen. Die Quersumme der Zeilen des Schrittes 9 entsprechen 100 Prozent. Für jedes Produktmerkmal zeigt die dahinterstehende Prozentzahl die relative technische Bedeutung, d.h. die Wichtigkeit an.

In Punkt 10 erfolgt die *Produktbewertung* durch den Kunden. Das geschieht durch ein Team-Mitglied, das als Kunde die Bewertung des Marktes vornimmt. Es wird dabei geprüft, welches zur Wahl stehende Produkt die bestehenden Kundenwünsche am besten erfüllt. Dabei wird das eigene Produkt im Vergleich zu den Wettbewerbsprodukten durch die Punkte 1 - 5 bewertet, wobei:

Punkt 1 = ungenügende Erfüllung,
Punkt 5 = eine sehr gute Erfüllung bedeutet.

Durch diese systematische Kundenbewertung wird sehr schnell klar, welche (Markt)-Chancen das eigene Produkt beim Kunden besitzt. Diese Aussage ist deshalb von großer Bedeutung, weil hier die Kundenmeinung erkennbar ist.

In Schritt 11 erfolgt eine *Analyse dieser Kundenbewertung*. Dieser Schritt ist auch als eine Art Markttest anzusehen. Hierbei wird zahlenmäßig ermittelt, wie gut das eigene Produkt im Verhältnis zu allen anderen Konkurrenzprodukten ist und an welchen Stellen es verbessert werden könnte.

Die Analyse wird in folgender Art durchgeführt: die individuelle Erfüllungsgrade mit den Punktzahlen 1 - 5 der verschiedenen zum Vergleich stehenden Produkte (Schritt 10) werden mit der Gewichtung der Kundenanforderung (Schritt 2) multipliziert. Die absolute Höhe der Summe gibt dann an, bei welchem Produkt die Kundenwünsche am besten, am zweitbesten, am drittbesten usw. erfüllt sind. Falls das Ergebnis dieser Bewertung nicht zufriedenstellend ist, muß das eigene Produkt einer weiteren kritischen Prüfung unterzogen werden.

In Schritt 12 erfolgt dann der *technische Wettbewerbsvergleich*. In diesem Schritt werden die Produktmerkmale aller im Markt vorhandenen Produkte miteinander technisch verglichen. Hierbei werden u.a. folgende Fragen geklärt:

- Welche Anforderungen setzt die Konkurrenz im Vergleich bei vorgegebenen Produktmerkmalen?

- Wie wählt sie dabei die Toleranzen?
- Wie sehen die Kosten des Mitbewerbers aus?
- Welche Konstruktion verwendet er?
- Mit welchen Prozessen und Verfahren stellt er sein Produkt her?
- Ist das von der Konkurrenz hergestellte Produkt weniger störanfällig als das eigene?

Aus dieser Bewertung ergibt sich ein Stärke-/Schwächeprofil. Es wird klar, wo der stärkste Konkurrent steht und ob das eigene Produkt Aussicht auf Erfolg haben kann.

In Schritt 13 wird die *Ausgewogenheit* ermittelt. Über eine Analyse im Dach des *house of quality* werden alle Produktmerkmale aus Schritt 4 und die dazugehörigen Zielwerte aus Schritt 6 in einem paarweisen Vergleich auf gegenseitige Beeinflussung untersucht. Dabei wird mit folgenden Symbolen gearbeitet:

    − =   negative Beeinflussung
    + =   positive Beeinflussung
    o =   neutral

Ergeben sich aus diesen paarweisen Vergleichen überwiegend positive Werte, so ist das gewählte Konzept noch nicht voll optimiert und noch weiteres Potential für Verbesserung vorhanden und ausschöpfbar. Herrschen Minuszeichen vor, so ist das gewählte Konzept weitgehend optimiert und es sind kaum noch Veränderungen möglich.

In Schritt 14 schließt sich die Festlegung der *Verkaufsschwerpunkte* an. Diese Spalte dient dazu, dem Verkauf entsprechende Hilfestellung bei der Vermarktung des Produktes zu geben, wobei die Verkaufsschwerpunkte sinnvoller Weise in Verbindung mit dem Wettbewerbsprofil aus Schritt 10 gebildet werden.

Im letzten Schritt 15 des QFD werden die *kritischen Merkmale für die Realisierung* des Produktes erarbeitet. Unter kritischen Merkmalen sind alle Produktmerkmale im house of quality zu verstehen, die bezüglich ihrer Erfüllung ein erhebliches Risiko darstellen. Dies sind vor allem die Merkmale, die in Bezug auf die Kundenanforderungen in der technischen Bedeutung in Schritt 5 mit den höchsten Prozentwerten ermittelt wurden und deshalb als Top-Produktmerkmale für den Erfolg des Produktes von höchster Bedeutung sind. Weiter können es aber auch Merkmale sein, die für die Kunden als wichtig erkannt wurden, die aber aufgrund der technischen Realisierbarkeit aus Schritt 7 mit einem sehr hohen Schwierigkeitsgrad versehen worden sind.

Mit diesen 15 Schritten wäre die erste Phase – die sogenannte Produktplanungsphase – abgeschlossen.

Die Vorteile bei der Vorgehensweise mit QFD liegen einmal darin, daß die entwickelten Produkte viel mehr den Kundenvorstellungen und Anforderungen entsprechen, als bei konventionellem Entwicklungsvorgehen. Durch die systematische Vorgehensweise werden Zielkonflikte früh aufgedeckt. Der gesamte Entwicklungsprozeß läuft viel schneller ab. Außerdem wird klar, wie das entwickelte Produkt im Vergleich zu den Produkten des Wettbewerbs steht. Weitere Vorteile sind: durch die Beteiligung der Mitarbeiter an der Produktentwicklung wird eine hohe Motivation erreicht, die Entwicklung kann kostengünstiger ablaufen, und durch die Projektorganisation werden die geplanten Termine und Kosten eingehalten.

9.3 Basiswerkzeuge für die ständige Verbesserung

Bezogen auf das Strategiefeld *Mitarbeiterorientierung* sind in Bild 9.2 die sieben *Basiswerkzeuge* der ständigen Verbesserung aufgeführt, die von den Mitarbeitern vor Ort ohne hohen Aufwand zur Prozeßverbesserung eingesetzt werden können.

Basiswerkzeug Nr. 1 sind die sechs *Fragen* zur Identifizierung von Problemursachen. Über die Beantwortung

wer / was / wo / wann / warum / wie

lassen sich Probleme lokalisieren und damit die Ansatzpunkte für ihre Beseitigung erarbeiten.

Einfache *Check- und Strichlisten* zur Datenerfassung und Datenzuordnung sind das Basiswerkzeug Nr. 2. Hier ist beispielsweise über einen festgelegten Zeitraum zu ermitteln, welche Fehler wie oft auftreten (Fehlersammellisten). Die

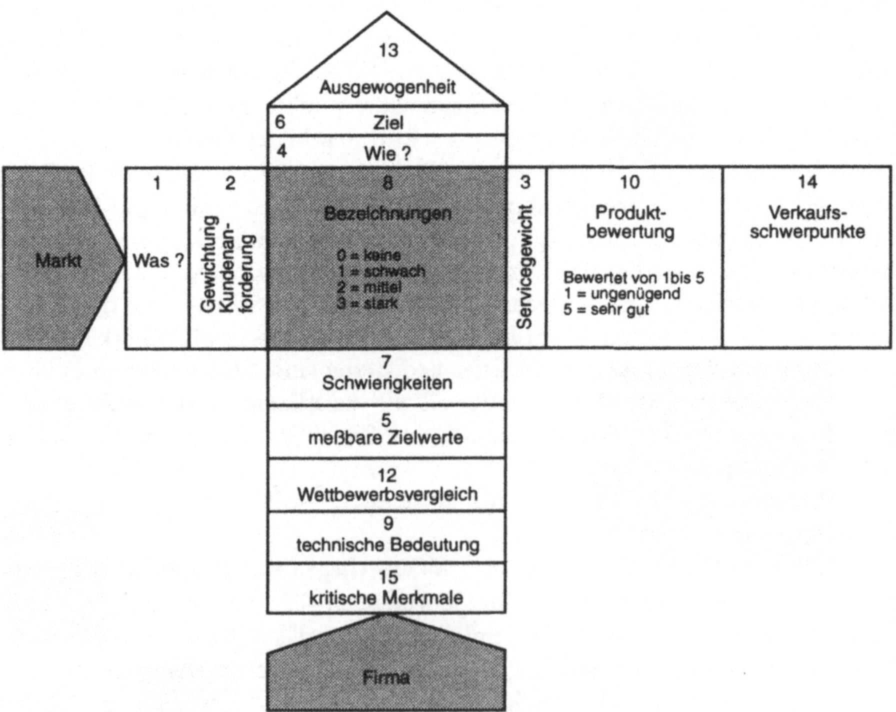

Bild 9.2. QFD (Quality-Function-Deployment) mit dem House of Quality-Modell

Häufigkeitsverteilung von bestimmten Problemen und Ereignissen läßt sich dann in Schaubildern übersichtlich darstellen.

Ein Hilfsmittel zur Visualisierung von Meßwertverteilungen in bestimmten Intervallen des Meßbereiches sind Histogramme, das Basiswerkzeug Nr. 3. Beispielsweise läßt sich die Frage beantworten, ob ein Prozeß normalverteilte Meßwerte liefert. Weiter ist zu erkennen, wie die Meßwerte im Verhältnis zu den Toleranzen verteilt sind, um auf diese Weise den Grad der Toleranzausnutzung durch den Prozeß abzuschätzen.

Zweckmäßigerweise geht man bei Erstellung eines Histogrammes folgendermaßen vor:

1) Es müssen mindestens n = 50 Meßwerte vorliegen.
2) Der Meßbereich ist sinnvoll in Intervalle einzuteilen.
   Dabei sollte die Klassenbreite auf Endziffern wie 10; 5; 2; 1,0; 0,5; 0,1; usw. gerundet sein.
3) Eintragen der Meßwerte in die jeweilige Klasse (Strichliste).
4) Übertragen der Häufigkeitswerte der Strichliste in ein Säulendiagramm.
   Bei diesem sind auf der Abszisse die Meßintervalle eingetragen. Oft ist es auch sinnvoll, aus den absoluten Häufigkeitswerten, wie sie in der Strichliste stehen, die relativen Häufigkeitswerte mit zu berechnen.

Mit Basiswerkzeug Nr. 4, dem *Paretodiagramm*, können die wesentlichen von den unwesentlichen Einflußgrößen getrennt werden. In Verbindung mit dem Paretoprinzip wird mitunter von der *80/20-Regel* gesprochen, weil häufig 80% der Probleme von 20% der Ursachen herrühren. Beispielsweise treten erfahrungsgemäß häufig 80% des Ausschusses bei 20% der Teile auf. Die Verteilungen werden im Pareto-Diagramm visualisiert und in Form eines Säulendiagrammes dargestellt, bei dem Probleme oder ihre Ursachen in der Reihenfolge ihrer Bedeutung zugeordnet werden.

Über *Korrelationsanalysen* oder *Streudiagramme* als Basiswerkzeug Nr. 5 lassen sich die Einflüsse von Prozeßparametern verdeutlichen. Das Streudiagramm ist ein x-y-Diagramm, bei dem auf der Abszisse die zu untersuchende Einflußgröße und auf der Ordinate die Problemgröße aufgetragen werden.

Die zu untersuchende Einflußgröße wird z.B. auf 25 Werte eingestellt. Der Wert der Problemgröße wird gemessen. Man erhält so 25 x-y-Wertepaare. Für jedes Wertepaar erzeugt man im x-y-Diagramm einen Meßpunkt. Je deutlicher sich ein funktionaler Zusammenhang zeigt, desto klarer ist der Einfluß der untersuchten Größe an dem Problem. Wenn die y-Werte sehr stark streuen, bedeutet dies, daß y möglicherweise nicht die Haupteinflußgröße ist, sondern daß die Werte von y sehr stark von anderen, während des Experiments nicht kontrollierten Einflußgrößen bestimmt wurden. Um die Wirkung dieser anderen Einflußgrößen herauszufinden, empfiehlt es sich, beim Erstellen des Streudiagrammes keine der anderen Einflußgrößen konstant zu halten.

Als mathematisches Hilfsmittel zur Beurteilung des Einflusses von x auf y läßt sich bei einem linearen Zusammenhang eine Ausgleichsgerade durch die Punktewolke legen und der Korrelationskoeffizient r berechnen. Viele Statistikprogramme auch in Taschenrechnern bieten die Berechnung des Korrelationskoeffizienten an. Nach Eingabe der x-y-Wertepaare erhält man einen Wert, der immer zwischen -1 und +1 liegt. Der Interpretation dient folgende Tabelle:

Wert von r	Bedeutung
0,7 < r < 1	klare positive Korrelation
0,3 < r < 0,7	unklare positive Korrelation
- 0,3 < r < 0,3	keine Korrelation
- 0,7 < r < - 0,3	unklare negative Korrelation
- 1 < r < - 0,7	klare negative Korrelation

Da nicht alle abgebildeten funktionalen Zusammenhänge linear sind, besitzt die Problemgröße häufig ein Optimum, das es zu bestimmen gilt. Auch in diesem Fall leistet das Streudiagramm wertvolle Dienste, indem es den Verlauf der Funktion und somit das Optimum ebenfalls darstellt.

Das *Ischikawa-Diagramm* (Ursache-Wirkungs-Diagramm) als Basiswerkzeug Nr. 6 dient zum Aufdecken und Abarbeiten von Problemursachen. Zum Ischikawa-Diagramm ist in Bild 9.3 ein Beispiel aus der Praxis dargestellt. Hier ging es darum, den Mitarbeitern durch diese Methode die Potentiale und die Funktion des neu eingerichteten Logistikzentrums zu erläutern und Lösungen für die Akzeptanz dieser Maßnahmen zu finden.

Da es die Form einer Fischgräte hat, wird es häufig auch als Fischgrätdiagramm bezeichnet. Bei der Erstellung des *Ursache-Wirkungs-Diagramms* nach Ischikawa werden alle Neben- und Unterursachen einer vorher festgelegten Hauptursache zugeordnet. Diese Hauptursachen stoßen auf den horizontalen Pfeil, der in Richtung der Problemwirkung zeigt. Dadurch ergibt sich das oben schon angesprochene Fischgrätenmuster. Die vier im Diagramm verwendeten Hauptursachen sind Mensch, Material, Methode und Maschine. Der Vorteil der Anwendung des Ischikawa-Diagrammes liegt in der systematischen Erfassung der Problemursachen und in dem Detaillierungsgrad. Für jede lokalisierte Problemursache kann dann eine Problemlösung erarbeitet werden. Das Abarbeiten aller Problemursachen bewirkt die Lösung des Gesamtproblems.

Beim Erstellen eines Ursache-Wirkungs-Diagrammes hat sich in der Praxis folgendes Vorgehen als sinnvoll erwiesen:

- Das Problemlösungsteam bildet sich aus Beteiligten und Fachleuten.
- Das Problemlösungsteam trifft sich zu einer Brainstorming-Sitzung.
- Das Problemlösungsteam zeichnet die Hauptgräte des Diagramms mit Pfeilrichtung auf die Wirkung.
- Das Problemlösungsteam sammelt potentielle Ursachen im Brainstorming.
- Die potentiellen Ursachen werden nach logischen Gesichtspunkten zu Hauptursachen zusammengefaßt. Häufig werden die 5 M (Mensch, Maschine, Material, Methode und Mitwelt = Umwelt) verwendet.
- Für jede der Hauptursachen zeigt ein Pfeil auf die Hauptgräte. Die Hauptursachen werden an die Enden dieser Pfeile geschrieben. Die unter einer Hauptursache zusammengefaßten Ursachen werden Pfeilen zugeordnet, die auf die Hauptursache zeigen. Liegen diesen Ursachen wieder Unterursachen zugrunde, wird weiter verzweigt, bis man zum Grund der Ursachen vorgestoßen ist.

1. „6 Fragen" zur Identifizierung von Problemursachen

2. Check- und Strichlisten zur Datenerfassung und -zuordnung

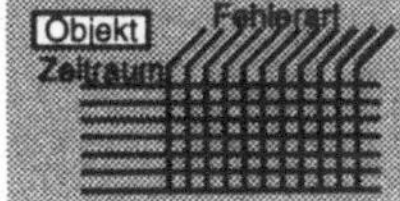

3. Histogramme und Häufigkeitsverteilungen von bestimmten
   Problemen und Ereignissen

4. Paretodiagramm zur Trennung der wesentlichen von den
   unwesentlichen Einflußgrößen

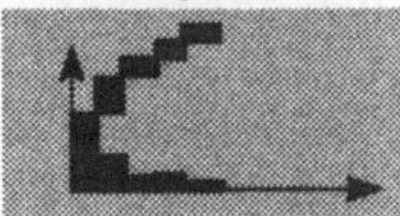

5. Korrelationsanalysen oder Streudiagramme zur Einfluß-
   erfassung von Prozeßparametern

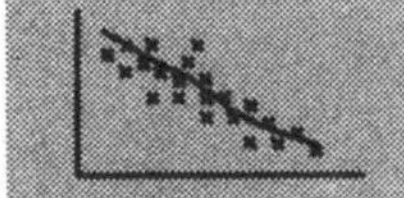

6. Ishikawa-Diagramm (Ursache – Wirkung) zum Aufdecken
   von Problemursachen

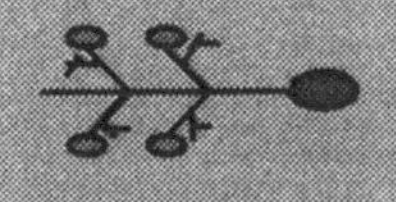

7. Q-Regelkarte (Statistical Process-Control) zur Darstellung des
   zeitlichen Verlaufes von bestimmten Variablen (z.B. Q-Merkmale)

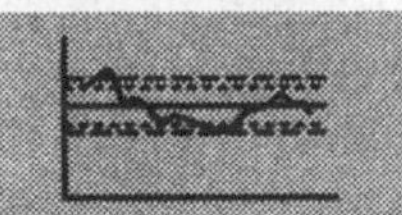

Bild 9.3. 7 Basis-Werkzeuge der ständigen Verbesserung

- Ist das Fischgrätendiagramm fertig, sollte eine letzte Brainstormingrunde durchgeführt werden, da dem Problemlösungsteam häufig aufgrund der Visualisierung noch weitere Ideen kommen.

Die Qualitätsregelkarte als Basiswerkzeug 7 zur Betrachtung und Darstellung des zeitlichen Verlaufes von bestimmten Merkmalsausprägungen zur rechtzeitigen Erkennung von Prozeßproblemen wird ausführlich in Kapitelpunkt 9.5 *SPC – Statistische Prozeßkontrolle* behandelt und noch einmal in Kapitel 10 *Qualitätsprüfung* angesprochen.

9.4 Fehlermöglichkeits- und Einflußanalyse (FMEA)

Die FMEA-Methode wurde Mitte der sechziger Jahre in den USA von der NASA für ein Apollo-Projekt entwickelt. Sie besteht aus einer systematischen Beantwortung einer Fragenkette. Die erste Frage lautet:

- Welche potentiellen Fehler können im Prozeß, an dem Produkt oder bei der Anlage auftreten?

Die weiteren Fragen sind dann:

- Welche Folgen hat es, wenn ein möglicher Fehler tatsächlich auftritt?
- Welche Auswirkungen sind zu befürchten?
- Wie wahrscheinlich ist das Auftreten eines solchen Fehlers?
- Wie kann man diesen Fehler bereits im Vorfeld erkennen und vermeiden?
- Welche Prozeßsteuergrößen eignen sich besonders zur Fehlervermeidung?

Die FMEA wird eingesetzt, um folgende Aussagen zu treffen oder Ergebnisse zu erhalten:

- die Fehlerauswirkungen aufzuzeigen,
- die möglichen Fehlerursachen zu bestimmen,
- die Häufigkeit des Auftretens abzuschätzen,
- die Bedeutung des Fehlers zu bestimmen,
- die Fehlerentdeckbarkeit abzuschätzen,
- eine Bewertung des derzeitigen Zustandes vorzunehmen,
- erforderliche Fehlerabstellmaßnahmen zu bestimmen
- die Verantwortlichkeiten für die Fehlerabstellung festzulegen,
- eine erneute Bewertung des verbesserten Zustandes durch eine erneute Bestimmung der Risikoprioritätszahl zu erreichen.

Die FMEA wird von vielen Qualitätsverantwortlichen als ein sehr wirksames Instrument zur Risikovorsorge und Qualitätsverbesserung angesehen, weil die systematische Betrachtung des möglichen Auftretens von Fehlern und die Beurteilung der Auswirkungen bereits im Vorfeld der Produkterstellung erfolgt wird. Unterschieden wird nach einer *Konstruktions-* und einer *Prozeß-FMEA*.

In der *Konstruktions-FMEA* werden vor der Konstruktionsfreigabe alle denkbaren und möglichen Ausfälle des konstruierten Teiles systematisch untersucht, ausgehend von der Funktion des Teiles in seinem übergeordneten System. Die potentiellen Fehlerursachen sind hauptsächlich konstruktiver Art und sollten möglichst mit konstruktiven Maßnahmen beseitigt werden.

In der *Prozeß-FMEA* werden alle vorstellbaren Fertigungs-(Produktions-) und Montagefehler in den einzelnen Prozeßschritten bei der Erstellung des Produktes systematisch untersucht, und zwar während der Fertigungsplanung und vor Beginn der Fertigung. Wenn bereits vorab eine Konstruktions-FMEA durchgeführt wurde, sind potentielle Fehlerursachen hauptsächlich fertigungstechnischer oder ablaufbedingter Art.

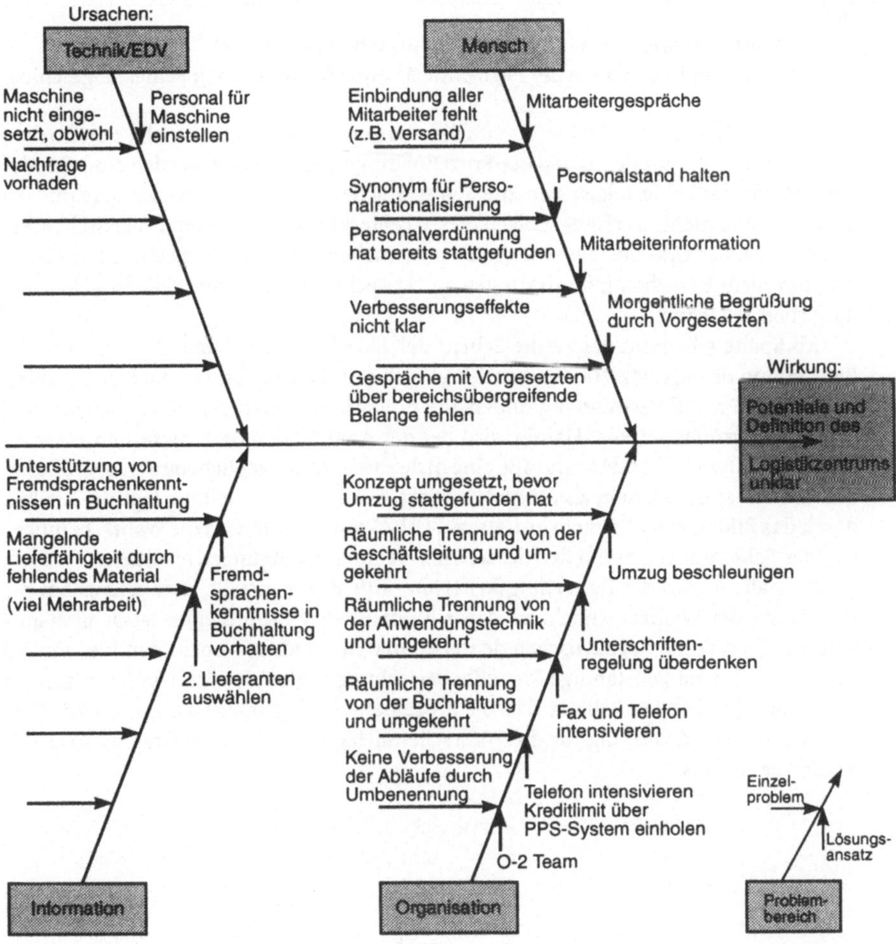

Bild 9.4. Problem - Lösungsdiagramm nach Ishikawa

Eine FMEA wird in Teamarbeit mit allen Beteiligten in den Schritten:

- Fehlermöglichkeitsanalyse,
- Risikobeurteilung,
- Abstellmaßnahmen und
- Überprüfung

durchgeführt.

Die Grundlage für die FMEA-Durchführung zeigt das abgebildete *Formblatt* (Bild 9.4). Der Aufbau dieses Formblatts wird im folgenden erläutert.

In Spalte 1 werden als erstes die Prozeßschritte, die betrachtet werden sollen, erfaßt.

In Spalte 2 werden dazu alle potentiellen Fehlermöglichkeiten, die in diesem Prozeßschritt vorkommen können, aufgelistet.

In Spalte 3 werden die potentiellen Folgen des jeweilig betrachteten Fehlers analysiert.

In Spalte 4 werden die möglichen Fehlerursachen zugeordnet.

Damit ist der erste Schritt der FMEA, die Analyse der möglichen Fehler, abgeschlossen.

Der Erfolg einer FMEA hängt natürlich wesentlich davon ab, ob alle potentiellen Fehler – unter Berücksichtigung der Prozeßbedingungen – erfaßt worden sind. Bei der Beurteilung der Fehlerfolgen steht die Bewertung des Kunden oder Anwenders im Vordergrund und nicht so sehr die Folgen dieses Fehlers bei den nächsten Prozeßschritten. Hinsichtlich der Ursachenbewertung von potentiellen Fehlern ist Fachwissen erforderlich, um nicht Ursachen mit Wirkungen zu verwechseln. An dieser Stelle bewährt sich die Arbeit im Team.

Ab Spalte 5 beginnt der zweite Schritt der FMEA. Hierbei handelt es sich um die Beurteilung des Risikos. Hierbei handelt es sich um die Angabe, welche Steuergrößen zur Zeit im Prozeß Verwendung finden, um potentielle Fehlerursachen zu vermeiden, die als Störgrößen wirken. Häufig wird bei der Analyse der Fehlerursachen erkannt, daß die dahinter stehende Störgröße eine bisher unerkannt gebliebene Steuergröße ist, die sich selbst überlassen, als Störgröße wirkt. Die Risikobeurteilung legt die Risiken durch das Bilden einer Risikoprioritätszahl (RPZ) fest. Mit ihr wird die Wahrscheinlichkeit des Fehlerauftretens bei den derzeitigen Rahmenbedingungen ermittelt.

In Spalte 6 wird das Bewertungskriterium *Auftreten* beurteilt. Hier geht es um die Bewertung der Wahrscheinlichkeit, daß ein potentieller Prozeßfehler tatsächlich auftritt. Die Bewertung liegt zwischen den Eckpunkten 1 und 10, wobei 1 den idealen Fall darstellt, daß eine vollständige Prozeßbeherrschung vorhanden ist. Die Punktzahl 10 stellt den schlechtesten Fall dar, daß die Prozeßfehler mit großer Häufigkeit auftreten. Eine detaillierte Abstufung für die Wahrscheinlichkeit des Fehlerauftretens sieht folgendermaßen aus:

> Punktzahl 1　　=　　unwahrscheinlich,
> „　2 - 3　　　　=　　sehr gering,
> „　4 - 6　　　　=　　gering,
> „　7 - 8　　　　=　　mäßig,
> „　9 - 10　　　=　　hoch.

Das zweite Bewertungskriterium in Spalte 7 legt die Bedeutung eines potentiellen Fehlers unter der Annahme fest, daß dieser Fehler tatsächlich auftritt und entsprechend negative Folgen nach sich zieht. Auch hier erfolgt die Bewertung zwischen den Eckpunkten 1 und 10, wobei die Punktzahl 1 bedeutet, daß dieser Fehler keine starken negativen Auswirkungen nach sich zieht, während die Punktzahl 10 die größtmöglichen negativen Folgen beschreibt.

In Spalte 8 wird als nächste Beurteilungsgröße die Entdeckung des Fehlers bewertet. Hierbei wird gefragt, mit welcher Wahrscheinlichkeit die aufgetretenen Prozeßfehler entdeckt werden. Punktzahl 1 entspricht einer hundertprozentigen Sicherheit, daß dieser Fehler entdeckt wird; Punktzahl 10 bedeutet, daß dieser Prozeßfehler mit großer Wahrscheinlichkeit nicht entdeckt wird. Die Risikoprioritätszahl RPZ ergibt sich jetzt aus der Multiplikation der in Spalte 6, 7 und 8 festgelegten Punktzahlen. Damit wird nicht ein absolutes Risiko festgelegt, sondern eine Art Risikorang vorgegeben.

Der zweite Schritt der FMEA ist damit abgeschlossen.

In den Spalten 10 und 11 werden als dritter Schritt die geplanten Abstellmaßnahmen und die Verantwortlichkeiten mit dem Termin hinterlegt.

Nach Einführung dieser Lösungen wird im vierten und letzten Schritt der FMEA in den Spalten 13, 14, 15 und 16 die Bewertung noch einmal wiederholt, um damit über den direkten Vergleich der dabei ermittelten Risikoprioritätszahl festzustellen, ob die eingeleiteten Maßnahmen tatsächlich zum Erfolg geführt haben. Damit wäre die FMEA abgeschlossen.

Durch die FMEA werden viele Hinweise auf Qualitätssicherungsmaßnahmen methodisch erarbeitet. Die Maßnahmen selbst können wiederum mit anderen Qualitätssicherungs-Methoden, beispielsweise mit der SPC (statistischen Prozeßkontrolle) durchgeführt werden.

Schwächen der FMEA

Kritiker werfen der FMEA-Analyse allerdings schwerwiegende Mängel vor. Beispielsweise widerspricht ihr Analyse-Ansatz mathematischen Grundlagen wie dem Fehlerfortpflanzungsgesetz und anerkannten Regeln der Technik. Ein weiterer Kritikpunkt ist die Unterscheidung von Konstruktions- und Prozeß-FMEA. Denn nach der Rechtsprechung zur Produkthaftung kann die Konstruktionsverantwortung mit dem dazugehörenden Festlegen der Konstruktionsmerkmale und Funktionen von Systemen und Einzelelementen nicht losgelöst von den Fertigungs- und Zusammenbauverfahren dieser Einzelelemente gesehen werden. Ohne Definition der kritischen Merkmale und Hauptmerkmale der Einzelteile und Funktionspaare können nach den anerkannten Regeln der Technik weder Analysen der Funktionen und ihrer einzelnen Merkmale an Einzelteilen durchgeführt werden, noch der Fertigungsverfahren technisch zuverlässig oder mit vertretbar wirtschaftlichem Aufwand. Es ist deshalb funktions- und sachwidrig, unabhängig voneinander Konstruktions- und Prozeß-FMEAs durchzuführen.

Entscheidend für die Gebrauchstauglichkeit, Zuverlässigkeit und Sicherheit von Funktionspaaren, Einzelelementen oder gesamten Systemen sind die einzelnen Aufgaben und ihre Abläufe. Deshalb ist ein Aufteilen in Haupt- und Nebenfunktionen die Grundlage für die systematische Beurteilung. Dagegen ist aus Kritikersicht der Vollständigkeitsanspruch der FMEA weder technisch erforderlich noch organisatorisch erreichbar. Es kann deshalb keine sinnvolle Grundlage für eine aufgaben- oder funktionsbestimmende Analyse sein, alle denkbaren Ausfälle einzelner Komponenten zu betrachten.

Eine quantitative Aussage zur erreichbaren Fehlerwahrscheinlichkeit kann ebenfalls mit diesem Verfahren nicht erreicht werden, weil bei den Konstruktionsfehlern keine funktions- und gefahrensbezogene Gewichtung enthalten ist, die aber als Voraussetzung gegeben sein muß.

Die Wahrscheinlichkeit des Auftretens einzelner Fehler allein kann kein maßgebliches Kriterium sein, solange nicht ihre Auswirkung im Gesamtsystem bekannt und funktionsbezogen gewertet wurde, neben der Berücksichtigung vorbeugender Maßnahmen und Vorsorgungen (nicht wirkungsbezogen). Die als Ergebnis der FMEA ermittelte Risikoprioritätszahl ist weder technisch aussagefähig noch ein annehmbares Hilfsmittel für gezielte technische oder organisatorische

Maßnahmen zum Verbessern derartiger Parameter wie Zuverlässigkeit, Gebrauchstauglichkeit und Sicherheit.

Eine Methode, die diese Nachteile der FMEA vermeidet, ist die mit der DIN 25448 bezeichnete Ausfalleffektanalyse.

9.4.1 Ausfalleffektanalyse

Nach der DIN 25448 ist die Ausfalleffektanalyse ein Verfahren zum Untersuchen der Ausfallarten aller Komponenten eines Systems incl. deren Auswirkung auf das System. Ziel dieser Analyse ist das systematische Erfassen und Bewerten zuverlässigkeits-, sicherheits- und instandhaltungsrelevanter Informationen über das System. Bevorzugtes Anwendungsgebiet dieser Analyse ist die Kerntechnik sowie die Luft- und Raumfahrt.

Zweck dieser Analyse ist die qualitative Bewertung von Systemen oder Systementwürfen bezüglich des Ausfalls einzelner Komponenten. Im Vordergrund steht das Auffinden von Schwachstellen. Die Ausfalleffektanalyse ermöglicht Entwurfsverbesserungen der Zuverlässigkeit, Instandhaltung und Sicherheit. Zu Beginn der Analyse müssen detaillierte Informationen über das System vorliegen. Diese können beispielsweise aus folgenden Unterlagen entnommen werden:

- Systemspezifikation,
- Funktionsbeschreibung,
- Zusammenstellungszeichnung,
- Montageanleitung,
- Beschreibung der Einsatzbedingungen.

Das zu analysierende System wird in seine Komponenten unterteilt, wobei diese Komponenten wiederum in die einzelnen Bauelemente zu zergliedern sind. Danach werden die Ausfallarten der Komponenten festgestellt und ihre Auswirkungen auf das System und seine Umgebung bewertet. Entscheidend für das Ergebnis der Ausfalleffektanalyse ist, daß möglichst alle Ausfallarten einer Komponente ermittelt werden, die sich aus den Funktionen dieser Komponente ableiten. Damit werden alle Ausfallmöglichkeiten des Gesamtsystems auf der Basis einzelner Komponentenausfälle festgestellt. Über eine Fehlerbaumanalyse nach DIN 25424 (s. Kapitel 9.4.2) und eine Ereignisablaufanalyse nach DIN 25419 (s. Kapitel 9.4.3) können die Ausfallkombinationen weiter untersucht werden.

Ähnlich der FMEA-Vorgehensweise ist das Verfahren weitgehend formalisiert. Die Ausfalleffektanalyse wird in der Entwurfsphase eines Systems durchgeführt. Dort können bereits Ausfallmechanismen erkannt werden, die mit verhältnismäßig geringem Aufwand zu beseitigen sind und zu einem Optimum zwischen sicherheitstechnischen Anforderungen und den gewünschten Systemfunktionen führen. Obwohl keine quantitativen Zuverlässigkeitswerte des zu betrachtenden Systems damit gefunden werden, stellt die Ausfalleffektanalyse die entscheidende Grundlage für die notwendige qualitative Auswahl dar. Beispiele für Bewertungskriterien der Auswirkungen entsprechend der Norm sind:

- Wartungsfall:
  Die Auswirkung führt nicht zum Systemausfall.
- Systemausfall, unzulässiger Systemzustand:
  Die Auswirkung führt zu einem Systemzustand, bei dem sicherheitstechnische Vorschriften verletzt werden.
- Gefahrenzustand
  Das im System enthaltene Gefährdungspotential wird freigesetzt.

Diese Bewertungskriterien können entsprechend der Aufgabe und Funktion der Anlage ergänzt werden.

9.4.2 Fehlerbaumanalyse

Die Auswirkungen von Ausfallkombinationen in der Fehlerbaumanalyse können nach DIN 25424 untersucht werden. Bei der Fehlerbaumanalyse wird das unerwünschte Ereignis, hier der Ausfall, vorgegeben und dann nach allen Ursachen gesucht, die zu diesem Schadenfall oder Ausfall führen können. Zweck der Fehlerbaumanalyse, kurz FTA genannt, ist die systematische Ermittlung sämtlicher logischer Verknüpfungen von Komponenten bzw. Teilsystemausfällen, die zu einem unerwünschten Ereignis führen. Das Ergebnis wird grafisch dargestellt und ausgewertet, um gezielt Ausfallursachen zu verhüten.

Ziel der Fehlerbaumanalyse ist es also:

- alle möglichen Ausfälle wie Ausfallkombination und deren Ursache, die zu einem unerwünschten Ereignis führen, zu identifizieren,
- besonders kritische Ereignisse bzw. Ereigniskombinationen (z.B. Fehlfunktionen), die zu unerwünschten Ereignissen führen, darzustellen,
- Zuverlässigkeitskenngrößen und Eintrittshäufigkeiten für Ereigniskombinationen oder Nichtverfügbarkeit des Systems bei Anforderungen zu ermitteln,
- objektive Beurteilungskriterien für Systemkonzepte erzielen,
- eine klare und übersichtliche Dokumentation über die Ausfallmechanismen und deren funktionalen Zusammenhänge zu gewinnen.

Betrachtungseinheiten der Fehlerbaumanalyse sind Systeme, Teilsysteme, Komponenten und Funktionselemente. Als System wird dabei eine Zusammenfassung von technisch organisatorischen Mitteln zum selbständigen Erfüllen eines Aufgabenkomplexes verstanden. Ein technisches Teilsystem ist die Untergruppe einer Verbindung von Komponenten, um zusammenhängende Aufgaben innerhalb dieses technischen Systems zu lösen.

Die kleinste Betrachtungseinheit eines technischen Systems ist eine Komponente, für die eine Zuverlässigkeitsangabe gemacht werden kann. Jeder Komponente sind ein oder mehrere Funktionselemente zuzuordnen.

Jedes Funktionselement darf nur eine elementare Funktion beschreiben, z.B. sperren, öffnen, mit Energie versorgen, drehen usw. Auch für die Fehlerbaumanalyse ist es sehr wichtig, eine genaue Kenntnis des gesamten technischen Systems zu besitzen. Diese Kenntnisse können durch eine Systemanalyse erarbeitet werden.

Gegenstand der Systemanalyse ist die Untersuchung technischer Systeme. Hierbei soll festgestellt werden:

- die Systemfunktionen, die Leistungsziele und ihre zulässigen Abweichungen, evtl. in verschiedenen Betriebsphasen,
- die vom System nicht beeinflußbaren Umweltbedingungen bei den verschiedenen Betriebsphasen,
- die Hilfsquellen des Systems, z.B. seine Energieversorgung mit ihren Einflüssen auf die Systemfunktionen,
- das Zusammenwirken der Komponenten zum Erzeugen der Systemfunktionen,
- die Reaktionen des technischen Systems auf Ausfälle von Hilfsquellen innerhalb des Systems,
- die verschiedenen Komponenten des Systems und
- die Organisation des Verhaltens des Systems.

Der aktuelle Systemzustand, im besonderen der Systemausfall, wird durch ein unerwünschtes Ereignis, das sogenannte *Top-Event*, beschrieben. Das Fehlerbaummodell identifiziert nun alle möglichen Komponentenausfälle oder Ausfallkombinationen, die ursächlich zu diesem Systemzustand beigetragen haben. Ausfälle sind zu unterteilen in:

- primärer Ausfall:
  Ausfall bei zulässigen Einsatzbedinungen einer Komponente,
- sekundärer Ausfall:
  Folgeausfall bei unzulässigen Einsatzbedingungen einer Komponente,
- kommandierter Ausfall:
  Ausfall trotz funktionsfähiger Komponenten infolge einer falschen oder fehlenden Anregung oder des Ausfalls einer Hilfsquelle.

Der eigentliche Fehlerbaum besteht nun aus Bildseiten für die Eingänge und deren Verknüpfungen. Diese Verknüpfungen, die für logische Zusammenhänge stehen, bestimmen entsprechend charakteristischer Regeln aus ihren Eingängen einen Ausgang, der binär beschrieben wird:

0 = funktionsfähig (intakt),
1 = ausgefallen (defekt).

Als Auszug aus der DIN 25424 sind die gebräuchlichsten Bildzeichen für Ein- und Ausgänge in Bild 9.5 abgebildet. Für die Erstellung dieses Fehlerbaumes muß nach der oben beschriebenen Systemanalyse eine eindeutige Festlegung der Systemfunktionen für sämtliche geforderten Funktionen aufgezeigt und diese den funktionserfüllenden Elementen (Systemkomponenten) zugeordnet werden. Danach werden alle notwendigen Komponenten mit Angabe der zu realisierenden Systemfunktionen grafisch wiedergegeben. Allerdings sind dabei die Umweltbedingungen zu berücksichtigen, weil das System die geforderten Funktionen unter

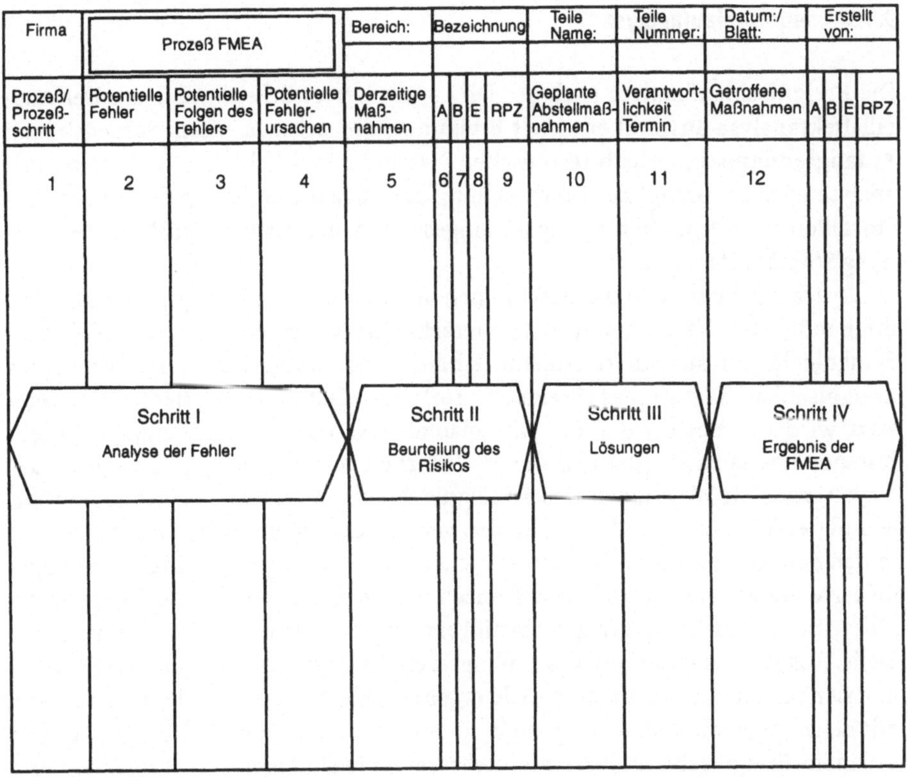

Firma	Prozeß FMEA			Bereich:	Bezeichnung				Teile Name:	Teile Nummer:	Datum:/ Blatt:	Erstellt von:			
Prozeß/ Prozeß- schritt	Potentielle Fehler	Potentielle Folgen des Fehlers	Potentielle Fehler- ursachen	Derzeitige Maß- nahmen	A	B	E	RPZ	Geplante Abstellmaß- nahmen	Verantwort- lichkeit Termin	Getroffene Maßnahmen	A	B	E	RPZ
1	2	3	4	5	6	7	8	9	10	11	12				

Schritt I — Analyse der Fehler

Schritt II — Beurteilung des Risikos

Schritt III — Lösungen

Schritt IV — Ergebnis der FMEA

Bild 9.5. Aufbau der Prozeß FMEA

Einwirkung von Umweltbedingungen, auf die das technische System selber keinen Einfluß ausübt, in den verschiedenen Betriebsphasen erfüllen muß. Sowohl Umgebungseinflüsse, als auch physikalische und chemische Eigenschaften der Systemelemente sind zu berücksichtigen. Weiter müssen die Abhängigkeiten und das Verhalten des Systems auf folgende Kriterien hin untersucht werden:

- Zusammenwirken der Systeme (Elemente) zur Erzeugung der Systemfunktionen,
- Reaktion des Systems auf die Umgebungseinflüsse,
- Verhalten des Systems bei internen Ausfällen,
- Verhalten des Systems bei Ausfällen benötigter Hilfsenergien.

Wichtige Erkenntnisse aus der Fehlerbaumanalyse sind also:

- Ausfallkombination, die zu unerwünschten Ergebnissen führen,
- die Eintrittshäufigkeit für die Ausfallkombinationen,
- die Eintrittshäufigkeit des unerwünschten Ereignisses,
- die kleinsten Ausfallkombinationen, die zum unerwünschten Ergebnis führen.

9.4.3 Ereignisablaufanalyse

Die Ereignisablaufanalyse nach der DIN 25419 wertet Erkenntnisse aus der Ausfalleffektanalyse aus und ermittelt Ereignisse, die sich aus einem vorgegebenen Anfangsereignis innerhalb technischer Systeme entwickeln. Die Ereignisablaufanalyse wird bevorzugt zur Untersuchung der Auswirkungen von Störungen und Störfällen in technischen Systemen eingesetzt, daher auch die frühere Bezeichnung *Störablaufanalyse*.

Zweck der Analyse ist das Beschreiben und Bewerten von Ereignisabläufen mit ihren möglichen Verzweigungen in unterschiedliche Bereiche. Mit Hilfe grafischer Symbole lassen sich diese Abläufe einfach und übersichtlich in Form eines Ereignisablaufdiagrammes (Ereignisbaum) darstellen und analysieren. Vorausgesetzt wird bei Beginn der Ereignisablaufanalyse ein Anfangsereignis, z.B. ein Komponentenausfall, oder eine durch Menschen verursachte Fehlbedienung. Danach werden die Wirkungen dieses Ereignisses auf die verschiedenen anderen Teile und deren Reaktionen bis hin zu den verschiedenen möglichen Endzuständen in den einzelnen Bereichen des technischen Systems festgestellt. Die zuerst angeforderte Funktion ist abzufragen. Danach wird entschieden, ob die Funktion erfüllt wird oder nicht. Im Ereignisablauf verzweigt sich dann die Wirkung an dieser Stelle. Aus der Verknüpfung des Anfangsereignisses mit den möglichen Reaktionen der verschiedenen anderen Teile ergeben sich verschiedene Folgeereignisse, mit denen, wie mit dem Anfangsereignis, weiter verfahren wird. Deshalb können in einem Ereignisablaufdiagramm mehrere Verzweigungen hintereinander und nebeneinander auftreten. Die einzelnen Wirkungen und Reaktionen sind soweit zu verfolgen, bis alle Funktionen in den verschiedenen Teilen des Systems abgefragt sind. Die Endzustände der Analyse sind die Ausgänge der letzten Verzweigung.

Die Ereignisablaufanalyse ist deshalb ein geeignetes Verfahren, Erkenntnisse aus der Ausfalleffektanalyse mit den möglichen unterschiedlichen Verzweigungen zu erfassen. Sie unterstützt damit die Erkenntnisse der Ausfalleffektanalyse, weil diese im Regelfall allein nicht ausreicht, um die meist vorhandenen Verzweigungen der Auswirkungen zu erkennen.

Ausfallefektanalyse, Fehlerbaumanalyse und Ereignisanalyse zusammen ermöglichen qualitative und quantitative Aussagen über die Funktionsfähigkeit, Zuverlässigkeit und Sicherheit einzelner Anlagen nach dem derzeitigen Stand der Technik. In dieser Kombination sind die Aussagen dieser Analysen den FMEA-Ergebnissen überlegen.

9.5 SPC - Statistische Prozeßkontrolle

Ein beherrschbarer Prozeß mit Einhaltung der vorgegebenen Prozeß- und Produktmerkmale ist das Ziel aller Verbesserungsmaßnahmen bei der Produktherstellung. Die Beherrschung dieses Prozesses setzt das Prozeßverstehen und die

Kenntnis über die Prozeßentwicklung voraus. Prozesse werden dabei verstanden als Vorgänge oder Abläufe, die wiederholt stattfinden. Jeder Prozeß hat ein geplantes Ergebnis in Form von Produkten, Dienstleistungen und/oder Informationen. Dieses Ergebnis soll durch entsprechende Kombination der Produktionsfaktoren Mensch, Maschine, Material und Information erreicht werden. Mit SPC erhält man die Aussage, ob der beobachtete Prozeß mit dem festgelegten Qualitäts-Merkmal beherrscht und fähig ist. Dies geschieht auf der Grundlage statistischer Methoden durch das Erfassen von Stichproben und Wahrscheinlichkeiten der Verteilung. SPC ist grundsätzlich keine Vollkontrolle, sondern eine Stichprobenprüfung. Damit steht also nicht der individuelle Merkmalsträger, sondern eine Gesamtheit (das Kollektiv) von Merkmalsträgern im Mittelpunkt der Betrachtung.

Die Leistungsfähigkeit der statistischen Prozeßkontrolle wird durch keine andere Prozeßsteuerungsmethode auch nur annähernd erreicht. Das liegt daran, daß die Prüfergebnisse schnell verfügbar sind und daß eine Teilprüfung preiswerter als eine Hundertprozentprüfung ist. Das Ziel der statistischen Prozeßkontrolle besteht darin, anhand von Stichprobenprüfungen unter Verwendung mathematisch statistischer Verfahren Aussagen über die Ausführungsqualität einer Menge von hergestellten Produkten zu erhalten.

Bei der statistischen Prozeßkontrolle werden zwei Arten der Prüfung unterschieden. Einmal handelt es sich um eine kontinuierliche Fertigungs- oder Prozeßüberwachung (inspection). Darunter versteht man alle statistischen Prüfvorgänge während des Fertigungsablaufes, die dazu geeignet sind, durch Informationen über den Prozeßzustand eine Steuerung des Prozesses zu ermöglichen, so daß sich das Qualitätsmerkmal des herzustellenden Produktes stets innerhalb vorgeschriebener Grenzen befindet. Bei dieser Art der Fertigungsregelung hat man es stets mit potentiell unendlichen Gesamtheiten zu tun, d.h. man arbeitet mit der statistischen Theorie für Stichproben aus unendlichen Gesamtheiten.

Zum zweiten handelt es sich bei dem Verfahren der statistischen Qualitätssicherung um Abnahme- oder Annahmeprüfungen. Hierbei wird geprüft, wie groß bei einem gegebenem Losumfang die Anzahl der dem Los zu entnehmenden Stücke des Stichprobenumfangs sein sollen und unter welchen Voraussetzungen das Los akzeptiert werden kann. In der Abnahmeprüfung wird stets mit endlichen Gesamtheiten gearbeitet, so daß die statistische Theorie für Stichproben aus endlichen Gesamtheiten zur Anwendung kommt. Bei der Abnahmeprüfung ist also die Fertigung eines Vor-, Zwischen- oder Endproduktes bereits abgeschlossen. Es wird geprüft, ob der geforderte Standard, ausgedrückt durch einen Ausschußanteil, erreicht wurde oder nicht.

Qualitätsregelkarte

Das klassische Qualitätssicherungs-Instrument für die Prozeß- oder Fertigungsüberwachung, aber auch für Maschinen- und Prüfmittelfähigkeitsuntersuchungen ist die *Qualitätsregelkarte*, früher auch Kontrollkarte genannt. In ihrer ursprünglichen Form stellt diese Karte physisch ein Formblatt dar, in dem die Prüfergebnisse original oder verdichtet in ihrer zeitlichen Reihenfolge eingetragen werden. In diesem Formblatt sind Grenzlinien definiert, deren Überschreitung bestimmte vorher festgelegte Korrekturmaßnahmen des Prozesses auslöst. Dieser Ablauf ist im Kapitel 10 *Qualitätsprüfung* ausführlich mit Bilddarstellungen beschrieben.

Die Anwendungsbreite der Qualitäts-Regelkarte sieht folgendermaßen aus:

- sie ist ein Hilfsmittel für eine fortlaufende Prozeßregelung, das die Unterscheidung von zufälligen und systematischen Veränderungen erlaubt,
- sie dient als Werkzeug, den fähigen Prozeß sicher zu führen, d.h. zu beherrschen,
- sie gibt Hinweise auf mögliche Ursachen, wenn ein Prozeß außer Kontrolle gerät,
- sie sorgt für eine Verminderung von Ausschuß und Nacharbeit und somit von Qualitätskosten,
- sie erhöht die effektive Kapazität der Betriebsmittel,
- sie dokumentiert die Qualität des Prozesses und der Produkte,
- sie gilt als *gemeinsame Sprache* bei Diskussionen über Qualität im Betrieb,
- sie ermöglicht den Nachweis für Qualitätsfähigkeit eines Lieferanten,
- sie ermöglicht den Nachweis im Hinblick auf die Produzentenhaftung,
- sie ermöglicht die Verkleinerung der Streuung von Qualitätsmerkmalen.

Die Auswahl der richtigen Qualitäts- oder Prüfmerkmale zur Beobachtung mit SPC ist der entscheidende Schritt für die Prozeßbeherrschung. Dabei sollte man einmal Kenntnis über die systematischen Einflüsse sogenannter Signalfaktoren zur Prozeßstabilisierung besitzen sowie über die Prozeßstreuung, die durch Störfaktoren (Fehlerursachen) mit stochastischer Verteilung hervorgerufen wird.

Prozeßfähigkeitsuntersuchung

Es gibt zwei Arten von Prozeßfähigkeitsuntersuchung, die Untersuchung der *vorläufigen Prozeßfähigkeit* und die Untersuchung der *fortdauernden Prozeßfähigkeit*. Beide Arten der Prozeßfähigkeitsuntersuchung beruhen auf der Führung einer Regelkarte für variable Merkmale.

Der Hauptunterschied zwischen diesen beiden Arten von Prozeßfähigkeitsuntersuchung ist der der Untersuchung zugrunde liegende Beobachtungszeitraum.

Eine *vorläufige Prozeßfähigkeitsuntersuchung* führt man durch, um frühzeitig Information über die Qualitätsleistung eines neuen oder geänderten Prozesses zu erhalten. Auf der bei der Untersuchung benutzten Regelkarte müssen mindestens zwanzig Stichproben eingetragen werden. Eine vorläufige Prozeßfähigkeitsuntersuchung wird wahrscheinlich nicht das volle Ausmaß der Prozeßstreuungen widerspiegeln, die z.B. durch Schichtwechsel, unterschiedliche Rohmaterialchargen, Schwankungen oder Umweltbedingungen usw. verursacht werden.

Die Untersuchung der *fortdauernden Prozeßfähigkeit* unterscheidet sich von der Untersuchung der vorläufigen Prozeßfähigkeit dadurch, daß ihr Daten eines längeren Beobachtungszeitraumes zugrunde liegen und alle zufallsbedingten Streuungsursachen berücksichtigt werden, insbesondere auch diejenigen zufallsbedingten Streuungsursachen, deren gesamte Auswirkungen auf den Prozeß erst über mehrere Stichprobenintervalle hinweg voll wirksam werden. Die Länge dieses Beobachtungszeitraums wird im Einzelfall davon abhängen, wie lange diese Streuungsquellen dazu brauchen, ihre gesamten Auswirkungen zu zeigen. Der Mindestbeobachtungszeitraum beträgt jedoch 20 normale Produktionstage.

In der Wiederholung der Prozeßabläufe werden die Ergebnisse der Merkmale um eine mittlere Lage streuen. In den meisten Fällen kann diese Streuung mit dem mathematischen Modell der Normalverteilung angenähert und damit simuliert werden. Die Streuung hat in der Regel zufällige und systematische Ursachen und Anteile.

Den Streuungsanteil der zufälligen Ursachen nennt man auch natürliche Streuung. Sie ist durch die Prozeßführung und Prozeßkorrektur nicht oder nur schwer beeinflußbar. Die *natürliche Streuung* besitzt nach Baumbach folgende Eigenschaften:

- sie ist Folge des festgelegten Prozeß-Design (Gestaltung des Fertigungsprozesses),
- sie kann durch Regelung nicht verringert werden,
- sie bleibt gleich, solange die Prozeßparameter sich nicht verändern,
- sie läßt sich voraussagen, wenn der Prozeß nach Stillegung unter gleichen Bedingungen wieder aufgenommen wird,
- sie läßt sich bereits nach kurzer Prozeßbeobachtung ermitteln,
- sie ergibt sich aus der Streuung der Meßwerte innerhalb der gezogenen Stichproben.

Die *nicht natürliche systematische Streukomponente* ist durch folgende Kriterien gekennzeichnet:

- sie läßt sich ermitteln, wenn man den Prozeß länger beobachtet,
- sie ist repräsentiert durch die Streuung der Mittelwerte der gezogenen Stichproben,
- sie wird im Prozeß ausgeprägt,
- sie kann durch entsprechende Regelung minimiert werden,
- sie kann jederzeit und mit unterschiedlichen Vorzeichen auftreten,
- sie läßt sich nur voraussagen, wenn die Regelkartentechnik korrekt angewandt wird.

Zur Ermittlung der systematischen Einflüsse auf die Prozeß- und Produktmerkmale und zur Beeinflussung der Signalfaktoren wird neben SPC auch die nachfolgend noch näher erläuterte Taguchi- und Shainin-Methode eingesetzt. Aus den Ergebnissen der Stichproben gewinnt man Kennwerte für die Verteilung des beobachteten Merkmals. Diese Kennwerte bestehen meist aus Mittelwerten und Standardabweichungen oder Spannweiten. Hieraus leiten sich die statistisch fundierten Aussagen über den Verlauf des Prozesses ab. Wenn bei einem Fertigungsprozeß die systematischen Streuungseinflüsse weitgehend minimiert sind und nur noch die zufälligen Streuungseinflüsse einwirken, so ist der Prozeß im mathematisch-statistischen Sinne als stabil oder beherrscht zu bezeichnen.

Die *Prozeßfähigkeit* ist also abhängig von:

- den Spezifikationsgrenzen,
- der Prozeßstreubreite (d.h. der Standardabweichung des Prozesses),
- der Prozeßlage (d.h. dem Prozeßmittelwert).

Aus dem Vergleich der Häufigkeitsverteilung der Meßwerte auf der Regelkarte mit den vorgegebenen Spezifikationsgrenzen lassen sich Prozeßfähigkeitskennwerte errechnen. Zu unterscheiden sind folgende *Fähigkeitsindexe*:

$$
\begin{aligned}
p_p &= \text{vorläufiges Prozeßpotential,} \\
p_{pk} &= \text{vorläufige Prozeßfähigkeit,} \\
c_p &= \text{fortdauerndes Prozeßpotential,} \\
c_{pk} &= \text{fortdauernde Prozeßfähigkeit.}
\end{aligned}
$$

Das Prozeßpotential (p_p bzw. c_p) beurteilt die Qualitätsleistung des Prozesses anhand eines Vergleichs der Prozeßstreubreite f_R mit der Toleranzbreite. Die Standardabweichung s_R als Maß für die Streuung ist der Prozeßparameter, der in den Prozeßfähigkeitsindex c_p eingeht. c_p ist definiert als das Verhältnis aus Toleranz und dem 6fachen Betrag der Standardabweichung s_R:

$$c_p = (\text{Werkstück-Toleranz}) / (6 \cdot s_R) \ .$$

c_p bezieht sich dabei auf die Werkstücktoleranz, also auf den Abstand der Toleranzgrenzen (Spezifikationsgrenzen). Die Standardabweichung s_R wird nach der Spannweitenmethode (Range-Methode; Mittelwert der Standardabweichungen) aus den Stichproben berechnet.

Nach dem Gesetz der Normalverteilung ist zu erwarten, daß sich 68,26% aller Meßwerte im *mittleren Drittel* zwischen den eingetragenen Regelgrenzen (im Abstand vom Sollwert +/– $3s_R$, 6-Sigma-Streuung), bzw. Eingriffsgrenzen befinden.

Die relative Prozeßstreubreite f_p sollte normalerweise nicht mehr als 75% der Werkstücktoleranz bei quantitativen (meßbaren) Qualitätsmerkmalen und nicht mehr als 75% der vorgegebenen Qualitätsanforderung (z.B. Anteil fehlerhafter Einheiten oder Anzahl der Fehler pro Stichprobe) bei qualitativen (zählbaren) Qualitätsmerkmalen betragen. Dadurch besteht eine genügende Sicherheit gegenüber Toleranzüberschreitungen.

Der c_p-Index als Prozeßfähigkeitspotential-Kenngröße ist also ein Index für das Verhältnis der Gesamttoleranz eines Merkmalwertes zur 6-Sigma-Streuung, ohne die Lage dieser Prozeßstreuung, d.h. die Lage des Mittelwertes der Häufigkeitsverteilung zu den Spezifikationsgrenzen, zu berücksichtigen. Dieser Index darf nur bestimmt werden, wenn der Prozeß stabil (unter statistischer Kontrolle) ist. Sigma ist dabei der Schätzwert der Standardabweichung der Grundgesamtheit.

Aus der Ausnutzung der Prozeßstreubreite zur Toleranzbreite von 75% folgt, daß dieser Kennwert c_p mindestens 1,33 betragen muß, bzw. daß die Toleranz so groß wie 8 s_p sein sollte.

Durch den Prozeßfähigkeitsindex c_{pk} soll die Lage des Prozesses beurteilt werden. Die *Prozeßfähigkeit* (p_{pk} bzw. c_{pk}) beurteilt die Qualitätsleistung des Prozesses anhand eines Vergleichs der Prozeßstreubreite mit der Toleranzbreite unter gleichzeitiger Berücksichtigung der Prozeßlage und zeigt damit an, ob der Prozeß sicher auf die Toleranzmitte geführt wird. Sie kennzeichnet die Prozeßsicherheit:

$$c_{pk} = (\text{Toleranzgrenze} - \mu) / (3 +/- s_R) \ .$$

Der Mittelwert μ des Prozesses wird als arithmetisches Mittel der jeweils letzten 25 Stichprobenmittelwerte festgestellt. Er ist mit der dem Mittelwert μ am nächsten liegenden Toleranzgrenze zu vergleichen und auf $3\,s_R$ zu beziehen. Maßgebend ist der Absolutwert von c_{pk} als ein Index für das Verhältnis der Gesamttoleranz zur 6-Sigma-Streuung unter Berücksichtigung der Prozeßlage. Dieser Index darf nur bestimmt werden, wenn der Prozeß stabil (unter Kontrolle) ist.

Eine Verbesserung des Prozesses äußert sich in einem Anwachsen der Kennwerte c_p und c_{pk} über die genannten Grenzwerte hinaus. Bei einem Prozeß, dessen Mittelwerte sich aus der Toleranzmittel zu den Toleranzgrenzen hin verschiebt, sinkt der Faktor c_{pk} unter 1,0 ab.

Eine Klassifizierung der Prozesse über die c_p und c_{pk}-Werte als A-, B-, oder C-Prozeß gibt folgende Einteilung:

A-Prozeß:	c_p	>	1,33	(Prozeßfähigkeit gut)
	c_{pk}	>	1,33	(Prozeßsicherheit gut)
B-Prozeß:	c_p	>	1,33	(Prozeßfähigkeit gut)
	c_{pk}	<	1,33	(Prozeßsicherheit schlecht)
C-Prozeß:	c_p	<	1,33	(Prozeßfähigkeit schlecht)
	c_{pk}	<	1,33	(Prozeßsicherheit schlecht)

Verläuft also der Prozeß wie im Fall A innerhalb der vorgegebenen Eingriffsgrenzen, dann ist dieser Prozeß unter Kontrolle und kann so weiter laufen. Sind die Eingriffsgrenzen oder andere Bedingungen wie in Fall B und C verletzt, muß eingegriffen werden.

Bild 9.6 zeigt den Ablauf bei der Auswertung von Stichproben bei Prozeßfähigkeitsuntersuchungen. Zuerst werden die Stichproben mit Hilfe des Wahrscheinlichkeitsnetzes daraufhin überprüft, ob eine Normalverteilung vorliegt. Diese Normalverteilung ist die Voraussetzung für die nachfolgende Ermittlung der Prozeßfähigkeitskennwerte. Über den Prozeßfähigkeitskennwert wird danach das Streuungsverhältnis beurteilt und beim Prozeßfähigkeitskennwert c_{pk} die Führung des Prozesses auf die Toleranzmitte überprüft.

Ein Prozeß ist (normalerweise) als fähig zu beurteilen, wenn folgende Bedingungen erfüllt sind:

relative Prozeßstreubreite f_p	=	75 %,
Prozeßfähigkeitpotential c_p	=	Größe 1,33,
Prozeßfähigkeit c_{pk}	=	Größe 1,33.

Die Ergebnisse von SPC sollten während der Produktion genutzt werden, um fehlerhafte Entwicklungen zu unterbinden. Allerdings kann über die Qualitätsregelkarte vor Ort die Prozeßfähigkeit nicht festgestellt werden, da für die Prozeßregelung die Eingriffsgrenzen und nicht die Produkttoleranzen verbindlich sind. Dafür läßt sich die Prozeßfähigkeit durch Auswertung der Daten von Qualitätsregelkarten ermitteln. Dazu werden die arithmetischen mittleren Mittelwerte bzw. Medianwerte und die Gesamtstreuung errechnet und mit der Toleranz verglichen. Hieraus ergeben sich die bereits beschriebenen Kennwerte zur Beurteilung der Prozeßfähigkeit.

Je nachdem, ob man das Dreifache oder das Vierfache der Streuung oder eine andere Basis zugrunde legt, erhält man dabei unterschiedliche Vorgaben für die Prozeßfähigkeit.

Benennung und Bildzeichen	Bemerkungen
Kommentar	Beschreibung von Eingängen bzw. Ausgängen von Verknüpfungen werden in Rechtecke eingetragen.
Übertragungs- Eingang Ausgang	Mit einem Übertragungsbildzeichen wird der Fehlerbaum abgebrochen bzw. an anderer Stelle fortgesetzt.
NICHT-Vernüpfung A 1 E	Die NICHT-Verknüpfung steht für Negation. Ist der Eingang E der Verknüpfung „0", so ist der Ausgang A „1" und umgekehrt. Funktionstabelle $\begin{array}{c\|c} E & A \\ \hline 1 & 0 \\ 0 & 1 \end{array}$
ODER-Verknüpfung (inklusives ODER) A ≥1 E1 E2	Die ODER-Verknüpfung steht für die logische Vereinigung. Für zwei Eingänge dieser Verknüpfung gilt die untenstehende Funktionstabelle. Die Verknüpfung kann beliebig viele Eingänge haben. Funktionstabelle $\begin{array}{c\|c\|c} E1 & E2 & A \\ \hline 1 & 1 & 1 \\ 1 & 0 & 1 \\ 0 & 1 & 1 \\ 0 & 0 & 0 \end{array}$
UND-Verknüpfung A & E1 E2	Die UND-Verknüpfung steht für den logischen Durchschnitt. Für zwei Eingänge dieser Verknüpfung gilt die untenstehende Funktionstabelle. Die Verknüpfung kann beliebig viele Eingänge haben. Funktionstabelle $\begin{array}{c\|c\|c} E1 & E2 & A \\ \hline 1 & 1 & 1 \\ 1 & 0 & 0 \\ 0 & 1 & 0 \\ 0 & 0 & 0 \end{array}$
Standardeingang	Das Bildzeichen steht für einen Funktionselementausfall, wenn primäres Versagen möglich ist. Dem Bildzeichen sind die Kenngrößen für den Primärausfall und jene für die Ausfallzeit des Funktionselementes zugeordnet.
Sekundäreingang	Das Bildzeichen wird als Eingang der Sekundärverknüpfung verwendet. Dem Bildzeichen sind die Kenngrößen für das Entstehen eines Sekundärausfalles eines Funktionselements bzw. eines Funktionsteilsystems sowie die Kenngrößen für die Ausfallzeit zugeordnet.

Bild 9.6. Fehlerbaum-Bildzeichen (Auszug aus DIN 25 424 Teil 1)

Ebenso wie die anderen Qualitätssicherung-Methoden, muß auch die SPC mit erheblichem Aufwand für Informationen und Schulung eingeführt werden. Erst dann kann sie zu der planmäßigen ständigen Verbesserungen der Qualität führen.

9.6 Poka Joke

Poka Joke ist eine japanische Qualitätssicherungsmethode. Übersetzt heißt *Poka* unbeabsichtigter oder zufälliger Fehler, *Joke* heißt Verminderung. Diese Methode soll das Entstehen unbeabsichtigter oder zufälliger Fehler verhindern oder zumindest reduzieren und hat das Ziel, daß das Nullfehlerprinzip durchgesetzt wird. Die Methode Poka Joke wurde 1986 durch Shigieo Shingo in Deutschland veröffentlicht. Bestandteil der Poka-Joke-Philosophie ist die Erkenntnis, daß Menschen als Bestandteil eines automatisierten Fertigungsprozesses unter besonderen Bedingungen stehen, die eine teilweise starke Konzentration erfordern, wobei der Prozeß selber aber keine Rücksicht auf physiologische Schwankungen nimmt. Daher kommt es immer wieder zu Fehlhandlungen, die Fehler im Urlauf verursachen. Typische Fehlhandlungen oder Fehlgriffe sind beispielsweise: vertauschen, vergessen, verwechseln, falsch ablesen, falsch verstehen, falsch interpretieren.

Durch Poka Joke soll sichergestellt werden, daß aus diesen Fehlhandlungen keine Fehler am Produkt entstehen. Die wichtigen Elemente des Poka Joke sind ein Detektionssystem mit Sensoren und Überwachungseinrichtungen, ein Auslösemechnismus mit Kontakten, Zählern oder Bewegungsdetekoren und ein Regulierungsvorgang durch Alarm oder Abschalten. Alle drei Elemente kommen mit einfachen Hilfsmitteln aus.

Darüberhinaus wird zwischen einem einfachen und einem intelligentem Poka Joke unterschieden. Einfaches Poka Joke geschieht durch mechanisches Gestalten. So kann eine Einlegeschikane gewährleisten, daß bei einer Einlegevorrichtung nur narrensichere Einlegearbeiten möglich sind. Beim intelligenten Poka Joke wird ein Betriebsmittel eingesetzt, um zu prüfen, ob ein Fehler gemacht wurde. Ein Beispiel für intelligentes Poka Joke ist die Sicherung des Lichtes beim Auto. Wenn die Scheinwerfer noch eingeschaltet sind, wird beim Türöffnen ein Signalton ausgelöst. Der Fahrer bemerkt so, daß er vergessen hat, das Licht auszuschalten.

Poka Joke läßt sich in die Kette der Anwendung der Qualitätssicherungsmethoden bringen. Angefangen hat die Anwendung der Methoden mit der FMEA oder Ausfalleffektanalyse zur frühzeitigen Feststellung möglicher Fehlerursachen. Über die SPC werden mögliche Prozeßfehler festgestellt. Folgen und Ursachen werden über die sieben Basiswerkzeuge ermittelt und als Prozeßsicherungsmethode wird abschließend Poka Joke eingesetzt.

9.7 Statistische Versuchsplanung nach Taguchi und Shainin

Die Einrichtung eines Prozesses und der folgende Prozeßanlauf bedürfen in der Regel einer großen Erfahrung, damit diese Prozesse nicht instabil beginnen. Häufig wird dabei auf Kataloge oder Tabellen zurückgegriffen, mit denen die Prozeßgrößen bestimmt werden. Mitunter gibt es auch Spezialisten mit langjähriger Erfahrung, die mit ihrem Fingerspitzengefühl in der Lage sind, derartige Prozesse stabil anlaufen zu lassen.

Eine systematische Methode gegenüber der Vorgehensweise von *try and error* ist die Verwendung faktorieller Pläne zur gleichzeitigen Untersuchung von mehreren Prozeß-Einflußfaktoren. Alternativ wird dann über die festgelegten Versuchsanforderungen versucht, eine schrittweise Optimierung des Prozesses zu erreichen. Die Einfaktor-Methode ist die einfachste Art und Weise, um einen Prozeß gezielt zu untersuchen. Dabei wird jeweils ein Prozeßfaktor oder eine Steuergröße variiert, während alle anderen Faktoren konstant gehalten werden. Da so eine reproduzierbare Vorgehensweise entsteht, unterstützt die Einfaktor-Methode trotz ihrer Einfacheit die Prozeßeinstellung. Allerdings hat sie auch Nachteile. Da nur jeweils eine Steuergröße variiert wird, sind Wechselwirkungen zwischen verschiedenen Steuergrößen oder Faktoren nur schwer erkennbar. Außerdem kann der Einfluß zusätzlicher Störgrößen nicht in die Untersuchung einbezogen werden.

Um diese Nachteile auszuschalten, gibt es den vollfaktoriellen Versuch. Gleichzeitig werden mehrere Faktoren ausgewogen und untereinander variiert. Auf diesem Weg ist es möglich, Mittelwerte für die Einstellung zu bilden und sogenannte Effekte zu ermitteln. Diese Effekte beruhen entweder auf der Verstellung eines Faktors oder es sind Wechselwirkungseffekte, die durch die gleichzeitige Verstellung mehrerer Faktoren ausgelöst wurden. Durch die Bildung von Effekten entsteht ein wesentlicher Vorteil gegenüber der Einfaktormethode, da die Versuchsergebnisse auf den realen Prozeß besser zu übertragen sind. Allerdings ist in der Praxis ein relativ hoher Aufwand bei diesem vollfaktoriellem Versuch nötig, vor allem dann, wenn man die möglichen Wechselwirkungen zwischen verschiedenen Faktoren lokalisieren möchte. Die Verläßlichkeit der Analyse ist nämlich nur dann gesichert, wenn die notwendige Versuchsanzahl auch durchgeführt wird.

Taguchi hat nun einen Weg entwickelt, der eine drastische Reduzierung der Versuchszahlen verspricht, allerdings nicht zu abgesicherten Ergebnissen führt. Dies ist ein zentraler Kritikpunkt von Experten der klassischen Versuchsmethodik: Taguchi bedient sich zwar klassischer Versuchspläne, verschweigt allerdings ihre Herkunft. Außerdem wird an der Taguchi-Methode kritisiert, daß sie zwar eine Systematik zur gemeinsamen Untersuchung von Faktoren und Störeinflüssen anbietet, allerdings ist sie sehr empfindlich gegenüber Scheineffekten. Aufgrund der vielen impliziten Annahmen, z.B. der Vernachlässigung von Wechselwirkungen, sind zusätzliche Experimente zur Bestätigung der Taguchi-Ergebnisse zwingend erforderlich. Taguchi hat seiner Versuchsplanung eine spezielle Qualitätsphilosphie vorgeschaltet, mit der es ihm gelungen ist, den Überlegungen der Versuchsplanung weltweit Geltung zu verschaffen. Häufig sind hieraus auch Anstöße gekommen, die Prozesse anhand der klassischen Versuchsmethodik die Prozesse weiter zu untersuchen. Der Grundgedanke von Taguchi besteht darin, daß er Qualität definiert durch den geringstmöglichen Verlust, der dem Unternehmen zu dem Zeitpunkt entsteht, an dem das Produkt in die Nutzung übergehen wird. Mit der Funktion des Qualitätsverlustes wird die Qualität damit geldlich bewertet. Dieser imaginäre Verlust für das Unternehmen sollte nicht mit realen Verlusten verwechselt werden.

Die Abschätzung der Verlustfunktion wurde von Taguchi in Form einer Parabel formuliert. Unter der Annahme, daß der Qualitätsverlust symmetrisch zum Zielwert verläuft, ergibt sich als Verlustfunktion eine Parabel. Mit Hilfe der quadratischen Verlustfunktion läßt sich der Qualitätsverlust als Funktion der Abweichung des Produktmerkmals vom Zielwert hinreichend genau beschreiben (Bild 9.7). Die vorgegebenen Toleranzgrenzen für eine spezifische Eigenschaft sind lediglich Hilfsmittel, um Entscheidungen innerhalb des Unternehmens herbeizuführen.

Der Verlust tritt aber nicht erst dann auf, wenn sich das Produkt außerhalb der spezifizierten Funktionsgrenzen befindet, sondern auch schon innerhalb dieser

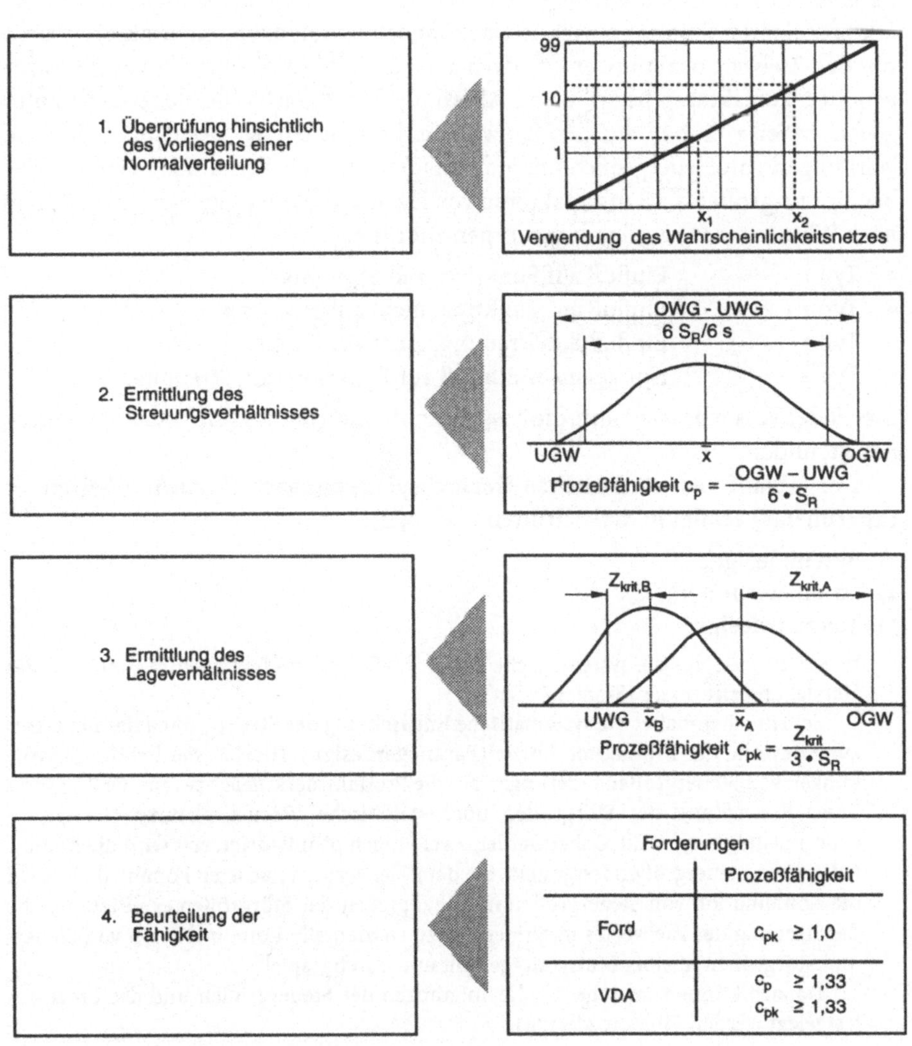

Bild 9.7. Arbeitsschritte bei der Prozeßfähigkeitsuntersuchung

Funktionsgrenzen. Ein Funktionswert innerhalb der Toleranzgrenzen ist nicht besser als einer, der gerade außerhalb der Toleranzgrenze liegt. Folglich werden also auch durch Abweichungen vom Sollwert Verluste induziert, selbst wenn das Produkt als fehlerfrei durch eine Prüfung geht. Die Aufgabe der Optimierung besteht nun darin, für alle Prozesse und Produktfunktionen die Verluste zu minimieren.

Ausgangspunkt dafür ist bei Taguchi die Ursachenbetrachtung. Jede Ursache hat eine mehr oder weniger große Wirkung. Wenn man alle Wirkungen wirklichen Ursachen zuordnen könnte und darüber hinaus alle Ursachen steuern würde, ließe sich eine Produktion exakt auf den Sollwert fahren. Das ist aus Kostengründen nicht möglich. Deshalb wird nur eine begrenzte Zahl von Ursachen als steuerbare Parameter (Steuerfaktoren) eingesetzt. Die übrigen läßt man als sogenannte Störfaktoren auf das System einwirken. Nach Taguchi können die Steuerfaktoren nicht nur den Zielwert beeinflussen, sondern auch die Empfindlichkeit des Systems gegenüber Störfaktoren beeinflussen. Allerdings haben nicht alle Steuerfaktoren in gleicher Weise Einfluß auf den Zielwert und die Streuung. Deshalb werden die Wirkungen von Steuergrößen mit einem Signal-Rausch-Verhältnis bewertet, wobei die Störgrößen als Rauschfaktoren vorliegen. Die Steuerfaktoren lassen sich je nach Wirkung vier verschiedenen Typen zuordnen:

- Typ 1   -   Einfluß auf Funktion und Streuung,
- Typ 2   -   Einfluß auf Funktion, nicht auf Streuung,
- Typ 3   -   Einfluß auf Streuung, nicht auf Funktion,
- Typ 4   -   Nur geringer Einfluß auf Funktion und Streuung.

Zweck der Versuche ist es nun, die beste Kombination der Einfluß- oder Steuergrößen zu finden.

Der Ablauf der statistischen Versuchsplanung nach Taguchi (Design of experiments) erfolgt in drei Schritten (Tafel 9.2):

1) Systemdesign,
2) Parameterdesign,
3) Toleranzdesign.

In Schritt 1 erfolgt die systematische Entwicklung der Produkteigenschaften und des Herstellungsprozesses (Systemdesign).

Schritt 2 beinhaltet die systematische Entwicklung der Steuergrößen des Prozesses zur Kontrolle der Produktmerkmale (Parameterdesign). Hierbei werden die Auswirkungen von Steuergrößenänderungen auf die Produktmerkmale bzw. auf die Zielwerte unter Einwirkung der Störgrößen über statistische Versuchsplanung (Design of experiments) festgestellt. Dabei werden zwei Fragen beantwortet: erst wird die Kombination von Steuergrößen festgestellt, die dem Zielwert am nächsten kommt, dann wird die Kombination von Steuergrößen in Abhängigkeit der Störgrößen ermittelt, welche die Streuung des Zielwertes minimiert. Dazu werden alle Kombinationen von Steuer- und Störgrößen in einer Matrix dargestellt und durchgespielt.

Danach können im Schritt 3 die Toleranzen der Steuergrößen und des Prozesses festgelegt werden (Toleranzdesign).

Wenn für die einzelnen Steuerfaktoren die Art ihres Einflusses auf Funktion und Steuerung bekannt ist, läßt sich damit die Optimierungsstrategie betreiben,

Tafel 9.2. Ablauf der statistischen Versuchsplanung nach Taguchi

---

Das Maß für Qualität sind enge Toleranzen, um Verluste zu Minimieren. Dieses Ziel wird erreicht durch die Kombination beeinflußbarer Steuergrößen im Prozeß, unter Berücksichtigung der nicht zu beeinflussenden Störgrößen. Dabei werden Unempfindlichkeiten gegen Störungen (Robustheiten) genutzt, um Zielwerte einzuhalten.

Vorgehen:

1. Systematische Entwicklung der Produkteigenschaften und des Herstellungsprozesses (system design)

2. Systematische Entwicklung der Steuergrößen des Prozesses zur Kontrolle der Produktmerkmale (parameter design)

   - Auswirkung von Steuergrößen auf Produktmerkmale unter Einwirkung der Störgrößen über statistische Versuchsplanung (design of experiment); damit Lösung des Zielkonflikts:

   - Kombination von Steuergrößen, die dem Zielwert am nächsten kommt; Kombination von Steuergrößen in Abhängigkeit der Störgrößen, die die Streuung des Zielwerts minimiert.

   - Robustheit stärken durch Ermittlung eines Signal-Rausch-Verhältnisses Signal = Steuergrößeneinfluß; Rauschen = Störgrößeneinfluß.

   - Alle Kombinationen werden in einer Matrix durchgespielt. Je höher bei der Steuergröße das Signal-Rausch-Verhältnis ist, um so niedriger der Verlust.

3. Festlegung der Toleranzen der Steuergrößen des Prozesses (tolerance design)

---

die sich aus der Verlustfunktion ableitet. Angestrebt wird, die Wirkung von Störgrößen durch Einstellung der Steuergröße so zu vermindern, ohne dabei die Ursache selbst, also die Störgröße, zu eliminieren oder zu reduzieren. Das ist aber nichts anderes, als den Prozeß unempfindlicher gegenüber den Wirkungen der Störfaktoren zu machen.

Zur Gesamtoptimierung des Prozesses ist eine möglichst große Zahl von Steuerfaktoren einzubeziehen. Die im Rahmen des Parameterdesign durchgeführten Untersuchungen zielen darauf ab, die Reaktion des Prozesses bzw. des Systems auf Änderungen der Steuerfaktoren festzustellen und damit die Wirkung der Steuerfaktoren zu quantifizieren.

Die Ergebnisse dieser Vorgehensweise sind kritisch nach drei unterschiedlichen Gesichtspunkten zu interpretieren:

Entweder sind die Wechselwirkungen alle vernachlässigbar oder einige wenige Haupteffekte sind im hohen Maße dominant (Paretoprinzip). Weiter kann die Auswirkung der optimalen Einstellung zufällig die entsprechend korrekte Einstellung der Wechselwirkungen ergeben. Nur wenn diese Randbedingungen auch zutreffen, lassen sich nach Taguchi mit relativ geringem Versuchsaufwand positive Ergebnisse erzielen. Ansonsten wird man bei dieser Vorgehensweise zu einem falschen Ergebnis kommen. Taguchi setzt sich über dieses Risiko hinweg und verweist auf die Verwendung von Bestätigungsexperimenten, um dabei zu prüfen, ob man einem Trugschluß aufgesessen ist oder nicht. Dies bedeutet aber, daß man einen zusätzlichen Aufwand betreibt, der allerdings im Sinne der Anwendung von Qualitätssicherungsmethoden mit dem Qualitätsgedanken nicht zu vereinbaren ist.

Im Gegensatz zur Taguchi-Methode geht *Shainin* in mehreren aufeinander gestuften Schritten vor, bei denen er die wichtigen Einflußgrößen Schritt für Schritt eingrenzt. Entscheidend ist, daß das Paretoprinzip angewendet wird. Damit wird vorausetzt, daß unter vielen Einflußgrößen nur wenige einen dominanten Einfluß haben. Auch wenn das Paretoprinzip keine absolute Allgemeingültigkeit besitzt, so kann man doch davon ausgehen, daß bei vielen vorhandenen Einflußgrößen einige wenige besonders wichtig sind.

Aus der statistischen Versuchsmethodik sind eine große Anzahl von Verfahren bekannt, mit denen man wichtige Faktoren lokalisieren kann. Shainin hat aus dieser Vielzahl drei ausgewählt, die eine große Einfachheit besitzen, aber nur bei speziellen Fragestellungen anwendbar sind. Es handelt sich um

- die Multivariationskarten,
- den paarweisen Vergleich und
- die Komponentensuche.

Verfahren nach Shainin (Tafel 9.3): Bei der Multivariationskarte werden aus dem Prozeß, ähnlich wie bei einer Verwendung der Qualitätsregelkarte, in periodischen Zeitabständen Stichproben entnommen und graphisch ausgewertet.

Mit Hilfe der Multivariationskarte wird die Streuung der Stichprobe in drei Teile zerlegt: Einmal in die Streuung eines Teiles. Dazu werden je Teil der Minimal- und Maximalwert des Merkmals ermittelt. Zum zweiten erfolgt eine Zerlegung in die Streuung zwischen den Teilen einer Stichprobe und zum dritten in die Streuung von Stichprobe zu Stichprobe.

Diese Streuungsanteile werden verglichen und die stärksten Streueinflüsse ermittelt, um die Hauptursachen einzugrenzen.

Tafel 9.3: Statistische Versuchsplanung nach Shainin

Ziel: Wesentliche Prozeßgrößen mit ihren optimalen Toleranzen ermitteln.

A) **Suche nach möglichen Fehlerursachen (20...1000).**

- 1) Multi-Varia-Karte,
- 2) systematischer Komponententausch,
- 3) paarweiser Vergleich.

B) **Variablensuche (5...20).**

- 4) Eignungstest der Variablen

C) **Optimierung (≥ 4)**

- 5) vollfaktorieller Versuch zur Bestimmung der Effekte und Wechselwirkungen,
- 6) Bestätigung A) gegen B),
- 7) Festlegung der Toleranzen.

Beim paarweisen Vergleich werden aus dem laufenden Prozeß eine gleich große Stückzahl von guten und schlechten Teilen entnommen. In einer detaillierten Analyse wird dann untersucht, welche Merkmale diese Gut- und Schlechtteile am häufigsten unterscheiden.

Beim systematischen Komponentenaustausch folgt dann das wechselseitige Vertauschen von Komponenten einer guten und einer schlechten Baugruppe. Aus den Veränderungen der Zielgrößen nach dem Vertauschen lassen sich die Komponenten ermitteln, die den Haupteinfluß darstellen.

Erläuterungen zu Stufe B, Eingrenzung der Variablen (Variablensuche): Aus den verbliebenen Einflußgrößen werden anschließend die maßgeblichen Einflußfaktoren (3 bis 5) herausgefiltert. Die Einstellwerte dieser Einflußgrößen bei guten und auch bei schlechten Produkteigenschaften werden in unterschiedlicher Weise in Versuchläufen kombiniert. Als Ergebnis erhält man Aussagen entweder über die sehr große oder über die vernachlässigbare geringe Bedeutung dieser Einflußgrößen.

Die Zielsetzung der Variablensuche ist also nicht die Ermittlung einer optimalen Einstellung, sondern die Frage, welche Faktoren das Prozeßergebnis am stärksten beeinflussen. Die Festlegung der Faktorstufen (der Stufe, die wahrscheinlich schlechte Ergebnisse liefert, und der Stufe, die wahrscheinlich gute Ergebnisse liefert) ist eine wesentliche Randbedingung für die Anwendung des Verfahrens. Nur wenn die Zuordnung der Stufen korrekt getroffen wurde und die Stufenabstände entsprechend gewählt sind, wird das Verfahren zu guten Ergebnissen führen.

Um die Faktorstufen zu ermitteln, wird ein Vorversuch durchgeführt, der einmal wiederholt wird. Dabei werden alle Faktoren sowohl auf ihre schlechteste Einstellung als auch auf ihre beste Einstellung untersucht. Anschließend erfolgt die Abschätzung der Streuung zwischen den Wiederholungen (d) und den betrachteten Gesamteffekten durch den gleichzeitigen Wechsel aller Faktorstufen (D).

Ist das Verhältnis D durch d größer als 5 : 1, so beinhalten die untersuchten Faktoren mindestens eine dominante Größe. Shainin hat diesen Faktor als das Rote X bezeichnet. Falls dieses Rote X nicht auftritt, kommen folgende Möglichkeiten in Betracht:

- ein dominanter Faktor ist in der Zusammenstellung nicht enthalten,
- die Einstellung wurde schlecht gewählt, weil die Abstände der Faktorstufe zu gering sind,
- die Einstellung von gut und schlecht wurden vertauscht festgelegt,
- es treten kreuzende Wechselwirkungen auf, bei denen der Effekt nur zutage tritt, wenn ein Faktor auf der schlechtesten, ein anderer auf der guten Einstellung steht.

Sollte der Vorversuch negativ ausfallen, dann schlägt Shainin vor, die Untersuchung anderer Faktoren, die Ermittlung der Gut-/Schlechtstufen über einfaktorielle Versuche oder vollfaktorielle Untersuchungen von jeweils vier Faktoren durchzuführen. Fällt der Vorversuch positiv aus, so kann jetzt in Stufe C die eigentliche Optimierung beginnen.

Erläuterungen zu Stufe C (Optimierung): Über komplette faktorielle Versuche (Schritt 5) werden die zentralen Einflußgrößen und deren optimale Werte - auch unter der Berücksichtigung von Wechselbeziehungen - herausgefunden. Dazu wird der jeweilige Faktor zunächst auf seinen Bestwert eingestellt und alle anderen Faktoren auf ihren schlechtesten Wert. Das Ergebnis wird mit dem Vorversuch verglichen, bei dem alle Faktoren auf der schlechtesten Einstellung gewählt wurden. Zeigt sich eine deutliche Umkehr des Versuchsergebnisses, so ist der Faktor hoch dominant (das Rote X).

Zeigt sich eine schwache Umkehr der Versuchsergebnisse, so ist der Faktor zusammen mit anderen Faktoren dominant. Damit ist nach Shainin das pink X gefunden.

In Schritt 6 - Bestätigung B gegen A - wird diese Vorgehensweise auf alle Faktoren angewandt

Als abschließende Bestätigung auf der Basis des existenten (alten) Prozesses „A" im Vergleich mit einem neuen, besseren Prozess „B" genügen nur wenige Muster aus der Produktion, um Schlüsse zu ziehen. Diese Technik ersetzt sehr viel umfangreichere Stichproben. Sie baut auf Wahrscheinlichkeiten bei Permutation und Kombination auf, wenn die Rangordnung der Merkmalswerte betrachtet wird. Die Vertrauensbasis bestimmt die Zahl der notwendigen Stichproben bzw. Versuche. Die Meßergebnisse dieser Muster werden in eine Rangreihe (besser/schlechter) gebracht und in ihrer Anordnung beurteilt. Wenn die Ergebnisse von (A) und (B) nicht überlappen, ist der eine Prozeß eindeutig der Bessere. Die Größe des Vorteils von B gegen A wird ermittelt durch das Vergleichen der Lage der beiden Mittelwerte aus den Werten B bzw. A.

Darauf folgt eine Rangreihenbewertung über die wichtigen Einflußgrößen (Schritt 7). Damit soll der optimale Wert und die zulässige Streubreite der wichtigsten Einflußgröße bestimmt werden.

Stellt man noch einmal die Verfahren von Taguchi und Shainin der klassischen Versuchsmethodik gegenüber, so bleibt festzustellen, daß die klassische Versuchsmethodik bisher nicht Eingang als Standard-Methode gefunden hat, weil gesicherte Ergebnisse nur mit einem relativ hohen Aufwand erreichbar sind.

Die Taguchi- und Shainin-Methode sind leicht auszuführen. Allerdings ist das Risiko hoch, daß falsche Schlußfolgerungen gezogen werden oder daß die Versuche nicht zu dem angestrebten Ergebnis führen, weil die Randbedingungen oder die getroffenen Annahmen nicht sauber genug abgeklärt wurden. Aus diesem Grund sollten die Verfahren nur bei genauer Kenntnis der Zusammenhänge und Rahmenbedingungen Anwendung finden. Vorher ist immer eine gründliche Systemanalyse notwendig, um die Versuche dann korrekt durchführen zu können.

Mit Taguchi und Shainin sind die wesentlichen Qualitätssicherungs-Methoden angesprochen, die zur Fehlervermeidung eingesetzt werden. Ihre Anwendung sollte in die qualitätsrelevanten Abläufe integriert werden, die durch die Qualitätsmanagement-Elemente der DIN EN ISO 9000 ff. beschrieben sind, und so den Erfolg des jeweiligen Qualitätssicherungs-Elementes unterstützen.

Eine beispielhafte Zuordnung der beschriebenen Qualitäts-Methoden und Verfahren erfolgt in Tafel 9.4. Diese Darstellung selbst läßt sich selbstverständlich auch auf die 20 Qualitätsmanagement-Elemente der DIN EN ISO 9001 erweitern. Jedem Qualitätselement dieser DIN sollte der Qualitätsverantwortliche die in seinem Unternehmen eingesetzten Qualitätssicherungs-Methoden und Verfahren zuordnen und gleichzeitig die Verantwortlichkeiten festlegen.

Tafel 9.4. Qualitätselemente, Methoden und Verfahren

---

1. Design und Entwicklung

Ursachen-Wirkungs-Diagramm	FMEA	Pflichtenheft
	QFD	Taguchi-Methoden
Ausfallfehleranalyse	Shainin-Methoden	Fehlerbaumanalyse

2. Beschaffung

Vertragsprüfung	FMEA	PARETO-Analyse
Lieferanten-Audit	Pflichtenheft	ABC-Analyse
7 Basis-Werkzeuge	SPC	

3. Prozeßplanung

SPC	Pflichtenheft	Fehlerbaumanalyse
Tagutchi-Methoden	Shainin-Methoden	
FMEA	Qualitäts-Audit	

4. Produktion

PC	Prüfplan	Qualitäts-Autidt
Shainin-Methoden	Ursachen-Wirkungs-Diagramm	7 Basis-Werkzeuge
Qualitäts-Audit		Q-Zirkel

5. Qualitätsprüfung

SPC	Berichtswesen	Qualitäts-Audit
7 Basis-Werkzeuge	PARETO-Analyse	
Qualitäts-Audit	Prüfkriterienauswahl	

6. Verpackung und Lagerung

SPC	Qualitäts-Audit	Fehleranalyse
Pflichtenheft	7 Basis-Werkzeuge	

7. Verkauf und Verteilung

SPC	QFD
Qualitäts-Audit	Shikawa-Diagramm

8. Montage

SPC	7 Basis-Werkzeuge	Fehleranalyse
Pflichtenheft	Poka Yoke	
Qualitäts-Audit	Q-Zirkel	

9. Technik und Instandhaltung

SPC	Qualitäts-Audit	Fehlerbaumanalyse
Pflichtenheft	7 Basis-Werkzeuge	Q-Zirkel

10. Beseitigung nach Gebrauch

Pflichtenheft	Fehleranalyse	Ursache-Wirkung-Diagramm
Qualitäts-Audit		

11. Marketing und Marktforschung

Lastenheft	Qualitäts-Audit	Fehleranalyse
Vertragsprüfung	QFD	

9.8 Literaturhinweise

Baumbach, M.: SPC - ein alter Hut? In: REFA-AKIE, Deutsche Industrieal Engineering Fachtagung 1989

Bläsing, J.P.(Hrsg.): Handbuch der Qualitätssicherung, Hanser Verlag, München
Wien 1988

DIN 25448, Ausfalleffekt-Analyse

DIN 25424, Fehlerbaum-Analyse

DIN 25419, Störablauf-Analyse

DGQ (Hrsg. 1979): Qualitätsregelkarten. 3. Aufl. Beuth Verlag, Berlin

DGQ (Hrsg. 1980): Stichprobenpläne für quantitative Merkmale (Variablen-
stichprobenpläne) Beuth Verlag, Berlin

DGQ (Hrsg., 1984a): Methoden zur Ermittlung geeigneter AQL-Werte, 3. Aufl.
Beuth Verlag, Berlin

DGQ: Qualitätsregelkarte (DGQ 18-180)

DGQ-Schrift 16-31 *SPC-Statistische Prozeßlenkung.* Beuth Verlag GmbH, Berlin

FORD Werke, *Statistische Prozeßregelung* Köln, 5, 1985

Ford Werke: *Prozeßfähigkeit* Köln, 2.1991

Ford: Leitfaden zur Konstruktions-FMEA, Ausgabe EU162b, Qualitätssicherung
Ford Werke AG, Köln 1984

Ford: Leitfaden zur Prozeß-FMEA, Ausgabe EU162, Qualitätssicherung Ford Werke AG, Köln 1984

Gimpel. B.: Statistische Prozeßregelung (SPC), CIM-Center-Seminar „Rechnerunterstützte Qualitätssicherung" Aachen, 05/06.03.91

Graf, M.: Statistische Prozeßregelung SPC für variable und attribute Merkmale. QZ
34 (1989), Heft 3, S. 135/137

Graf, U.; Henning; H.J./Stange, K.; Willrich, P.-Th. (1987): Formeln und Tabellen
der angewandten mathematischen Statistik. 3. Aufl. Springer, Berlin/Heidel-
berg, 529 S.

HDI Information HST.H 3/90: Verfahren der Konstruktionsmethodik - Grundlage
konstruktiver Sicherheit

Helmers, Stark: SPC in der Continental. QZ 33/1988

Kirstein, H.: Qualitätsfähigkeit von Fertigungsprozessen. Praxishandbuch Qualitätssicherung Band 2, Baustein D1, gfmt, 5/1987

Kochendörfer, H.: Konzeption und Realisierung eines SPC-Systems, Fallbeispiel
einer Installation bei einem Automobilzulieferer. Praxishandbuch Qualitätssicherung, Band 3, Baustein D4, gfmt 10/1987

Masing, W.(Hrsg.): Fehlermöglichkeits- und Einflußanalyse in der industriellen
Praxis, verlag moderne industrie, Landsberg/Lech 1987

Meyer, F.J.: Statistische Sicherung der Prozesse in der Serienfertigung. VDI-Be-
richte 929, Integration der Qualitätssicherung in CIM, VDI-Verlag Düsseldorf,
1991

MIL-STD-1629A, Procedures for Performing a Failure Mode, Effects and
Criticality Analysis

Rinne, H. (1988): Statistische Formelsammlung. 3. Aufl. Harri Deutsch, Frankfurt/ Thun, 159 S.

Rinne/Mittag (1989): Statistische Methoden der Qualitätssicherung, Carl Hanser Verlag München Wien

Schindowski, E.; Schürz, O. (1965): Statistische Qualitätskontrolle. 3. Aufl. VEB Verlag Technik, Berlin

Schubert, M.: FMEA - Fehlermöglichkeits- und Einflußanalyse-Leitfaden. 1993. 48 S. DGQ, Frankfurt

Taguchi, G.: Quality Engineering. Minimierung von Verlusten durch Prozeßbeherrschung. Deutsche Übersetzung von „Introduction to Quality Engineering", 1986. München: gfmt-Verlag 1989

Uhlmann, W. (1982): Statistische Qualitätskontrolle. 2. überarbeitete und erweiterte Aufl., Teubner Verlag, Stuttgart, 292 S.

Verband der Automobilindustrie e.V. (VDA), Sicherung der Qualität vor Serieneinsatz, 2., grundlegend über-arbeitete Auflage, Eigenverlag FMEA, Frankfurt/ Main, 1986, S. 29-40

Vogt, H. (1988): Methoden der Statistischen Qualitätskontrolle. Teubner Verlag, Stuttgart, 295 S.

Wadsworth, H.M.; Stephens, K.S.; Godfrey, A.B. (1986): Modern Methods for Quality Control and Improvement. Wiley, New York, 690 S.

Warneke, H.J.; Bullinger, H.J.: Forschung und Praxis, Band T14, Herausforderung Qualität, 22. IPA-Arbeitstagung 11/89, Springer Verlag 1989

10 Prüfung der Qualität im Prozeß

10.1 Arten von Qualitätsprüfungen

Der klassische Bereich der Qualitätssicherung ist die Qualitätsprüfung auf der operativen Ebene, d.h. bei der Produkterstellung in der Fertigung und Montage. Damit wird das Fehlerentdeckungsprinzip vor der Produktauslieferung herausgestellt. Die Qualitätsprüfung war der Ausgangspunkt für den Erfolg des Anspruches *Made in Germany*. Diese Kernfunktion wird im folgenden ausführlich dargestellt, nun mit dem Hinweis auf die ausgeführten Veränderungen bezüglich der Erweiterung des Qualitätsbegriffes und der Anwendung des Fehlervermeidungsprinzips.

Die Beschränkung der Qualitätsprüfung auf die operative Ebene wäre bei der Entwicklung des Qualitätsbegriffes hin zu einer umfassenden Unternehmensqualität eine viel zu enge Betrachtungsweise. Auch die dispositiven, d. h. die planenden und steuernden Prozesse im Unternehmen müssen - in bezug auf die Erfüllung der qualitätsrelevanten Dienstleistungskomponenten und auf die Erfüllung der systembezogenen, aus den in der DIN EN ISO 9001 abgeleiteten Qualitätsanforderungen - den gleichen Prüfungsgesichtspunkten wie die operativen Prozesse unterworfen sein. Das Leitmotiv sollte lauten: *Qualität erzeugen und nicht erprüfen.*

Qualitätssicherung beginnt weit vor dem operativen Herstellungsprozeß. Durch Prüfungen läßt sich im nachhinein die ungenügende Erfüllung von Qualitätsanforderungen nicht beseitigen.

Nach DIN 55350 ist die Qualitätsprüfung definiert als *Feststellungen, inwieweit eine Einheit die Qualitätsanforderung erfüllt.* Dabei ist eine methodische Vorgehensweise sicherzustellen, um dieser Aufgabenstellung wirtschaftlich gerecht zu werden. In immer stärkerem Maß wird die Qualitätsprüfung durch den Rechnereinsatz unter dem Stichwort CAQ (computer aided quality) unterstützt.

In der Praxis wird unterteilt in die drei Bereiche

- Prüfplanung,
- Prüfausführung und
- Prüfdatenverarbeitung.

Bei der Prüfplanung werden die Vorgaben hinsichtlich zu prüfender Qualitätsmerkmale, des zu benutzenden Prüfplanes mit den einzusetzenden Prüfmitteln sowie des geplanten Prüfablaufs, erarbeitet. Dem Prüfauftrag schließt sich die eigentliche Prüfausführung entsprechend dem Bearbeitungszustand an, Prüfen bzw. Messen der Merkmalsausprägungen und Festhalten der Prüfdaten nach vorgegebenen Dokumentationsstrukturen. Die Beurteilung der Prüfergebnisse erfolgt im Rahmen der Qualitätslenkung. Treten Fehler auf, dann werden entsprechende Maßnahmen zur Beseitigung ergriffen.

Durch Rückmeldung der Ergebnisse an die betroffenen Abteilungen und der gezielten Beseitigung der ermittelten Schwachstellen wird das angestrebte Qualitätsregelkreismodell durchgesetzt.

Da die organisatorische Eingliederung der Qualitätsprüfung in der nationalen als auch internationalen Normung offengelassen wird, gibt es sehr unterschiedliche Lösungen in der Praxis, die sich an den betrieblichen Rahmenbedingungen orientieren. In kleineren und mittelständischen Betrieben wird häufig unter der Funktionsbezeichnung *Qualitätswesen* die Prüfplanung und Prüfdurchführung von einer Stelle gemeinsam durchgeführt. In Großunternehmen sind diese beiden Funktionen (Exekutive und Legislative) getrennt. Mitunter wird auch die Prüfplanung von der Fertigungsplanung wahrgenommen, weil die Prüfablaufplanung stark von dem vorhandenen Fertigungsverfahren abhängig ist und in den Fertigungsablauf prozeßbezogen integriert sein muß. Arbeits- und Prüfvorbereiter müssen deshalb eng zusammenarbeiten, um Arbeitsablauf und Prüfablauf aufeinander abzustimmen. Deshalb geschieht die Prüfplanung in derselben Phase wie die Arbeitsplanung, nämlich vor Beginn der Fertigung eines Produktes.

Qualitätsprüfung in der Phase der Produkterstellung

Prüfplanung und Prüfausführung werden im wesentlichen von der Art der Qualitätsprüfung beeinflußt. Dabei sind mehrere Arten zu beachten (Tafel 10.1). Begonnen wird hier mit der Einteilung von Qualitätsprüfungen in der Phase der Produkterstellung, unterschieden nach Eingangs-, Zwischen-, End-, Ablieferungs- und Abnahmeprüfung.

Die *Eingangsprüfung* reduziert sich immer mehr auf die notwendige Identitätsprüfung, bei der geprüft wird, ob die gelieferte Ware nach Warenart und Menge mit der Bestellung übereinstimmt.

Die eigentliche Qualitätsprüfung findet bereits beim Zulieferer statt, obwohl die gesetzliche Sorgfaltspflicht nach HGB und BGB dies immer noch vom Abnehmer fordert. *Zwischenprüfungen* während der Produktion sollen die Produktqualität und die Prozeßfähigkeit sicherstellen. Hierbei finden auch häufig statistische Methoden Anwendung, wie etwa SPC. Insbesondere muß sichergestellt sein, daß bei Werkzeugwechsel, Umbauten oder sonstigen Änderungen des Prozeßablaufes weiterhin die Herstellung spezifikationsgerechter Teile ermöglicht wird. Eine gute Instandhaltung der Betriebsmittel und die laufende Prüfung der Werkzeuge ist nötig, um nach jedem Einrichten die geforderten Prozeßabläufe wieder sicher herzustellen. Bei der *Endprüfung* besteht für das Unternehmen das letzte Mal die Gelegenheit, Qualitätsmerkmale vor der Übergabe an den Kunden festzustellen und Gesamtfunktionsprüfungen durchzuführen.

Der *Umfang der Prüfung* kann auch von den vereinbarten Nachweisforderungen abhängig sein. Der Umfang und Aufwand bei der Endprüfung kann

Tafel 10.1. Arten von Qualitätsprüfungen

---

1 Nach der Phase der Produkterstellung,
1. Eingangsprüfungen
2. Zwischenprüfungen
3. Endprüfungen
4. Ablieferungsprüfungen
5. Annahmeprüfungen

2 Nach den Funktionsbereichen, z.B.:
1. Prüfung der Entwurfsqualität
2. Prüfung der Zulieferqualität
3. Prüfung der Dispositionsqualität
4. Prüfung der QM-Systemqualität
5. Prüfung der Herstellungsqualität

3 Nach dem Prüfumfang, z.B.:
1. Vollständige Prüfung
2. 100% Prüfung
3. Statistische Prüfung
4. Auswahlprüfung

4 Nach Merkmalsausprägungen, z.B.:
1. Quantitative Merkmale
2. Diskret/Kontinuierlich
3. Qualitative Merkmale
4. Ordinal/Nominal

5 Nach Prüfungsdurchführenden, z.B.:
1. Fremdprüfung
2. Eigenprüfung
3. Selbstprüfung

6 Nach dem Automatisierungsgrad, z.B.:
1. Manuelle Prüfung
2. Halbautomatische Prüfung (off-Line)
3. Automatische Prüfung, online
   Datenerfassung

7 Nach Grad der Prozeßbeherrschung,
z.B.:
1. Prüfungen bei einfachen Prozessen
2. Prüfungen bei aufwendigen Prozessen
3. Prüfungen bei komplexen Prozessen
   (schwierig einzuhaltende Prozeßparameter)

8 Nach der Bedeutung des Q-Merkmals,
z.B.:
1. Kritische Merkmalprüfung
2. Hauptmerkmalprüfung
3. Nebenmerkmalprfung

9 Nach dem Prüfgegenstand, z.B.:
1. Musterprüfung
2. Probeablaufprüfung
3. Tätigkeitsprüfung
4. Teileprüfung
5. Werkzeugprüfung
6. Prüfmittelprüfung

10 Nach der Art der Nachweisführung
1. Dokumentationspflichtig
2. Nichtspezifische Prüfung
3. Spezifische Prüfung

11 Nach der Art der Ausführung, z.B.:
1. Prüfung in der Maschine vor oder
   während der Bearbeitung
2. Prüfung neben der Maschine mit
   speziellen Prüfeinrichtungen
3. Prüfung am zentralen Meßplatz mit
   universellen und flexiblen
   Prüfeinrichtungen

12 Nach der Art der Fertigung
1. Prüfung bei Serienfertigung
2. Prüfung bei Einzelfertigung
3. Prüfung bei Fließfertigung

---

in dem Maße reduziert werden, wie durch alle vorgelagerten Qualitätsprüfungen die Erfüllung der Qualitätsanforderung sichergestellt ist.

Als erstes ist die *vollständige Prüfung* zu nennen. Darunter versteht man das vollständige Prüfen aller Qualitätsmerkmale an einem oder mehreren Erzeugnissen. Im Gegensatz dazu bedeutet eine *Hundertprozentprüfung* das Prüfen eines einzelnen Merkmals an allen Teilen eines Prüfloses. Hundertprozentprüfungen sind kostenaufwendig und zeitraubend. Sofern nicht anders vereinbart oder vom Gesetzgeber vorgeschrieben, wird man im allgemeinen Prüfungen auf *Stichprobenbasis* vornehmen.

Bei der *Abnahmeprüfung* wird kontrolliert, ob ein vorgelegtes Los eines Vor-, Zwischen- oder Endproduktes dem geforderten Qualitätsstandard entspricht. Voraussetzung dabei ist, daß der Herstellungsprozeß abgeschlossen wurde. Anhand des vorgegebenen Prüfplanes ist festgelegt, wie groß bei gegebenem Losumfang die Anzahl der zu entnehmenden Teile sein soll und unter welchen Voraussetzungen das Los akzeptiert wird.

Bei der *Stichprobenprüfung* werden nach einer Stichprobenanweisung aus einem Prüflos einige Teile entnommen, an denen das bestimmte Merkmal geprüft wird. Danach wird das gesamte Prüflos hinsichtlich dieses Merkmals mit Hilfe statistischer Auswerteverfahren beurteilt. Daraus lassen sich dann Rückschlüsse auf die Gesamtheit der zu beurteilenden Menge beziehen.

Diese Stichprobe muß ein möglichst getreues Abbild der untersuchten Gesamtheit bilden. Deshalb ist sicherzustellen, daß eine Zufallsauswahl vorgenommen wird. Die Auswahlprüfung kann mit Hilfe von Auslosen, Auswürfeln oder durch die Auswahl mit Hilfe von Zufallszahlen erreicht werden. Bei der eingeschränkten Zufallsauswahl wird die zufällige Auswahl der Teile in festgelegten, örtlichen oder zeitlichen Abständen vorgenommen, wobei der Startpunkt der Prüfung ebenfalls zufällig bestimmt ist. Zwar sollten immer, wo Stichprobenprüfungen zulässig sind, diese bevorzugt genutzt werden, doch ist diese Art der Prüfung nicht immer vertretbar: Wenn etwa fehlerhafte Einheiten zu Schäden bei der Benutzung führen und dermaßen hohe Folgekosten verursachen, die die Kosten einer Hundertprozentprüfung im Hause übertreffen, so ist von einer Stichprobenprüfung unbedingt abzusehen. Allerdings wird es häufig so sein, daß zerstörende Prüfungen aus Kostengründen nicht stichprobenweise durchgeführt werden können. Bei vollständiger Homogenität eines Massenprodukts ersetzt die Stichprobe die Hundertprozentprüfung.

Merkmale - Messung

Die Gliederung in Bild 10.1 unterteilt die Qualitätsprüfungen nach Art der *Merkmalsausprägung*. Die Merkmalsausprägung ist die an einer Einheit durch Messung, Zählung oder Beurteilung feststellbare Größe oder Art eines Merkmals. Zu vorgegebenen Merkmalswerten gibt es festgelegte Begriffe (Tafel 10.2).

Die Feststellung von Merkmalsausprägungen wird als Messung bezeichnet. Bei einer Messung verwendet man in Abhängigkeit der Merkmalsart verschiedene Meßskalen. Quantitative Merkmale können durch messende Prüfungen oder Zählprüfungen beurteilt werden. Bei der Bestimmung der Merkmalsausprägung durch Zählvorgänge handelt es sich um diskrete Merkmale, z.B. Fehleranzahl, Anzahl von Stillständen oder Zähnezahlen eines Zahnrades. Das zu zählende Merkmal wird in Vergleich zu Soll- oder Grenzzahlen gesetzt.

Bei messenden Prüfungen handelt es sich um kontinuierliche Merkmale. Sie werden auch als variabel bezeichnet. Der Ist-Wert eines Merkmals wird über das

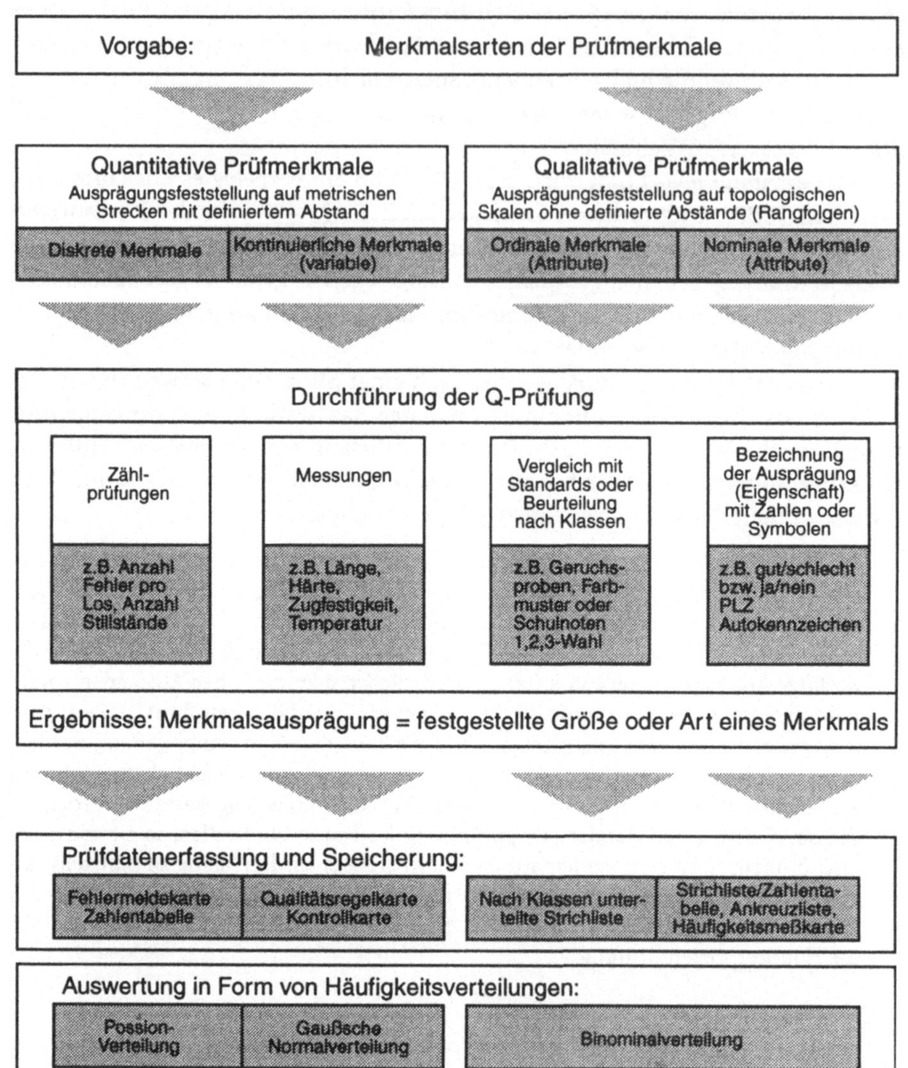

Bild 10.1. Merkmalsarten, -ausprägungen und -auswertungen

Meßmittel mit einer Meßskala bestimmt. Bei qualitativen Merkmalen erfolgt die Bewertung nach Muster oder Vergleichsnormalvorgaben. Hierbei spricht man auch von einer Attributsprüfung oder von einer Eigenschaftsprüfung, entsprechend der Fragestellung: *Merkmal erfüllt - ja oder nein bzw. gut/schlecht?* Bei dieser Beurteilung handelt es sich dann um Ordinalmerkmale.

Bei nominalen Merkmalen erfolgt die Prüfung nach vorgegebenen Gruppen oder Klassen, ähnlich einer Benotung wie z.B. sehr gut - gut genügend - ausreichend - schlecht. Die Wahl des Prüfverfahrens wird stark von der eben beschriebenen Merkmalsart bestimmt.

Tafel 10.2. Begriffswelt Merkmalswerte

Merkmalswert:	Wert eines quantitativen oder qualitativen Merkmals.
Nennwert:	Wert einer Größe zur Gliederung des Anwendungsbereichs.
Bemessungswert:	Im allgemeinen ein vom Hersteller vorgegebener, für die Betriebsbedingungen geltender Wert einer Merkmalsgröße.
Sollwert:	Wert einer Größe, von dem der Istwert dieser Größe so wenig wie möglich abweichen sollte.
Richtwert:	Wert einer Größe, dessen Einhaltung durch die Istwerte empfohlen wird, ohne daß Grenzwerte vorgegeben sind.
Grenzwert:	Mindest- und Höchstwert einer Mermalsgröße.
Mindestwert:	Kleinster zugelassener Wert einer Größe, unterer Grenzwert.
Höchstwert:	Größter zugelassener Wert einer Größe, oberer Grenzwert.
Grenzmaß:	Grenzwert bei Längenmaßen.
Grenzbetrag:	Betrag für Mindest- und Höchstwert (absolut).
Grenzabweichung:	Untere und obere Grenzabweichung einer vorgegebenen Merkmalsgröße.
Untere Grenzabweichung:	Mindestwert minus Bezugswert.
Obere Grenzabweichung:	Höchstwert minus Bezugswert.
Bezugswert:	Definierter Nennwert oder Sollwert ohne Merkmalsgröße.
Abweichungsbetrag:	Ein für Abweichungen vorgegebener unterer und oberer Grenzwert.
Toleranz:	Höchstwert minus Mindestwert oder obere Grenzabweichung minus untere Grenzabweichung.
Mittenwert:	Arithmetischer Mittelwert aus Mindestwert und Höchstwert, vielfach stimmt der Mittenwert mit dem gedachten oder vorgegebenen Sollwert überein.
Toleranzbereich:	Bereich zugelassener Werte zwischen Mindestwert und Höchstwert. Der Toleranzbereich ist bestimmt durch die Toleranz ihre Lage zum Bezugswert.

Einteilung nach dem Ausführenden

Bei der Einteilung von Qualitätsprüfungen wird nach dem Prüfungsdurchführenden zwischen Fremd-, Eigen- und Selbstprüfung unterschieden. Zählende Prüfungen haben den Vorteil, das sie in der Regel mit weniger qualifiziertem Personal und mit relativ einfachen technischen Mitteln durchgeführt werden können.

Dazu kommt die kürzere Prüf- und Auswertungszeit gegenüber variablen Prüfungen.

Fremdprüfungen, z.B. durch den Abnehmer am Herstellort, haben den Vorteil, daß spezialisierte Prüfverfahren oder Prüfmittel nur einmal erforderlich sind und daß der Zeitverlust für Prüfungen im eigenen Hause entfällt. Bei Fehlerfeststellungen kann ohne hohen organisatorischen Aufwand die Fehlerbeseitigung vor Ort erfolgen. Eine Rücksendung ist nicht nötig. Auftretende Probleme können so besser geklärt und die Wirkungen von Problemlösungen aktueller festgestellt werden.

Bei *Eigenprüfungen* erfolgt die Einführung und Überwachung dieser Prüfungen zentral durch das Qualitätswesen mit den zuständigen Prüfern. Sie sind für die richtige Durchführung der Prüfung, das richtige Aufzeichnen der Prüfergebnisse sowie die Weiterleitung der Prüfergebnisse und die Einleitung der notwendigen Korrekturmaßnahmen bei festgestellten Abweichungen verantwortlich. Mit Hilfe von Meßmittelstudien ist zu garantieren, daß die Wiederholbarkeit, die Reproduzierbarkeit sowie die ständige Prozeßfähigkeit des Prüfverfahrens gewährleistet ist. In immer größeren Maße wird die Qualitätsprüfung vom Werker in der Fertigung selbst vorgenommen. Der Meister oder Vorarbeiter hat dann dafür zu sorgen, daß die *Selbstprüfung* fachlich richtig durchgeführt wird und daß auch die Folgeaktivitäten wie Beobachten, Eingreifen und Melden, ordnungsgemäß ablaufen können.

Art der Ausführung

Die Qualitätsprüfung muß nach der Art der Ausführung unterschieden werden, differenziert manueller, halbautomatischer oder automatischer Prüfung. Bei der manuell durchgeführten Prüfung werden die mit Hilfe des Prüfmittels festgestellten Prüfergebnisse manuell auf Belegen oder Prüfberichten vermerkt. Bei der halbautomatischen Prüfung werden die Daten über Dateneingabegeräte oder direkt am Arbeitsplatz per PC in das System eingegeben und dort entsprechend verarbeitet. Hierbei können auch Verbund- oder Markierungslochkarten, Markierungsbelege oder Klarschriftbelege verwendet werden. Bei der automatischen Prüfung werden die Qualitätsdaten Online mit rechnergesteuerten Meßwertverarbeitungssystemen erfaßt, beispielsweise mit Hilfe eines Mehrkoordinatenmeßgerätes, und durch die entsprechende meßtechnische Software verarbeitet. Das vom Meßgerät erzeugte Meßsignal wird digitalisiert und über Standardschnittstellen an den Meßrechner übertragen. Entsprechend der Meßaufgabe erfolgt die Auswertung. Hierbei geht die Entwicklung immer mehr zur Prozeßmeßtechnik, um die Herstellungsqualität fortlaufend zu beurteilen.

Qualitätsprüfung nach dem Grad der Prozeßbeherrschung

Eine ähnliche Einteilung der Qualitätsprüfung erfolgt nach dem Grad der Prozeßbeherrschung.

Prüfungen, die sich auf *einfache Prozesse* mit unkritischen Merkmalen beziehen, können vom Werker häufig mit automatisierten Prüfeinrichtungen, z.B. Mehrstellen-Meßgeräten, im endgültigen Zustand geprüft werden.

Davon zu unterscheiden sind aufwendigere Prozeßprüfungen mit zum Teil schwierig einzuhaltenden Merkmalen, beispielsweise mit engen Toleranzen, die wegen ihrer Wichtigkeit für die ordnungsgemäße Weiterbearbeitung besonderer Beachtung bedürfen.

Komplexe Prozeßprüfungen mit schwierig einzuhaltenden Prozeßparametern, die häufig auch kritische Merkmale darstellen, bedürfen besonderer Qualifikation.

Hier geht es um die Feststellung der Prozeßbeherrschung, die im Englischen als *process in control* bezeichnet wird. Darunter ist ein industrieller Prozeß zu verstehen, dessen Mittelwert und Streuung, Anteil fehlerhafter Einheiten und mittlere Anzahl von Fehlern einer Einheit sich stabil verhalten, d.h. daß die beobachteten Abweichungen zufällig sind.

Danach kann ein Prozeß nur dann als beherrscht gelten, wenn er ohne ständige Eingriffe von außen mit Ist-Werten produziert, die innerhalb der vorgegebenen Grenzwerte liegen.

Zu vergleichen sind bei einem Prozeß die von der Konstruktion und Entwicklung vorgegebenen Toleranzwerte und die vorhandene Prozeßstreuung bei der Produktherstellung, die wiederum von der Fähigkeit der Technologie und der Fähigkeit des Personals abhängig ist. Ein Prozeß, dessen Streubreite größer als die vorgegebene Toleranz ist, produziert demnach ständig fehlerhafte Teile. Würden Toleranz und Streubreite genau übereinstimmen, käme es bei der geringsten Form- und Lageänderung der Werte zu Toleranzüberschreitungen. Nur wenn die Prozeßstreubreite ausreichend kleiner ist als die Toleranz, ist von einem beherrschten Prozeß zu sprechen. Im allgemeinen wird man mindestens eine Streubreite von 0,5 Toleranz anstreben.

Fehlerarten

Die Vorgaben für die Einteilung in *kritische Fehler*, *Hauptfehler* und *Nebenfehler* erfolgt in der DIN 55350, Teil 31 (Tafel 10.3).

Dabei werden kritische Fehler so verstanden, daß sie voraussichtlich für Personen, die die betreffende Einheit benutzen, instandhalten oder auf sie angewiesen sind, gefährliche oder unsichere Situationen schaffen. Weiterhin sind diejenigen als kritische Fehler zu bezeichnen, von denen anzunehmen oder bekannt ist, daß sie voraussichtlich die Erfüllung der Funktion einer größeren Anlage, wie z.B. eines Schiffes, eines Flugzeuges, einer Rechenanlage oder einer medizinischen Einrichtung, verhindern.

Die nicht zeichnungsgerechte Ausführung kritischer Merkmale kann also zu einer Gefährdung von Personen oder dem Verlust der Gesamtanlage führen. Ein Hauptfehler als nicht kritischer Fehler führt voraussichtlich zu einem Ausfall der Einheit oder setzt die Brauchbarkeit für den vorgesehenen Verwendungszweck wesentlich herab. Eine nicht zeichnungsgerechte Ausführung bedeutet also das

Tafel 10.3. Prüfanforderungen anhand der drei Fehlerklassen nach DIN 40080

Der Umfang der Prüfanforderungen und die Schärfe der durchzuführenden Prüfungen können in Anlehnung an die DIN 40080 bzw. ISO 2859 in den definierten drei Fehlerklassen nach Teilen und Funktionen erfolgen:

Kritische Fehler   Teile, von deren einwandfreier Funktion Menschenleben abhängen, oder deren Ausfall unverhältnismäßig hohe Kosten verursachen kann.

Hauptfehler   Teile, deren Ausfall den Verlust der Komponente zur Folge haben, dessen Brauchbarkeit wesentlich beeinträchtigen oder hohe Kosten verursachen kann.

Nebenfehler   Teile, deren Ausfall die Brauchbarkeit der Komponenten nur unwesentlich oder gar nicht beeinträchtigen.

Die Risikowahrscheinlichkeit ist bei der Festlegung der Anforderungen und Prüfungen mit zu berücksichtigen.

Die Anforderungen an ein Projekt und dessen Teile sind in Pflichtenheften zusammengefaßt. Diese Forderungen, die Maßnahmen zu ihrer Erfüllung und Überprüfung werden aufgegliedert, z.B.:

- Spezifikation für Zukaufkomponenten und Gegenstandsnormen,

- Wartungs- und Reparaturanweisungen,

- technische Dokumentation (Bearbeitung, Montage, Verfahren),

- Prüfanweisungen (Wareneingang, Werkstoffprüfungen, Verfahrens- und Fertigungskontrollen, Enprüfung, Abnahme),

- Lager- und Transportanweisungen,

- Bedienungsanleitungen.

Risiko einer nachhaltigen Funktionsstörung. Bei Nebenmerkmalsprüfungen bzw. Nebenmerkmalen wird die Hauptfunktion nicht nachhaltig gestört. Natürlich hängt der Prüfumfang, die Art der Dokumentation und die Prüfschärfe im wesentlichen von dieser Merkmalsklassifikation ab.

Unterscheidung nach dem Prüfgegenstand

Zu unterscheiden ist, ob es sich um Einkaufsprüfungen, Musterprüfungen, Probeablaufprüfungen, Tätigkeitsprüfungen, Teileprüfungen, Werkzeug-Prüfungen oder Prüfmittel-Prüfungen handelt.

Art der Nachweisführung - Prüfbescheinigungen

Ein weiterer Einteilungsgesichtspunkt ist die Art der Nachweisführung. In Übereinstimmung mit der EN 10021 wird unterschieden nach *nichtspezifizischen Prüfungen* und *spezifischen Prüfungen*.

Nichtspezifische Prüfungen sind vom Hersteller durchgeführte Prüfungen nach ihm geeignet erscheinenden Verfahren, durch die ermittelt werden soll, ob die nach einem bestimmten Verfahren hergestellten Erzeugnissen den in der Bestellung festgelegten Anforderungen genügen. Die geprüften Erzeugnisse müssen nicht notwendigerweise aus der Lieferung selbst stammen.

Spezifische Prüfungen sind Prüfungen, die vor der Lieferung nach den in der Bestellung festgelegten technischen Bedingungen an den zu liefernden Erzeugnissen oder an Prüfeinheiten, von denen diese ein Teil sind, durchgeführt werden, um festzustellen, ob die Erzeugnisse den in der Bestellung festgelegten Anforderungen genügen.

Dieser Unterscheidung folgend gibt es entsprechende Prüfbescheinigungen (Tafel 10.4). Zu nichtspezifischen Prüfungen gehören Werksbescheinigungen und Werkszeugnisse. Bei Werksbescheinigungen bestätigt der Hersteller nur, daß die gelieferten Erzeugnisse den Bestellvereinbarungen entsprechen. Prüfergebnissen werden nicht angegeben. Bei Werkszeugnissen bestätigt der Hersteller mit Angabe von Prüfergebnissen auf der Grundlage nichtspezifischer Prüfungen, daß die gelieferten Erzeugnisse den Vereinbarungen bei der Bestellung entsprechen. Den spezifischen Prüfungen sind als Bescheinigung das Werksprüfzeugnis, das Abnahmeprüfzeugnis und das Abnahmeprüfprotokoll zugeordnet.

Kritische Merkmale oder Bauteile, entsprechend der oben beschriebenen Merkmalseinteilung, sind *dokumentationspflichtige Teile (control items)*, weil ihre Eigenschaften sich möglicherweise in gefährlichen oder unsicheren Bedingungen für Menschen auswirken können, wenn sie das Produkt gebrauchen, es handhaben, verbrauchen oder davon abhängen. Die Nachweise selber können sich auf die beschaffenen Materialien und Teile, auf die Prozesse und auf das Produkt selber beziehen. Hier schließt sich der Kreis zu den Abnahmeprüfungen mit losweiser oder kontinuierlicher Stichprobenprüfung, um den Nachweis zu erbringen, daß die Qualitätsanforderungen erfüllt sind. Der lückenlose Qualitätsnachweis über alle Stufen der Herstellung wird durch die Forderung der Chargenverfolgung erfüllt.

Unterscheidung nach Art der Fertigung

Die letzte Qualitätsprüfungsart richtet sich nach der Art der Fertigung, unterschieden nach Prüfungen bei der Serienfertigung und nach Prüfungen bei der Einzelfertigung (Tafel 10.5). Unter der Serienfertigung ist auch der Übergang zur Massenfertigung zu verstehen.

Die Basis für die Auswertungen bei der *Serienfertigung* sind Stichprobenwerte, die sich auf die Prozeßstabilität, die Maschinenfähigkeit und auf die Fehlerhäufigkeit beziehen.

Bei der *Einzelfertigung* sind mangels Masse statistische Qualitätsprüfungen nicht möglich. Auch eine aufwendige Prüfplanvorgabe entfällt in der Regel. Prüfprotokolle werden hier nur für dokumentationspflichtige Teile erstellt. Auswertungen über ein bestimmtes Teil können über die innerhalb eines bestimmten Zeitraumes gelaufenen Aufträge durchgeführt werden. In beiden Fällen bietet sich

Tafel 10.4. Zusammenstellung der Prüfbescheinigungen DIN 50049 / EN 10204

Norm	Bescheinigung	Prüfart	Inhalt der Bescheinigung	Lieferbedingungen	Bestätigung der Bescheinigung
2.1	Werks-bescheinigung	Nicht-spezifisch	Ohne Prüfergebnisse	Lieferbedingungen der Bestellung, oder, falls verlangt, auch	durch den Hersteller
2.2	Werkszeugnis		Prüfergebnisse aufgrund nicht-spezifischer Prüfung	nach amtlichen Vor-schriften und den zu-gehörigen technischen Regeln	
2.3	Werks-prüfzeugnis	Spezifisch	Prüfergebnisse aufgrund spezifischer Prüfung		
3.1.A	Abnahme-prüfzeugnis 3.1.A			Nach amtlichen Vorschriften und den zugehörigen technischen Regeln	durch in amt-lichen Vorschrif-ten genannte Sachverständige
3.1.B	Abnahme-prüfzeugnis 3.1.B			Nach den Lieferbe-dingungen der Be-stellung, oder, falls verlangt, nach amt-lichen Vorschriften und den zugehörigen technischen Regeln	durch den vom Hersteller beauf-tragten, von der Fertigungsabtei-lung unabhängigen Sachverständigen („Werksachver-ständige")
3.1.C	Abnahme-prüfzeugnis 3.1.C			Nach den Lieferbe-dingungen der Bestellung	durch den vom Besteller beauf-tragten Sach-verständigen
3.2	Abnahmeprüf-protokoll 3.2				durch den vom Hersteller beauf-tragten, von der Fertigung unab-hängigen Sach-verständigen und den vom Besteller beauftragten Sachverständigen

Tafel 10.5. Prüfungen nach Art der Fertigung und notwendige Schnittstellen

---

Pro Arbeitsgang   *Pro Teil*

Serienfertigung: ⇒   **Endkontrolle:**
Vorgabe: statistische Prüfung   - 100% Prüfung
- zentral erstellter Prüfplan   - Eingabe der Prüfergebnisse
- Meßmittelbereitstellung   - Prüfdokumentation
- Stichprobenumfang   - Prüfergebnisse pro Fertigungslos
Eingabe der Prüfergebnisse:
- Prüfdokumentation
- Maschinenfähigkeitsprüfung   ⇓
- Führen von Regelkarten
- Fehlersammelstatistik

Einzelfertigung: ⇒   **CAQ- Schnittstellen:**
- keine Prüfplanvorgaben   - Prüfmittelverwaltung
- Gut-Ausschuß-Mengenprüfung   - Standard-Text-Verwaltung
  je Arbeitsgang   - Maschinendatenverwaltung
- Prüfbestätigung   - Prüfmerkmalvorgabe aus CAD
- Prüfdokumentation   - Geometrievorgaben aus CAD
          ⇓   - Arbeitsplanung
Sonderfall Einzelfertigung   ⇒   - Koordinatenmeßmaschine
funktionskritische Teile: - Lieferantenbewertung
- Prüfplan-Vorgabe   - Auftragsverwaltung
- Meßmittel   - Ergebnisdarstellung grafisch
- Eingabe der Prüfergebnisse
- Prüfdokumentation

---

eine rechnerunterstützte Qualitätsprüfung an (daher sind in Tafel 10.5 auch die CAQ-Schnittstellen genannt).

10.2 Prüfplanung

Die Prüfplanung soll gewährleisten, daß die Prüfung der Materialien, Teile oder Endprodukte auf eine sichere und wirtschaftliche Weise erfolgen kann. Deshalb steht an erster Stelle der Prüfplanung die Feststellung der Prüfnotwendigkeit, um unnötige Prüfungen zu vermeiden. Auch bei der Erfüllung von Nachweisforderungen ist es immer zweckmäßig, mit dem internen oder externen Auftraggeber über die Notwendigkeit von Prüfauflagen zu sprechen, um Mißverständnisse bei der Interpretation von Meßwerten zu vermeiden.

Die Aufgaben der Prüfplanung mit den zu beachtenden Kriterien sind unterteilt nach folgenden Aspekten (Tafel 10.6):

Tafel 10.6. Aufgaben und Einflußgrößen der Prüfplanung

Aufgaben	*Einflußgrößen*
Prüfmerkmale festlegen: ⇒	- Prüfnotwendigkeit,
- Qualitätsplanung,	- Mermalsart,
- Kundenforderungen,	- Merkmalsausprägung,
- Zeichnungsanforderung,	- Fehlerklassen,
- Sicherheitsvorschriften,	- Toleranzen,
- Rechtliche Anforderungen,	- Abweichungsfolgen,
- Interne Forderungen,	- Fehlerkosten,
- Umweltschutzforderungen.	- Qualitätshistorie, ⇓
	- FMEA Erkenntnisse.
Prüfplanerstellung und -pflege: ⇒	- Fertigungsart,
- Prüfmethode,	- Arbeitsorganisation,
- Prüfplatz,	- Eingangsinformation,
- Prüfablauf,	- Prozeßablauf,
- Prüfschärfe,	- Arbeitsvorgang,
- Prüfhäufigkeit,	- Prüftechnische Machbarkeit,
- Prüfplanverwaltung und -pflege.	- Prüfart,
	- Ergonomie,
	- Dynamisierung.
Prüfmittelplanung und -verwaltung: ⇒	- Prüfmittelfähigkeit,
- Prüfmittelanzahl,	- Prüf- und Meßgenauigkeit,
- Prüfmitteleinsatz,	- Anwendungs- und Meßbereich,
- Prüfmittelbeschaffung,	- Wiederholbarkeit,
- Prüfmittelorganisation (Wartung),	- Prüfkostenentwicklung,
- Prüfmittelkapazitätsplanung,	- Prüfrüst- und Grundzeit,
- Meßplatzverwaltung,	- Automatisierbarkeit,
- Prüfmittelüberwachung,	- Qualifikation.
- Kalibrierung/Einstellung.	
Sonstige Aufgaben: ⇒	- Kundenforderungsentwicklung,
- FMEA Mitwirkung,	- Fehlerhäufigkeitsentwicklung,
- Prozeßfähigkeitsuntersuchung,	- Methodenentwicklung,
- Maschinenfähigkeitsuntersuchung,	- Präventivschlagentwicklung,
- Prüfverfahrenentwicklung,	- Vorschriftenentwicklung,
- Prüfmittelverbesserung,	- Technologieentwicklung,
- Beschreibung des Qualitätssicherungsverfahrens,	- Wirtschaftlichkeit (Qualitätskosten).
- Fehlermanagement,	
- Qualitätsdaten-Verarbeitung CAQ.	

- Prüfmerkmale festlegen,
- Prüfplanerstellung und Pflege,
- Prüfmittelplanung und Verwaltung,
- sonstige Aufgaben.

Auswahl der Prüfmerkmale

Die notwendigen Prüfmerkmale ergeben sich aus den internen oder externen Qualitätsplanungen, deren Ergebnisse in den technischen Unterlagen, häufig in Zeichnungen, eingetragen sind. Weiterhin ergeben sich Prüfmerkmale aus Sicherheitsvorschriften, rechtlichen Anforderungen oder Umweltschutzforderungen. Zu berücksichtigen bei der Prüfmerkmalsfestlegung ist auch die bereits besprochene Merkmalsart und die Fehlerklasse (vgl. Tafel 10.3, mögliche Abweichungsfolgen). Bei der Entscheidung über die Prüfnotwendigkeit können als Hilfestellung die Ergebnisse von Fehlermöglichkeits- und Einflußanalysen (FMEA) berücksichtigt werden. Auch die Qualitätssicherung-Historie für dieses Teil ist bei der Festlegung von Nutzen.

Kriterien für die Auswahl der Prüfmerkmale sind:

- Kann das Merkmal über ein anderes Prüfmerkmal einfacher überprüft werden?
- Wie verhalten sich Fehler- und Prüfkosten zueinander?
- Wie reagiert der Kunde auf ein fehlerhaftes Merkmal?
- Welche Auswirkungen hat ein fehlerhaftes Merkmal auf den Prozeß?

Für jedes so bestimmte Prüfmerkmal müssen dann

- die Prüfmethode,
- das Prüfmittel,
- der Prüfplatz,
- der Prüfablauf,
- die Prüfschärfe,
- die Prüfhäufigkeit und
- die Prüfzeit

festgelegt werden. Dies geschieht mit Hilfe eines Prüfplanes als zweite Aufgabe der Prüfplanung. Fertigungsart, Arbeitsorganisation, Prozeßablauf, der betrachtete Arbeitsvorgang und die einleitend beschriebenen Prüfarten beeinflussen in unternehmenspezifischer Kombination miteinander die Prüfplaninhalte sehr stark.

Ergonomische Gesichtspunkte

Auch ergonomische Gesichtspunkte sind bei der Prüfplanerstellung zu beachten. Physiologische Gestaltungsmaßnahmen beziehen sich z.B. darauf, daß eine entspannte, wechselnde Prüfhaltung ohne ausgestreckte Armhaltung möglich wird. So sind etwa Einhandarbeit, zu weite Greifwege, eine zu hohe Fügegenauigkeit oder kraftaufwendige Oberarmbewegungen beim Aufnehmen der Prüfmittel strikt zu vermeiden. Auch die optimalen Sehbedingungen (Blickwinkel und Sehabstand) sind einzuhalten. Ungünstiges Positionieren der Prüfgegenstände ist ebenso wie häufige Sehabstandsänderungen zu vermeiden. Die Beleuchtungsstärke muß der Prüfaufgabe angepaßt sein. Es gilt, die Direktblendung durch Fenster oder freitragende Leuchten, Reflexblendung zu verhindern. Zu beachten ist auch auf die Wahl der richtigen Lichtfarbe für die vorhandene Beleuchtungsstärke. Durch bessere Beleuchtungsvorgaben ist der Einsatz von Lupen zu reduzieren. Auch ein zu hoher Lärmpegel beeinflußt den Prüfablauf negativ. Bei Beachtung dieser Gesichtspunkte ist die prüftechnische Machbarkeit aus ergonomischer Sicht gewährleistet.

Prüfplan

Der eigentliche Prüfplan wird folgend bestimmt (Tafel 10.7). Als Input bei der Erstellung des Prüfplans sollten alle Informationen aus den unterschiedlichen betrieblichen Bereichen wie Konstruktion, Fertigungsvorbereitung, Auftragsbearbeitung oder Einkauf, in Form von Zeichnungen, Stücklisten, Arbeitsplänen, Fertigungsplänen, Normen, Bestellunterlagen, Pflichtenheften usw. lückenlos vorliegen. Nach Prüfung dieser Eingangsinformationen werden anhand der vorgegebenen Informationen die Prüfmerkmale mit ihren Merkmalsausprägungen er-

Tafel 10.7. Elemente der Prüfplanung

Prüfplanungsvoraussetzungen (Input):

• Zeichnung	• Prüfmittelkartei
• Stückliste	• Bestellunterlagen
• Arbeitsplan	• Pflichtenheft
• Fertigungsplan	• Sicherheitsvorschriften
• Normen	• Wertetabellen
• Ablaufdaten	• Werkzeugdaten
• Prüfvorschriften	• Materialdaten

Prüfplanung

Prüfen der Eingangsinformationen
Feststellen der Merkmale
Bestimmen der Merkmalsausprägungen
Prüfmittel zuordnen
Abstimmung mit Arbeitsvorbereitung bei Prüfablauf
Prüfdatenverarbeitung vorbereiten

Prüfplanungsergebnis (Output): Prüfplan mit Vorgaben zum Prüfprozeß

Zuständikeit (Prüfer/Ausführender)
Prüfort/Arbeitsort
Prüffolge/Bearbeitungsfolge
Prüfmittel/Fertigungsmittel
Prüfschärfe/zulässige Toleranzen
Prüfhäufigkeit/Fertigungunsicherheit

---

mittelt. Danach wird die Prüfmittelbestimmung vorgenommen und die Prüfmethode auf der Basis der bisher erarbeiteten Vorgaben festgelegt. In enger Abstimmung mit der Arbeitsvorbereitung, die für die Fertigungsablaufgestaltung und Planung zuständig ist, wird nun der genaue Prüfablauf ermittelt. Auch das angestrebte Ergebnis der Prüfung wird formuliert. Als Prüfplanungs-Output ergibt sich dann der Prüfplan mit den kompletten Vorgaben zum Prüfprozeß, incl. der Datenvorgaben bezüglich Zuständigkeit, Prüfort oder Prüfzeit.

Da der Begriff *Prüfplan* nicht an eine bestimmte äußere Form gebunden ist, gibt es in der Praxis ganz unterschiedliche Ausführungen. Allerdings sind im Kern immer die Prüfspezifikationen, die Prüfanweisungen und der Prüfablauf darin beschrieben.

In der Regel ist der Prüfplan ein auftragsneutraler Urplan, der, wie jeder Arbeitsplan, auch einer Pflege unterliegt. Die zu beachtenden Dynamisierungsmaßnahmen werden im nächsten Abschnitt bei der Prüfausführung näher betrachtet.

Prüfmittelplanung

Die nächste Aufgabe der Prüfplanung besteht in der *Prüfmittelplanung* und *Verwaltung* (Tafel 10.7). Es handelt sich um die Prüfmittelauswahl, die Planung des Prüfmitteleinsatzes, die Prüfmittelbeschaffung mit der Prüfmittelorganisation, d.h. Bereitstellung und Wartung. Weiter gehört dazu die Betriebsmittelkapazitätsplanung mit der Meßplatzverwaltung sowie die Prüfmittelüberwachung mit der Kalibrierung und Prüfmitteleinstellung.

Als Prüfmittel werden hier alle Mittel und Einrichtungen verstanden, die zur Feststellung von Prüfergebnissen eingesetzt werden. Zu den Prüfmitteln zählen alle Meßmittel, Normalien und alle Prüf- und Meßgeräte, die im Unternehmen eingesetzt werden. Das Kalibrieren der Prüfmittel umfaßt das Feststellen und Markieren der systematischen Meßabweichung, ohne daß das Prüfmittel dabei verändert wird. Dagegen versteht man unter dem Justieren die Einstellung eines Prüfmittels möglichst nahe an einen vorgegebenen Bezugspunkt, mit dem Zweck, die systematische Meßabweichung zu minimieren. Unter dem Eichen eines Prüfmittels wird das von einer staatlich dazu beauftragten und anerkannten Stelle *Prüfen eines Meßmittels hinsichtlich der Erfüllung der Forderung der zutreffenden Eichvorschrift* verstanden. Wenn die Vorschrift erfüllt wird, erhält das Prüfmittel eine Kennzeichnung.

Diese Kennzeichnung sollte stets lesbar und unverlierbar sein. Außerdem sollte sie zusätzlich das letzte Freigabedatum oder den folgenden Überwachungstermin enthalten. Diese Informationen können sich aber auch in der Prüfmitteldatei oder -kartei befinden.

Alle Prüfmittel müssen einer systematischen Prüfmittelüberwachung unterliegen. Fehlen dazu die notwendigen Voraussetzungen im Unternehmen, müssen Fremdfirmen damit beauftragt werden. Selbstverständlich ist, daß die Kalibrierung und Wartung der Prüfmittel genau nach den Herstellerangaben und durch das nachweislich dafür ausgebildete Personal erfolgt.

Auswahl der Prüfmittel

Die Auswahl richtet sich nach der Prüfmittelfähigkeit. Der Anwendungs- und Meßbereich sowie die geforderte Prüf- und Meßgenauigkeit müssen mit notwendiger Wiederholbarkeit gegeben sein. Eine wesentliche Rolle spielt auch die Prüfkostenentwicklung, die ihrerseits von der Art der Qualitätsprüfungen beeinflußt wird. Bei dieser Prüfkostenbetrachtung müssen auch die Prüfrüst- und Prüfgrundzeiten Beachtung finden. Der Einsatz automatisierter Prüfmittel führt wieder zur rechnerunterstützten Prüfplanung und dem Einsatz rechnergesteuerter Prüfmittel innerhalb durchgängiger CAQ-Systeme. Neben den genannten technologischen und wirtschaftlichen Einflußgrößen ist aber auch die Qualifikation des Personals bei der Prüfmittelauswahl zu beachten. Dabei ist zu unterscheiden, ob durch den Werker am Arbeitsplatz in Form einer Selbstprüfung oder durch einen eigens dafür ausgebildeten Prüfer die Bedienung der Prüfmittel erfolgt.

Natürlich richtet sich die Auswahl des Prüfmittels auch nach den im ersten Abschnitt behandelten Prüfmerkmalsfestlegungen, der zulässigen Toleranz und der Funktion dieses Merkmals. Allerdings waren diese Vorgaben bereits bei der Prüfplanerstellung als Eingangsgröße eingeflossen.

Prüfmittelverwaltung

Zur Prüfmittelverwaltung gehört die Bereitstellung einwandfreier Prüfmittel, die periodische Überwachung, die meßtechnische Betreuung, die rechtzeitige Ersatzbeschaffung verbrauchter Prüfmittel sowie die Abnahme und Überwachung hinsichtlich Genauigkeit und Qualitätserfüllung. Hierfür werden mehrere Informationen benötigt, die wiederum rechnerunterstützt aufbereitet werden können. Bei diesen Informationen handelt es sich beispielsweise um die genaue Spezifikations- und Herkunftsbeschreibung des Meß- bzw. Prüfmittels mit genauen Daten über Meßbereich, Genauigkeit, Präzision, Robustheit und Dauerhaftigkeit unter festgelegten Umgebungsbedingungen. Weitere Informationen beziehen sich auf die Handhabung und Lagerung, Einstellung, Reparatur, Kalibrierung und den Einsatz dieser Prüfmittel. Desweiteren ist die Festlegung der Anfangskalibrierung vor dem ersten Gebrauch zu nennen, um die verlangte Genauigkeit und Präzision zu bestätigen, sowie der Hinweis auf Bezugsnormale bekannter Genauigkeit und Stabilität, vorzugsweise auf nationale oder internationale Normale. Weiterhin sind Aussagen möglich über die Häufigkeit der Kalibrierung, über den Kalibrierzustand und die Verfahren für ein Rückrufsystem, falls festgestellt wird, daß das Meßverfahren nicht mehr beherrscht arbeitet oder daß das eingesetzte Prüfmittel außerhalb der vorgegebenen Fehlergrenzen liegt. In diesem Falle ist eine rückwirkende Korrekturmaßnahme erforderlich.

Sonstige Aufgaben

Als letzte Aufgabe der Prüfplanung werden sonstige Aufgaben, wie z. B. FMEA-Mitwirkung, Prozeßfähigkeits- oder Maschinenfähigkeitsuntersuchungen, aufgeführt. Weiter gehören zu diesen sonstigen Aufgaben die Prüfverfahren, Weiterentwicklungen mit Prüfmittelverbesserung sowie die Erstellung von Qualitätssicherung-Verfahrensbeschreibungen, beispielsweise über die Verwendung von vorgegebenen Prüf- und Meßmitteln. Auch die Weiterentwicklung des CAQ-Einsatzes mit der dazugehörenden Qualitätsdatenverarbeitung fällt in diesen Bereich. Die Notwendigkeit für die Erfüllung dieser sonstigen Aufgaben ergeben sich aus diversen Entwicklungsanstößen, angefangen bei den Kundenanforderungen über Fehlerhäufigkeitsentwicklung, Methodenentwicklung, Vorschriftenentwicklung, Technologie- und Wirtschaftlichkeitsentwicklung. Auch die Entwicklung neuer Fehlerverhütungsstrategien ist ein permanenter Anstoß.

Die angesprochene Prozeß-, Maschinenfähigkeits- und Prüfmittelfähigkeits-Analyse als weitere Aufgabe soll die Qualitätsfähigkeit des Herstellungprozesses absichern. Die Normalverteilungen der Meßwerte werden in der Regel in Form von Stichproben untersucht und in Form von Prozeß-, Maschinen- und Prüfmittelkennwerten ausgewertet. Nach der DIN 8601 wird bei der Abnahmeprüfung an Werkzeugmaschinen die Geometrie der Maschine in unbelastetem Zustand (Schlesinger Prüfung) ermittelt. Dabei gehen die während einer Werkstückbearbeitung auftretenden Kräfte, Schwingungen, Deformationen und thermischen Veränderungen nicht mit ein. Sie wirken sich aber entscheidend auf die Qualität der gefertigten Werkstücke aus. Deshalb ist diese Abnahmeprüfung auf die Herstellung von Werkstücken an den zu untersuchenden Werkzeugmaschinen zu erweitern.

Bei werkstückgebundenen Maschinen ist das herzustellende Werkstück gleichzeitig die Probe für die Untersuchung. Universalmaschinen, wie beispielsweise NC-Maschinen, werden nach einem festgelegten Probewerkstück beurteilt. Bei diesen Versuchen sind neben Anzahl und Werkstoff der Prüfwerkstücke auch die Werkzeuge und Schnittbedingungen vorgeschrieben. Das Auswerten der Ergebnisse bezieht sich auf die Spannweite der Standardabweichung als Maß für die Arbeitsstreubreite. Die definierte Arbeitsstreubreite soll deutlich kleiner als die Toleranz des bearbeiteten Maßes sein (vgl. Kap.9). Nur dann ist die untersuchte Werkzeugmaschine für die Bearbeitungsaufgabe geeignet.

Das Fehlermanagement behandelt im Schwerpunkt die Durchführung von Korrekturmaßnahmen bei festgestellten Fehlern.

10.3 Prüfausführung

Die Prüfausführung hat die Teile Prüfauftrag, Prüfen und Messen, Prüfergebnisse (Datenerfassung und Speicherung) und Dokumentation (Tafel 10.8).

Aus prozeßbezogener Sicht ist der Prüfablauf vollständig in den Fertigungsablauf integriert. Deshalb steht bei der Fertigungsauftragserteilung am Anfang der Prüfausführung die Prüfbeauftragung, d.h. die Erteilung eines Prüfauftrages. Hierbei verliert der vorher als auftragsneutral geführte Urprüfplan seinen auftragsunabhängigen Charakter. Er wird nun auf einen konkreten Prüfauftrag bezo-

Tafel 10.8. Ablauf der Prüfausführung

Ablaufabschnitte	*Einflußgrößen*

Erteilung des Prüfauftrags

- Fertigungsauftragsbezug ⇒ - Eingangsinformation
- Auftragsverwaltung - Fertigungsinformation
- Chargennummer - Bearbeitungsstand
- Prüfanweisung - Rückverfolgbarkeit
- Fertigungsanweisung - Dynamisierung

Prüfen und Messen

- Prüfartfestlegung - Prüforganisation (Verantwortung)
- Prüfplanvorgabe - Ergonomie
- Meßverfahren - Prüfmittelorganisation
- vorhandene Meßmittel - Fehlerfolgekosten
- Mermalswerte und -grenzen - Qualifikation

Prüfdatenerfassung und Speicherung

- manuelle Erfassung - Datenumfang
- offline Eingabe - Speichermedium
- online Erfassung - Zugriffsart
- Fehlersammelkarte - Mitarbeiterschutz
- Strichlisten - Datenschutz
- Qualitätsregelkarte - Prozeßvorbeherrschung
- Prüfstandskennzeichnung - CAQ

Dokumentation

- Prüfstandskennzeichnung - Nachweisforderung
- Qualitätsaufzeichnungen - Rechtsvorschriften des Vertragsrechts
- Prüfentscheidung - Produkthaftung
- Prüfprotokolle - Normierung
- Prüfbedingungen - Geltungsbereich
- Prüfberichte - Archivierung
- Zugriffsforderung

gen, der seinerseits eng an den vorhandenen Arbeits- oder Fertigungsplan angelehnt ist. Fertigungszeichnungen und Fertigungsanweisungen enthalten deshalb die gleichen Hinweise auf Prüf- oder Qualitätsmerkmale, wie sie im Prüfplan und bei der Prüfanweisung enthalten sind. Der Bezug zum Fertigungsauftrag wird durch Übernahme der Fertigungsauftragsident-Nummer mit den dahinterstehenden, kundenbezogenen Auftragsdaten hergestellt.

Arbeits- und Prüfablauf werden ineinander integriert (Bild 10.2). Ausgehend von den bereitzustellenden Fertigungs- und Prüfungsgrunddaten wird mit diesen einmal die Fertigungsauftragsverwaltung und zum anderen die Prüfauftragsverwaltung versorgt. Die Prüfauftrags- und Fertigungsauftragsverwaltung ermöglicht einen aktuellen Überblick über freigegebene, zur Zeit bearbeitete, vorgezogene oder gesperrte Aufträge. Durch die Identifizierung ist die Verbindung zur Zeichnung, Stückliste, Charge, Werkstoff, Arbeitsvorgang, Lieferant und Abneh-

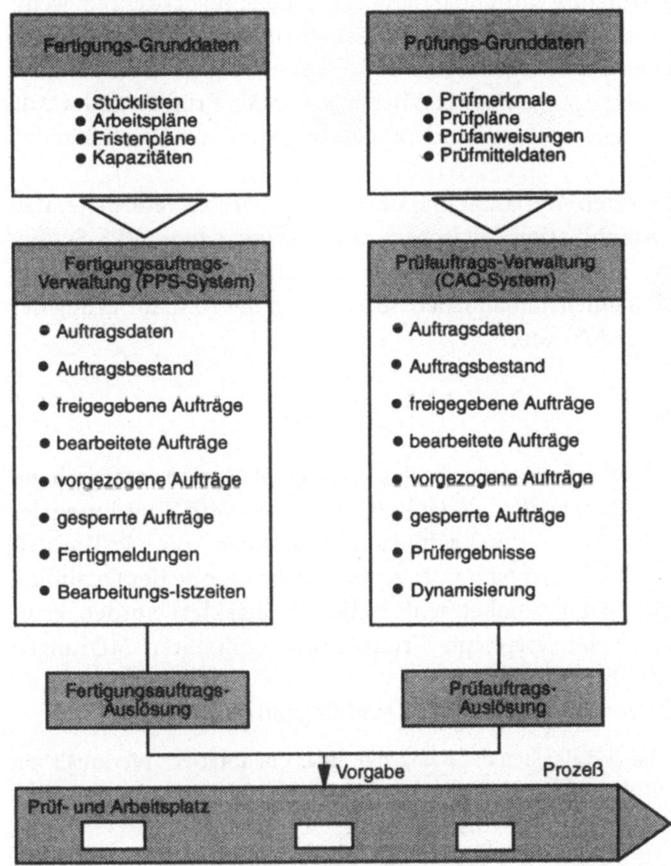

Bild 10.2. Integration von Arbeits- und Prüfablauf

mer hergestellt. Damit ist auch die Rückverfolgbarkeit dieses Auftrages in der Fertigung nachzuvollziehen.

Entsprechend des aktuellen Bearbeitungsstandes wird bei Start des Auftrages bzw. Fertigungsloses durch die Fertigungssteuerung gleichzeitig ein Prüfauftrag generiert, der eine Prüfanweisungserstellung auslöst. Die Prüfanweisung ordnet den zuständigen Urprüfplan mit allen weiteren genannten Prüfplandaten dem Prüfort zu.

Dynamisierung

Unter dem Stichwort *Dynamisierung* müssen die im Prüfplan vorgegebenen Urwerte in Abhängigkeit der bisherigen Prüfergebnisse aktualisiert werden. Dies erfordert natürlich die ständige Versorgung der Prüfauftragsverwaltung mit den aktuellen Prozeßdaten. Wenn im vorangegangenen Auftrag oder Los Abweichungen festgestellt wurden, ist die Prüfung mit einer verschärften Prüfstufe durchzuführen. Zur normalen Prüfstufe kann man dann erst wieder zurückkehren, wenn im vorangegangenen Los keine Abweichungen festgestellt wurden. Sollte dies sogar in den letzten beiden geprüften Losen der Fall gewesen sein, kann zu einer reduzierten Prüfstufe übergegangen werden. In den normalen Prüfzustand würde man dann wieder zurückgehen, wenn im vorangegangenen Los Abweichungen festgestellt wurden.

Aufgrund der geforderten Aktualität und des Umfangs der zu verarbeitenden Prüfdaten ist eine Kombination zwischen dem eingesetzten PPS-System (Produktionsplanungs- und Steuerungssystem) mit einem CAQ-System sehr zweckmäßig, um den erheblichen manuellen Aufwand bei der Aktualisierung der Urwerte im Prüfplan zu reduzieren.

Prüfen und Messen

Nach der Erteilung des Prüfauftrages erfolgt das Prüfen und Messen entsprechend den genannten Vorgaben. Das heißt, daß die Prüforganisation mit Zuordnung der Verantwortlichkeiten bei den durchgeführten Prüfungen die Prüfmittelorganisation, ergonomische Gesichtspunkte, die Berücksichtigung der Qualifikation, aber auch die Fehlerfolgekostenbetrachtung bereits abgeklärt wurden. Prüfart, Prüfplan, Prüfablauf und festgelegte Prüfmerkmale mit ihren Merkmalsgrenzen liegen ebenfalls als Vorgaben vor.

Die begrifflichen Grundlagen des Messens sind folgend dargelegt:

> Unter Messen ist das Vergleichen der Meßgröße eines quantitativen Merkmals mit einem als Maßeinheit dienenden Normal dieses Merkmals zu verstehen, wobei der Meßwert das Produkt aus dieser Maßeinheit und jenem Zahlenwert (einer reellen Zahl) ist, die angibt, wie oft die Maßeinheit in der Maßgröße enthalten ist.
> Dabei ist:
> die *Meßgröße* das Merkmal, dem die Messung gilt,
> der *Meßwert* der „beim Messen festgestellte Einzelwert".

Die *Meßunsicherheit* ist das aus Meßabweichungen ermittelte Maß für die Genauigkeit des Messens. Für die Qualitätssicherung nach DIN 55350, Teil 13, ist die Genauigkeit sinngemäß definiert als qualitative Bezeichnung für das Ausmaß der Annäherung von Ermittlungsergebnissen an dem festgelegten oder dem vereinbarten Bezugswert. Die Meßunsicherheit wird für ein Meßsystem betrachtet. Das Meßsystem ergibt sich aus den unter den gegebenen Umgebungsbedingungen zusammenwirkenden Systemelementen wie Meßprinzip, Meßverfahren, Meßregeln, Meßerrichtung und Meßobjekt. In Tafel 10.9 ist die Beschreibung eines Meßsystems mit den genannten Begriffen zusammenhängend festgehalten.

Bei den festgestellten Merkmalswerten sind folgende Unterscheidungen zu treffen:

- *Beobachtungswert*: Ergebnis eines durch Beobachtung festgestellten Merkmalswertes.
- *Ist-Wert*: Beobachtungswert einer Merkmalsgröße (Einzelwert, Mittelwert oder ein charakteristischer Beobachtungswert).

Tafel 10.9. Beschreibung des Meßsystems (Quelle: Geiger)

Im Einzelnen gehören zu einem Meßsystem:

Meßverfahren:

die Gesamtheit der praktischen und theoretischen Tätigkeiten für die Durchführung einer Messung nach einem vorgegebenen Meßprinzip.

Meßregel:

die detaillierte Beschreibung der praktischen und theoretischen Tätigkeiten für die Durchführung einer Messung nach einem vorgegebenen Meßverfahren.

Meßeinrichtung:

eine Einrichtung zur Verkörperung oder Feststellung eines Merkmalswerts.

Meßobjekt:

die zu messende Einheit.

Als Ergebnis der Messung stellt sich in der Regel die Meßabweichung dar. Sie zeigt den Unterschied zwischen einem Merkmalswert als festgestelltem Meßwert und dem vorgegebenen Bezugswert dieses Merkmals.

Anhand der Abweichung wird die Genauigkeit oder Meßunsicherheit bezogen auf die Unsicherheit eines Ermittlungswerts und auf den vereinbarten Bezugswert (wahrer, exakter oder richtiger Wert) deutlich. Durch Ringversuche wird die Genauigkeit von Meßsystemen geprüft.

- *Extremwert*: kleinster oder größter Istwert in einer Serie von Istwerten, deren Umfang festliegt.
- *Grenzwertabstand*: Istwert minus Mindestwert oder Höchstwert minus Istwert.
- *Sicherheitsabstand*: Grenzwertabstand minus Streuungsmaß. Das Streuungsmaß wird unter Berücksichtigung der vorliegenden Häufigkeitsverteilung der Istwerte ausgewählt.

Weitere Werte beziehen sich auf abgestufte Grenzwerte (*Grenzquantil*). Das Quantil ist ein vorgegebener oder festgestellter Merkmalswert, der grundsätzlich einem vorgegebenen Verteilungsanteil zugeordnet ist, bzw. ein Merkmalswert, unter dem ein vorgegebener Anteil der Werte einer Verteilung liegt (Quelle: Geiger). Man unterscheidet dabei zu vorgegebenen Merkmalswerten das Mindestquantil und das Höchstquantil.

- *Mindestquantil*: kleinstes zugelassenes Quanteil (z.B. eine bestimmte Mindestwanddicke ist unter höchstens 120% der Wanddicken-Istwerte zugelassen).
- *Höchstquantil*: größtes zugelassenes Quantil (z.B. eine bestimmte Höchstwanddicke ist nicht unter weniger als 90% der Wanddicken-Istwerte zugelassen).
- *Grenzquantil*: Grenzwert für den Anteil von Ist-Werten einer Häufigkeitsverteilung unter dem Grenzquantil (Der betreffende Grenzwert darf durch den Anteil von Ist-Werten der Häufigkeitsverteilung bei einem Mindestquantil nicht überschritten und bei einem Höchstquantil nicht unterschritten werden).

- *Mindestanteil*: kleinster zugelassener Anteil der Ist-Werte einer Häufigkeitsverteilung unter dem Höchstquantil.
- *Höchstanteil*: größter zugelassener Anteil der Ist-Werte einer Häufigkeitsverteilung unter dem Mindestquantil.
- *Abgestufter Grenzwert*: Aus einer Folge von Grenzquantilen aufgebauter mehrstufiger Grenzwert mit zugehörenden Grenzquantilen für die Ist-Werte einer Häufigkeitsverteilung.
- *Abgestufter Toleranzbereich*: Zugelassener Wert zwischen einem abgestuften Mindestwert und einem abgestuften Höchstwert.

Erfassen und Speichern der Prüfdaten

Das Erfassen und Speichern der Prüfdaten ist der nächste Teilschritt innerhalb des Prüfausführungsablaufes. Aus diesen Daten leiten sich die Kennwerte über einen beherrschten Herstellungsprozeß und über die Qualitätsfähigkeit dieses Prozesses ab. Bestimmende Einflußgröße bei der Erfassung der Prüf- und Meßdaten ist dabei das entstehende Datenvolumen, das wiederum die Auswahl des Speichermediums beeinflußt. Deshalb stehen hier manuelle Datenerfassungen, Offline-Eingaben zur rechnergestützten Weiterverarbeitung oder die Online-Prüfdatenerfassung zur Wahl. Dabei spielen auch Datenschutzgesichtspunkte eine Rolle. Personenbezogene Daten dürfen ohne eine darüber schriftlich festgelegte Betriebsvereinbarung nicht erfaßt werden. Unbefugten muß der Zugang zu den Daten verwehrt werden. Es muß nachträglich feststellbar sein, wann, wo und von wem welche Daten erfaßt wurden.

> Ein Beispiel für die rechnerunterstützte Prüfdatenerfassung innerhalb eines CAQ-Systems zeigt Bild 10.3. Vorgegeben sind die definierten Qualitäts- und Prüfmerkmale pro Produkt und Prozeßstufe mit ihrem jeweiligen Ausführungstermin. Weiter sind die benötigten Prüfmittel pro Prozeßstufe und Tätigkeit sowie die dazugehörende Prüfanweisung dargestellt. Anhand der im Prüfplan vorgegebenen Anweisung zum Prüfen der definierten Prüfmerkmale wird die Prüfung vom verantwortlichen Mitarbeiter durchgeführt. Anschließend werden die Prüfdaten in das Betriebsdatenerfassungsterminal eingegeben. Dort sind die zu diesem Prüfvorgang gehörenden Ident-Daten, z.B. Auftrags-Nummer, Chargen-Nummer in Verbindung mit den Fertigungsauftragsdaten, bereits hinterlegt. Das Ergebnis dieser Eingabe wird gleich in Form eines Prüfausdruckes oder Prüfprotokolls dokumentiert, das dann auch als Prüfzeugnis Verwendung finden kann.

> Häufig erfolgt mit der Prüfdatenerfassung und Speicherung gleichzeitig eine Auswertung und Dokumentation. Aus Gründen der Übersichtlichkeit und Detaillierung des Prüfablaufes wurde hier eine Unterteilung zwischen Prüfdatenerfassung und Auswertung vorgenommen.

Fehlersammelkarten

Die Erfassung und Speicherung der Prüfdaten hängt eng mit den Merkmalsarten und Ausprägungen zusammen. Bei *Zählprüfungen*, also bei attributiven Merkmalen, ist die sogenannte Fehlersammelkarte ein vielseitig anwendbares Prüfdatenerfassungsdokument. Durch das Auflisten von Fehlerarten wird pro Merk-

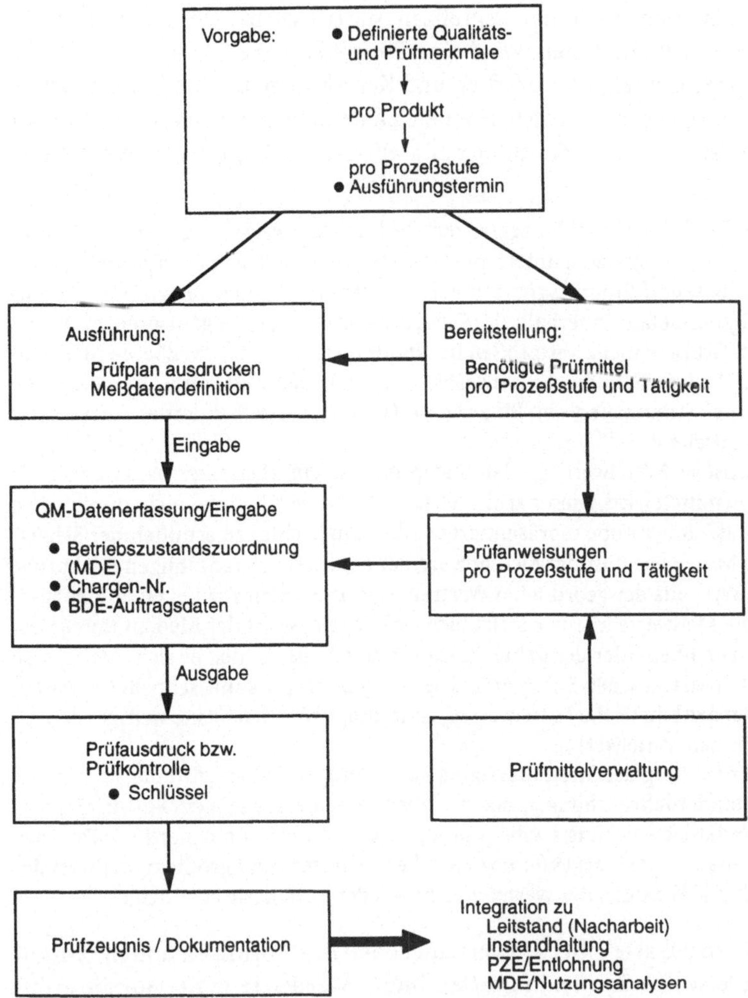

Bild 10.3. Rechnerunterstützte Prüfdatenerfassung im Prozeß

mal das Prüfergebnis der Stichprobe oder Vollprüfung in die Fehlersammelkarte eingetragen. Die Anzahl der gefundenen Fehler je Prüfung wird dann in die eigentliche Qualitätsregelkarte übertragen und mit den vorgegebenen Grenzwerten verglichen. Bei Prüfergebnissen, die eine Sortierung oder Klassifizierung beinhalten, können über vorbereitete Tabellen die Prüfwerte in die entsprechenden Klassifizierungsstufen eingetragen werden. Dies kann auch in Form von Strichlisten erfolgen.

Qualitätsregelkarte

Werden die Prüfdaten in Form von Meßwerten erfaßt, kann die variable Qualitätsregelkarte verwendet werden. In ihr sind die festgelegten, einzuhaltenden Grenzen, also Toleranzbereiche, eingetragen. Da hierbei meistens stichprobenartig geprüft wird, lassen sich die Eingriffsgrenzen statistisch berechnen und in die Qualitätsregelkarte übernehmen. Wird eine Eingriffsgrenze überschritten, so ist der Herstellungsprozeß zu unterbrechen und Korrekturmaßnahmen einzuleiten. Im Gegensatz zu den vorher beschriebenen Zahlentabellen erkennt man in der Qualitätsregelkarte sofort die Streuung der Meßwerte und ihre Lage im Toleranzfeld.

Bei der Vorgabe der Entscheidungsgrenzen wird üblicherweise noch zwischen Warngrenzen und Eingriffsgrenzen unterschieden. Warngrenzen liegen bei 95% der errechneten Testgrößen und Eingriffsgrenzen bei 99% der errechneten Testgrößen bei normalem Fertigungsablauf innerhalb des Bereichs, der von den Eingriffsgrenzen eingeschlossen ist. Gebräuchliche Testgrößen bei kontinuierlichen, d.h. meßbaren Merkmalen sind bei Lagemaßen die Einzelwerte (Urwerte), der Mittelwert X_m sowie der Medianwert bei Streumaßen der Einzelwerte (Urwerte), die Standardabweichung S_R und die Spannweite R.
Der arithmetische Mittelwert X_m der Stichprobe ist ein abstrakter Wert, da er als Rechenwert ermittelt wird. Dieser arithmetischer Mittelwert X_m muß nicht durch einen Meßwert aus der Stichprobe repräsentiert werden. Ein leichter zu ermittelnder Schätzwert für den Mittelwert μ ist der Medianwert, der bei einer ungradzahligen Stichprobe der mittlere Wert aus der geordneten Wertreihe ist. Trägt man z.B. bei einer Siebenerstichprobe die Meßwerte in einer Strichliste vertikal ein, so ist der Median immer der dritte Strich von oben oder der dritte Strich von unten. Es handelt es sich hierbei also um einen Meßwert aus der Stichprobe. Dieser Medianwert kann schneller ermittelt werden als der arithmetische Mittelwert X_m. Allerdings ist er auch eine weniger genaue Schätzung für den Mittelwert μ.
  Für die Ermittlung des Streuungssigma der Grundgesamtheit wird die Spannweite R oder die Standardabweichung s_R aus der Stichprobe herangezogen. Für die Errechnung der Standardabweichung s_r gibt es programmierte Taschenrechner/PC's. Dagegen läßt sich die Spannweite R als Differenz zwischen kleinstem und größtem Meßwert der Stichprobe durch Abzählen des Wertebereichs aus der Regelkarte ermitteln.

Die Qualitätsregelkarte gibt es in verschiedenen Ausführungen und mit Modifizierung. Beispielsweise die Maximum/Minimum-Wertkarte, in der nur die größten und kleinsten Werte der Stichproben eingetragen sind. Weiter existieren Häufigkeitsmeßkarten. Sie geben die Häufigkeitsverteilung gemessener Werte über eine Maßskala an.
Wichtig bei der Prüfdatenerfassung ist auch die *Prüfzustandskennzeichnung*. Damit muß sichergestellt sein, daß der jeweilige Prüfzustand sofort erkennbar ist und ob alle bis zu der betrachteten Bearbeitungsstufe erforderlichen Prüfungen im notwendigen Umfang durchgeführt worden sind. Weiter wird durch diese Kennzeichnung verhindert, daß ein Teil an einer eingeplanten Prüfstufe vorbei zum nächsten Fertigungsschritt gelangt. Die durchlaufenden Teile müssen an jedem Prüfplatz sauber im Prüfzustand gekennzeichnet sein. Es muß auch zu jedem Zeitpunkt zwischen geprüften und ungeprüften Teilen eines Loses unterschieden werden können. Damit ist auch bereits der letzte Teilschritt im Ablauf der Prüfausführung angesprochen: die Dokumentation.
Ohne Dokumentation ist jede Prüfung sinnlos und überflüssig. Die Dokumentationen in Form von Qualitätsaufzeichnungen können in unterschiedlicher Art

und Weise aufbereitet sein. Die Grundsätze Klarheit und Vollständigkeit sind dabei zu berücksichtigen.

Zu den *Qualitätsaufzeichnungen* zählen:

- Prüfberichte,
- Fehlermeldungen,
- Qualifikationsberichte,
- Qualitätsauditsberichte,
- Qualitätskostenberichte,
- Prüfbescheinigungen,
- Prüfprotokolle.

Die Inhalte dieser Qualitätsaufzeichnungen richten sich häufig nach den vereinbarten Nachweisforderungen, den vorhandenen Rechtsvorschriften, speziell aus dem Vertragsrecht, nach Produkthaftungsgesichtspunkten, nach Normungsvorgaben oder nach vorgeschriebenen Geltungsbereichen. Je nach Anforderung an die Zugriffsmöglichkeit kann die Dokumentation auf raumsparenden Informationsträgern, wie Mikrofilmen, Mikrofiches oder elektronischen Archivierungssystemen (CD-ROM) erfolgen. Bei der Online-Datenerfassung erfolgt die Archivierung auf elektronischen Datenträgern wie Magnetbändern oder Magnetplatten.

10.4 Prüfdatenverarbeitung

Der Prüfvorgang muß immer mit einer Auswertung und Beurteilung abschließen. Die Beurteilung beinhaltet eine Entscheidungsfindung, ob das Ergebnis der Prüfung zu positiven oder negativen Aussagen führt, d.h., ob die Qualität ausreichend oder nicht ausreichend ist. Das Ziel der Auswertung und Beurteilung muß darin liegen, daß die Ergebnisse klar und leicht verständlich sind, der untersuchte Tatbestand und die Randbedingungen transparent vorliegen und die Entscheidung eindeutig ist, ob und welche Maßnahmen getroffen werden müssen.

Der Ablauf der Prüfdatenverarbeitung besteht aus vier Teilstufen (Tafel 10.10):

- Auswerten und Beurteilen,
- Behandlung fehlerhafter Einheiten,
- Kennzahlenbildung,
- Weitergabe an beteiligte Stellen.

Die Prüfdatenverarbeitung mit den vier genannten Teilstufen wird im Rahmen der Qualitätslenkung durchgeführt. Beim Auftreten von Fehlern löst sie auch die entsprechenden Korrekturmeldungen aus (Vgl. Kap.11).

Auswerten und Beurteilen

Beim *Auswerten und Beurteilen* wird eine detaillierte Fehleranalyse nach Fehlerart, Fehlerort, Fehlerausprägung, Fehlerursache, Fehlergewichtung, Fehlerkosten und weiteren Gesichtspunkten wie Fehlermaßnahmen oder Verantwortlichkeit

Tafel 10.10. Ablauf der Prüfdatenverarbeitung

Ablaufstufen   *Einflußgrößen*

Auswerten und Beurteilen

– Fehleranalyse nach Fehlerart ⇒	– Qualitätslenkung
– nach Fehlerort	– Stichprobenumfang
– Fehlerausprägung	– Identifizierungsanforderungen
– Fehlerursache	– Fehlercode (Schlüssel)
– Fehlerhäufigkeit	– CAQ–Einsatz
– Fehlerkosten	– Entscheidungsregeln
– Fehlergewichtung	– Qualitätslenkung

Behandlung fehlerhafter Einheiten

– Kennzeichnung von Fehlern	– Abweichungsgründe
– Aussonderung der Einheiten	– Qualitätskostenentwicklung
– Korrekturmaßnahmen	– Sperrlagerorganisation
– Freigabeorganisation	– Verantwortlichkeit
– Dokumentation	– Fehlerverhütungsstrategien

Kennzahlenbildung

– Kennzahlendefinition	– Qualitätskontrolling
– Häufigkeitsverteilung	– Regelkreismodell
– ABC–Analyse	– Schwachstellenbestimmung
– Ausschußquoten	– Fehlertrends
– statistische Daten	– Fehlerkostenentwicklung

Weitergabe an beteiligte Stellen

– Qualitätsinformationen	– Unternehmensmodell
– Qualitätsverfahrenanweisungen	– Kennzahlenbildung
– Qualitätshandbuch	– Qualitätsmanagementsystem
– Qualitätsbewußtsein	– Fehlermanagement
– kontinuierliche Qualitätsverbesserung	– Lieferantenbeteiligung

---

für die Abstellung der Fehler durchgeführt. Grundlage dafür sind die bei der vorher beschriebenen Prüfausführung erfaßten Prüfdaten. Diese Prüfdaten ergeben sich häufig aus der Anwendung der im folgenden noch näher beschriebenen Stichprobenprüfungen. *Dies setzt aber immer die Herstellung größerer Stückzahlen eines Teiles oder Tätigkeiten voraus.* Der Vorteil dieser Prüfung ist, daß mit relativ geringen Prüfumfängen ausreichend zulässige Qualitätsaussagen möglich sind. Die Durchführung dieser Stichprobenverfahren erfolgt nach mathematischen und physikalischen Vorgaben, z.B. in errechneten Tafeln, in denen festgelegt ist, welche Probenanzahl (Stichprobenumfang n) aus einer Losgröße (Losumfang N) zu entnehmen und zu prüfen ist, um zu einer bestimmten Aussagewahrscheinlichkeit, (z.B. 95%) über die Qualität der Teile zu gelangen.

Die *Stichprobenprüfung* ist in nationalen oder internationalen Normen festgelegt. Zu nennen ist für die attributive Stichprobenprüfung die DIN 40080 und der amerikanische Militärstandard 105 D. Das stichprobenweise Prüfen nach variablen Merkmalen wird nach der amerikanischen Militärstandard 414 durchgeführt. Gekennzeichnet ist diese Stichprobenprüfung durch die sogenannte *annehmbare Qualitätslage (AQL)*. Darunter versteht man den maximalen Schlechtanteil (oder die maximale Fehleranzahl bezogen auf 100 Einheiten), der noch als annehmbare Qualität angesehen werden kann. Dieser Punkt wird auch als Gutgrenze bezeichnet.

Die auf dieser Grundlage erarbeiteten Stichprobenpläne werden häufig als Bestandteil für Liefervereinbarungen in Bezug auf Prüfung und Abnahme von Waren benutzt. Ihre genaue Anwendung und Ableitung ist in den Schriften der Deutschen Gesellschaft für Qualität (DGQ) veröffentlicht. Dort werden dann auch Begriffe wie die repräsentative Stichprobe, langfristige Streuung, Stichprobenfrequenz, Stichprobenentnahme oder Operationscharakteristik (OC) erläutert.

In Tafel 10.11 sind die Einzelschritte des Auswertens und Beurteilens von Prüfdaten in Prüfberichten noch einmal aufgezählt.

Tafel 10.11. Auswertung und Beurteilung von Prüfdaten in Prüfberichten

---

Der *Qualitätsanspruch* wird über *definierte Qualitäts- und Prüfmerkmale* vorgegeben. Die *Feststellung der Merkmalsausprägungen* (Wertebereich) erlaubt dann die *Fehleranalyse und Ursachenanalyse* (Prüfberichte). Die Feststellung der *Fehlerart* (= f (Merkmalswert)) mit *Fehlerausprägung* muß von der *Feststellung der Fehlerursache* oder dem Grund der Nichteinhaltung des Merkmalswerts gefolgt werden.

Aus letzteren Erkenntnissen gewinnt man eine Fehlerbeurteilung nach

Häufigkeitsverteilung,

Konstruktionsfehler,

Fertigungsfehler,

Einkaufsfehler (zur Lieferantenbeurteilung).

Der letzte Schritt ist eine *Maßnahmenanalyse* als Funktion der Folgenanalyse

---

Fehlerschlüssel

Eine wesentliche Vereinfachung besteht bei der Prüfdatenerfassung und Auswertung in der Benutzung von *Fehlerschlüsseln*. Bild 10.4 zeigt beispielhaft den Aufbau eines solchen Fehlerdokumentations- und Fehlerbeseitigungskataloges, der nach einer hierarchischen Menuestruktur aufgebaut ist. Diese Fehlercodierung ist außerdem auch wieder die Grundlage für den Rechnereinsatz bei der Prüfdatenerfassung und Auswertung. Hierbei können dann beispielsweise numerische Tastaturen, Barcode-Leser oder Spracheingabegeräte Verwendung finden. Der Detaillierungsgrad dieser Schlüssel muß unternehmensspezifisch angepaßt werden. Er kann sehr tiefgehend aufgebaut sein.

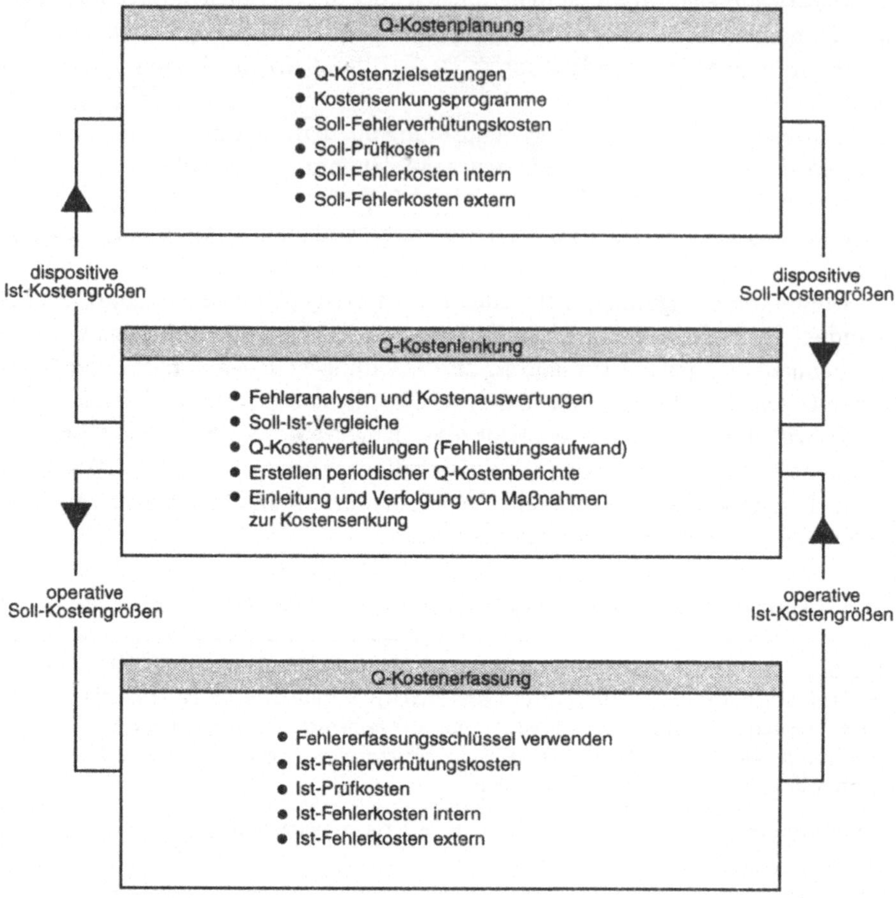

Bild 10.4. Fehlerdokumentations- und Fehlerbeseitigungs-Tabellen

Tafel 10.12 zeigt dazu als Beispiel einen Fehlerarten- und Ausprägungsschlüssel, der durchaus in den vorher gezeigten Fehlerdokumentationskatalog zu integrieren wäre. Die Prüf- bzw. auch ermittelten Fehlerdaten lassen sich mit Hilfe eines solchen Schlüssels rechnerunterstützt dann sehr schnell verdichtet auswerten. Bei der Feststellung von Fehlern ist dann zu entscheiden, wie die weitere Behandlung fehlerhafter Teile erfolgt. Dies ist die zweite Ablaufstufe innerhalb der Prüfdatenverarbeitung. Bei Prüfungen ist die Entscheidung über den weiteren Ablauf relativ einfach zu überblicken. Bei einem normalen Prozeßablauf werden die Merkmalsausprägungen des interessierenden Prüfmerkmals überwiegend innerhalb der Warngrenzen liegen.

Im Bild 10.5 wird diese Situation in der Abbildung der Qualitätsregelkarte gezeigt. Liegt die Merkmalsausprägung (V) zwischen Warn- und Eingriffsgrenze, ist zu vermuten, daß der Herstellungsprozeß bereits gestört ist. Über weitere Stichprobenprüfungen ist festzustellen, ob tatsächlich ein Fehler vorliegt. Dies läßt sich über die Entscheidungsregeldarstellung durchführen. Über eine Mittelwertkarte wird die zugehörige Verteilung der Einzelwerte dargestellt. Dabei wurde die Eingriffsgrenze der

Tafel 10.12. Fehlerschlüsselbeispiel für die Produkterstellung

Code	Herstellungsart/Produktart	Code	Herstellungsart/Produktart
1	spanende Bearbeitung	6	Gummiteile
2	spanlose Bearbeitung	7	Federn
3	Oberflächenbehandlung	8	Bauteile
4	Gußteile	9	Leiterplatten
5	Kunststoffteile	10	Schweißteile

Code	Fehlerarten	Ausprägung
1	Maßfehler	Dicken, Radien, Toleranzüberschreitung
2	Oberflächenfehler	Oberflächengüte, Grat, Schlieren, Riefen, Lunker, Poren, Oberflächenrisse, Härterisse
3	Lagefehler	Mittenversatz, Kernversatz, Winkelabweichung, Bereichsüberschreitung
4	Formfehler	Formverzug, Härteverzug, Einfallstellen, Unebenheit, Planparallelität
5	sonstige Fehler	Materialfehler, Folgefehler, Abgleichfehler, Unterlagenfehler, Korrosion
6	Bauteilfehler	Funktionsausfall, Parameterausfall, Instabilität, Mechanischer Defekt
7	Leiterplattenfehler	Lot fehlt, kalte Lötstelle, Lötung abgehoben, Leiterbahn unterbrochen, Kontakte unterbrochen, Thermische Beschädigung, Ätzfehler, Bestückungsfehler
8	Schweißteilfehler	Schlacke, Zunder, Nahteinfall, Nahtüberhöhung, Anlauffarben, Thermische Beschädigung

Qualitätsregelkarte mit der Wahrscheinlichkeit 99% festgelegt, d.h. bei ungestörtem Fertigungsablauf wird kaum in die Fertigung eingegriffen. Um einen umfassenden Überblick zu erhalten, fügt man dieser Mittelwertkarte in einer weiteren Auswertung noch die Standardabweichungs- bzw. Spannweitenkarte (Steuerungskarte) hinzu. Aus ihr kann gleichzeitig sowohl Lage als auch Streuung des Fertigungsprozesses bezüglich der Merkmalsausprägung beurteilt werden.

Bei der Festellung von unzulässigen Abweichungen von Werten der Qualitäts- bzw. Prüfmerkmale sind als erstes folgende Maßnahmen zu ergreifen:

- Kennzeichnung der fehlerhaften Einheiten,
- Aussondern der fehlerhaften Einheiten,
- Verfügen über fehlerhafte Einheiten.

Unter *Verfügen über fehlerhafte Einheiten* ist die Festlegung der weiteren Behandlung dieser Teile bis zum endgültigen Verwendungsentscheid zu verstehen. Insbesondere sind Korrekturmaßnahmen einzuleiten. Dazu ist nötig, die Bedeutung des aufgetretenen Qualitätsproblems abzuschätzen, die möglichen Ursachen zu

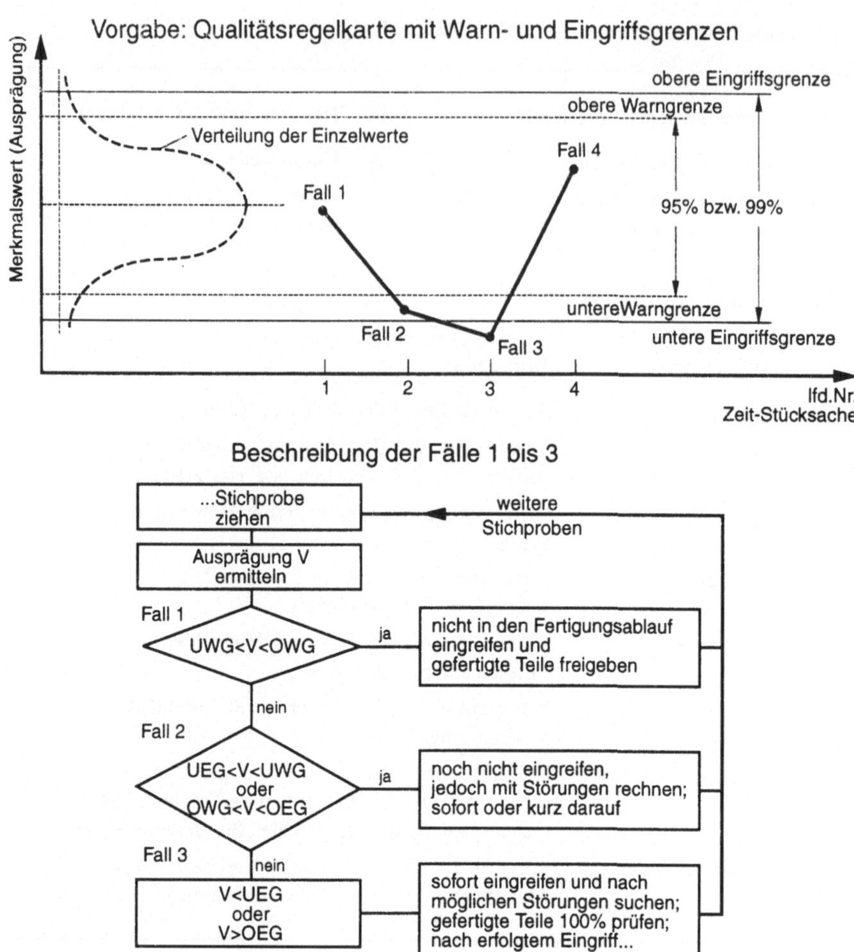

Bild 10.5. Entscheidungsregeln bei Verwendung von Qualitätsregelkarten

analysieren und daraufhin vorbeugende Maßnahmen einzuleiten. Aus den festgestellten Abweichungsgründen vom Sollwert sind darüber hinaus Überlegungen anzustellen, wie mittelfristig diese Fehler nicht mehr auftreten können, beispielsweise wenn Toleranzen zu eng vorgegeben sind. Für die kurzfristige Beseitung der Fehlerursachen ist eine sorgfältig geplante und mit allen Beteiligten abgestimmte Freigabeorganisation mit Zuordnung der Verantwortlichkeiten, beispielsweise in Form einer Qualitätsmanagement-Verfahrensanweisung, zu entwickeln. Hier wird auch die notwendige Dokumentation der fehlerhaften Einheiten und das Ergebnis der eingeleiteten Korrekturmaßnahmen festgehalten. Auch die körperliche Behandlung der fehlerhaften Teile, z.B. in einer separaten Sperrlagerorganisation, ist sorgfältig zu dokumentieren.

Der Ablauf bei der Erfassung und Einsteuerung von Nacharbeit mit Hilfe von Betriebsdatenerfassungsgeräten sieht folgendermaßen aus (Bild 10.6): Ausgegangen

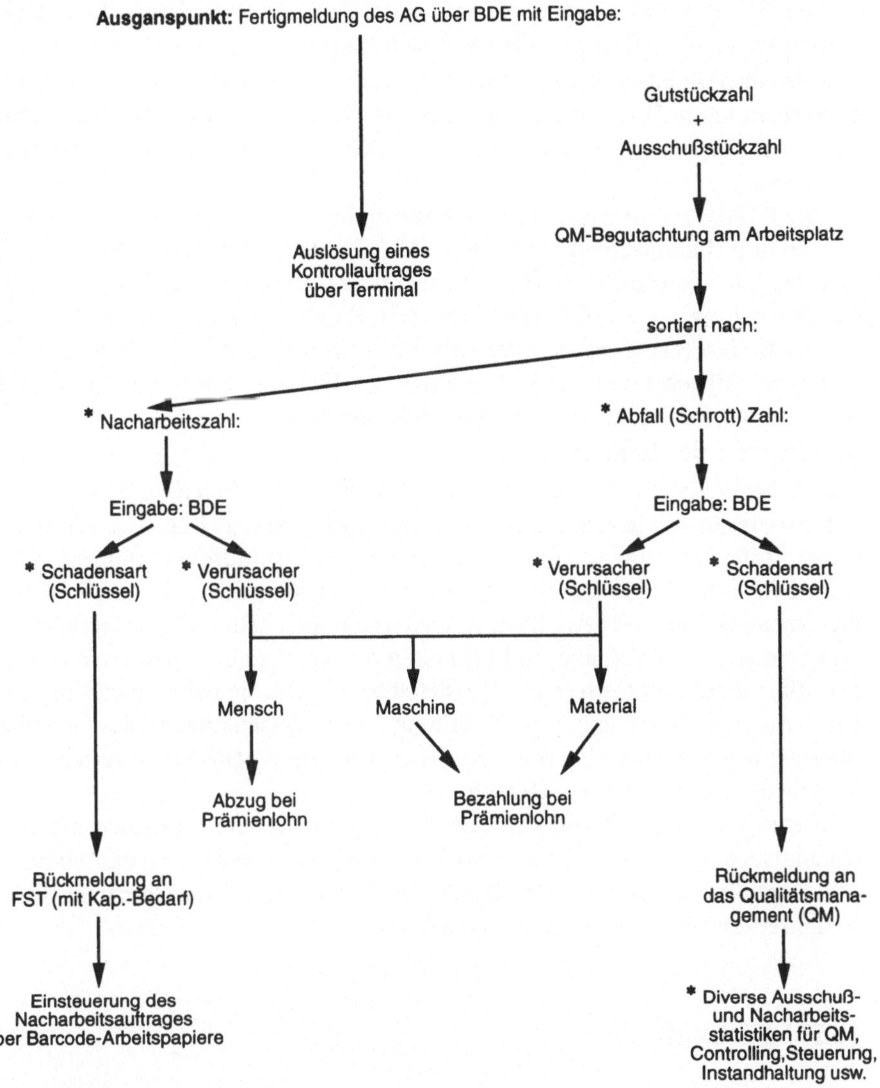

Bild 10.6. Ablauf bei Einsteuerung von Nacharbeit mit BDE

wird dabei von der Prüffeststellung von Gut-Stückzahlen und Ausschuß-Stückzahlen am Arbeitsplatz, wobei die Ausschuß-Stücke nach Abfall (Schrott) und nach Nacharbeit sortiert werden. Für die eindeutige Kostenerfassung wird in Form von Schlüsseln die Schadensart und der Verursacher in das BDE-System eingegeben. Die identifizierenden Daten zu dieser Nacharbeit liegen bereits systemintern vor. Durch die Anmeldung und Abmeldung des Werkers wird die Zeit für die Nacharbeit festgehalten und kostenmäßig bewertet. Auch der Verlust durch die nicht mehr weiter verwertbaren Teile, die in den Abfall gelangen, wird mit Hilfe der Kostenwerte aus der Betriebsbuchhaltung ermittelt. Die Eingabe der Nacharbeitsdaten in das BDE-System hat weiterhin den Vorteil, daß in der Fertigungssteuerung die Auswirkungen dieser Nacharbeit auf nachfolgende Fertigungsauftrags-Einplanungen überschaubar sind.

Die Fehlerverhütungsstrategie wird in der nächsten Ablaufstufe (Kennzahlenbildung) noch einmal aufgegriffen, weil sich aus diesen Daten die Vorgaben für ein umfassendes Unternehmenscontrolling nach dem betrieblichen Regelkreismodell entwickeln kann. Die Bildung von Fehlertrends, die Schwachstellenbestimmung und die Fehlerkostenentwicklung ergeben sich als Abfallprodukt der ermittelten Prüfwerte.

Die Fehlerauswertung kann nach bestimmten Sortierkriterien vorgenommen werden, um die einzelnen Qualitäten, hier unterteilt nach Herstellqualität, Produktqualität, Ausführungsqualität, Prozeßqualität oder Lieferqualität, zu erhalten. Die Darstellung der Ergebnisse erfolgt z.B. in Häufigkeitsschaubildern, ABC- oder Pareto-Analyseverteilungen, in statistischen Aussagen und Häufkeitsverteilungen bezüglich Mittelwerten und Standardabweichungen, aber auch in Balkendiagrammen, Fehlerklassen oder Quotendarstellungen.

Weitergabe der Erkenntnisse

Die nächste Ablaufstufe *Weitergabe der Erkenntnisse an beteiligte Stellen* bezieht sich bereits auf den übergeordneten Controllingaspekt (vgl. Kap.11). Die Ergebnisse der Prüfauswertung in Form der geschilderten Ergebnisdarstellungen müssen allen Beteiligten im Unternehmen zur Verfügung gestellt werden, sicherlich immer entsprechend der jeweiligen Anforderung aufbereitet. Die so aufbereiteten und verdichteten Qualitäts- und Prüfdaten dienen auch der Qualitätsmotivation der Mitarbeiter und fördern das Qualitätsbewußtsein. Sie haben damit unmittelbare Auswirkungen auf die Erfüllung der Zielsetzungen des Qualitätsmanagement-Systems. Hiervon sind die Vorgesetzten genauso betroffen wie die Mitarbeiter, aber auch die Lieferanten.

Damit alle Maßnahmen zur Verbesserung der Qualität, die sich aus dieser Qualitätsprüfung ableiten, im Unternehmen umgesetzt werden, ist die Darstellung im Qualitätsmanagement-Handbuch in Form von Qualitätsmanagement-Verfahrensanweisungen wichtig und nötig.

10.5 Selbstprüfung

Mitarbeitermotivation und Mitarbeitermobilisierung sind ein Ziel, wenn in Unternehmen Selbstprüfungen eingerichtet werden. Nach der Begriffsnorm DIN 55350.2 ist *Selbstprüfung der Teil der zur Qualitätslenkung erforderlichen Qualitätsprüfung, der vom Bearbeiter selbst ausgeführt wird.* Neben der Mobilisierung der Mitarbeiter ist die rasche Fehlerfeststellung und Fehlerursachenbeseitigung ein Argument für die Selbstprüfung. Durch begleitende Höherqualifizierung der Mitarbeiter wird das Prinzip von Ursache und Wirkung von Fehlerhäufigkeiten besser verstanden und im Sinne einer kontinuierlichen Verbesserung umgesetzt.

Durch die Selbstprüfung wird auch die Durchsetzung interner Qualitätsregelkreise angestrebt. In der internen Kunden-Lieferanten-Beziehung wird damit erreicht, daß keine fehlerhaften Teile in andere Bereiche oder an andere Arbeitsplätze weitergeben werden. Die Ausregelung von Fehlern geschieht vor Ort. Es muß an keiner späteren Stelle Zeit und Geld für die Nachbearbeitung fehlerhaft gelieferter Teile aufgewendet werden. Die internen Regelkreise durchlaufen dabei immer die drei Stufen Prüfvorgabe, Fehlererfassung, Fehlerbearbeitung.

Innerhalb dieser internen Qualitätsregelkreise findet die Umsetzung der Qualitätssicherungsfunktionen Qualitätsplanung, Qualitätslenkung, Qualitätsprüfung mit Fehlerbeseitung statt.

Allerdings wird die Wirksamkeit von Selbstprüfungen nur dann Erfolg haben, wenn die Grundbedingungen für die Selbstprüfungen auch erfüllt sind. Vor allem muß der Prozeß qualitätsfähig und der Bearbeitungsablauf vom Selbstprüfer direkt beeinflußbar sein. Der Herstellungsprozeß oder das dabei hergestellte Produkt müssen für die Prüfungen zugänglich sein. Die Prüfungen selbst müssen mit der Qualifikation des Selbstprüfers in Übereinstimmung stehen. Der Selbstprüfer muß ausreichend qualifiziert und sicher im Umgang mit den Prüfmitteln und den vorgegebenen Prüfplänen sein. Der Selbstprüfer muß auch den vorgegebenen Prüfablauf beherrschen und die Ergebnisse seiner Prüfung dokumentieren. Die Wirksamkeit der Selbstprüfung muß von den Vorgesetzten ständig beurteilt werden und auch mit dem Betriebsrat abgestimmt sein.

Ein weiteres Ergebnis der Selbstprüfung ist, daß Qualifizierungsdefizite der Mitarbeiter deutlich werden. Wer am gleichen Arbeitsplatz mehr Fehler als ein anderer Mitarbeiter macht, sollte weiterqualifiziert werden. Die Selbstprüfung gibt den Mitarbeitern Gelegenheit, selber ihr Arbeitsergebnis zu verbessern. Sie ist auch gleichzeitig ein indirekter Vertrauensbeweis in die persönliche Leistungsfähigkeit dieser Mitarbeiter.

Die Einführung der Selbstprüfung zwingt die Qualitätsverantwortlichen zu einer konsequenten, durchdachten Vorbereitung, damit die Mitarbeiter auch selbstverantwortlich reagieren können.

10.6 Literaturhinweise

Arnold, B.F.: Minimax-Prüfpläne für die Prozeßkontrolle. Physica-Verlag, Heidelberg, o.J.

Babic, H.G.; Czetto, R.; Dietzsch, M.: Aufgaben und Gliederung der Prüfplanung. wt-Z. ind. Fertig. 66 (1976) S. 273-276

Bauer, C.-O.: Prüfbescheinigungen - jetzt international einheitlich. HDI Information H-III 12/92 (8/92)

Berens, W.: Prüfung der Fertigungsqualität. Entscheidungsmodelle zur Planung von Prüfstrategien. Wiesbaden: Gabler Verlag 1980

Bamberg, G.; Baur, F. (1987): Statistik. 5. Aufl. Oldenbourg Verlag, München/Wien

Bläsing, J.P.: Rechnereinsatz in der Qualitätsstelle - Informations- und Arbeitssysteme in CAQ - Computergestützte Qualitätssicherung. München: GFTM-Verlags-KG 1987

Bläsing, J.P.: Statistische Qualitätskontrolle - Handbuch der Western Electric Company - gfmt, o.O. 1989

Bosch GmbH: Schriftenreihe Qualitätssicherung, Heft Nr. 10, Technische Statistik Fähigkeit von Meßeinrichtungen, Stuttgart, WBA 55310761, 1990

DGQ-Schrift 13-19; Prüfmittelüberwachung, Grundlagen; Beuth Verlag Berlin, 2. Auflage 1988

DGQ: Qualitätssicherung für Mitarbeiter in der Fertigung. 2. Aufl. o.O., 1990

DGQ: Qualitätsregelkarten, DGQ-Schrift 16-30. Berlin, Köln: Beuth-Verlag, 3. Auflage 1979

DGQ: Stichprobenprüfung für kontinuierliche Fertigung anhand qualitativer Merkmale. 2. Aufl. Beuth Verlag, Berlin, 1988

DGQ-Lehrgang: Auswertungsverfahren, Frankfurt, Deutsche Gesellschaft für Qualität e.V. 1986

DGQ-Lehrgang: Versuchsmethodik, Teil 1 und Teil 2, Frankfurt, Deutsche Gesellschaft für Qualität e.V. 1986

Dietzsch, M.: Meßunsicherheit und Meßgerätefähigkeit, Vortragsmanuskript 17.3.92, DGQ/VDI-Arbeitskreis zur Förderung der Qualität (AMP); Stuttgart

Dietrich, E.; Schlosser, E. und Schulze,A.: Fähige Meßverfahren - Die Basis der statistischen Prozeßlenkung. QZ 36, (1991) 3, S. 153/159

DIN 25419: Ereignisablaufanalyse

DIN 25424: Fehlerbaumanalyse

DIN 25448: Ausfalleffektanalyse

DIN 40080: Verfahren und Tabellen für Stichprobenprüfung anhand qualitativer Merkmale (Attributenprüfung) Beuth-Verlag, Berlin

Enee, R.D., L.B. Hare and J.R. Front: Experiments in Industry, Milwaukee, American Society for Quality Control, 1985

Fay, E.; Schlieter, H. (Herausg.): Der Deutsche Kalibrierdienst, seine Bedeutung für die industrielle Meßtechnik und die Qualitätssicherung. PTB-Ber. TWD-30, Braunschweig, Sept. 1987

Ford GmbH: Fähigkeit von Meßsystemen und Meßmitteln, Ford Richtlinie, Köln: Prod. Qual. EU 1880 B, o.O., 1990

Ford: Statistische Prozeßregelung. Leitfaden EU 880b o.O., (April 1986).

Franck, E.: Risikoanalyse von der Planung bis zum Betrieb. Der Maschinenschaden 61 (1988) H. 3, S. 97/102

Geiger, W.: Bedeutung des AQL-Wertes des ABC-STD-105. Qualität und Zuverlässigkeit 18, o.O., (1973) 289-293

Hubka, V.; Schregenberger, J.W.: Eine Ordnung konstruktionswissenschaftlicher Aussagen. VDI-Z 131 (1989) Nr. 3, S. 33/36

IDOS, Karlsruhe: CAQualitäts-PC, Rechnergestützte Qualitätssicherung im Wareneingang, Firmenschrift

Kampa, H.; Kring, J.: Qualitätssicherung in der Montage. wt-Z ind.Fertig.74 (1984) 8, S 479-483

Kirstein, H.: Qualitätsfähigkeit von Fertigungsprozessen. Praxishandbuch Qualitätssicherung (Hrsg. J. P. Bläsing), Bd. 2. München: gfmt, o.O., 1987.

Kunzmann, H.: Kalibrierung von Meßverkörperungen und Meßgeräten der Fertigungsmeßtechnik. PTB-Ber. TWD-30, Braunschweig, Sept. 1987, S. 85

Mecklenburg, R.; Preising, M.: PC-Einsatz in der statistischen Prozeßregelung. QZ 31 (1986), 10, S 421-425

Reinhard, S.: Statistische Methoden bei der Ersteichung - Konsequenzen für Hersteller von Meßgeräten. PTB-Mitteilung. Forschung u. Prüfung 88 /1978) S. 19

Rinne/Mittag (1989): Statistische Methoden der Qualitätssicherung, Carl Hanser Verlag, München Wien

Ritzbat, J.: Risikoanalysen gehören zu jeder Neuentwicklung. Handelsblatt 22.03.1988

Schaafsma, A. H.; Willemze, F.G.: Moderne Qualitätskontrolle. Hamburg: Deutsche Philips GmbH 1973

Scheffler, Eberhard: Einführung in die Praxis der statistischen Versuchsplanung, Leipzig, 1973, 1974 und 1986, VEB-Verlag für Grundstoffindustrie

Seibel, H.: Selbstprüfung. Anmerkungen zur Vorbereitung und Einführung. 2. Aufl. o.O., 1981, 48 S. A5. Brosch

Stegmaier, M.; Zander, M.: Erfahrung mit Prüfsystemen in automatisierten Fertigungslinien (Automatisierung von Sichtprüfungen und Überwachung von Prüfsystemen). Bericht Qualitätsfachtagung: Qualitätssicherung bei hochautomatisierter Fertigung und Montage, 1987, der GFMT in Helmstedt

Taguchi, G.: Introduction to Quality Engineering, Dearborn, Michigan, American Supplier Institute Inc., 1986

Taguchi, G.: System of Experitemta Design, Vol I und II, Dearborn, Michigan, American Suppier Institute Inc., 1987

VDA: Sicherung der Qualität vor Serieneinsatz. 2. grundl. überarb. Aufl. 1986, Verband der Deutschen Automobilindustrie Frankfurt, 100 Seiten

VDI/VDE/DGQ 2618, Prüfanweisungen zur Prüfmittelüberwachung, Blatt 1-27; Beuth Verlag Berlin, o.J.

VDI Verein Deutscher Ingenieure: VDI-Handbuch Konstruktion, 4 Ringmappen, 67 VDI-Richtlinien, Beuth-Verlag GmbH Berlin, Febr. 1988

VDI Verein Deutscher Ingeneure: VDI-Handbuch Technische Zuverlässigkeit. 61 VDI-Richtlinien, 2 Ringmappen, Beuth-Verlag GmbH Berlin, Febr. 1988

11 Qualitätskosten und Qualitätscontrolling

11.1 Aufbau von Qualitäts-Regelkreisen

Qualitäts-Kosten und Qualitäts-Controlling sind Qualitätselemente, mit denen die Wirksamkeit der beschriebenen Qualitätsmanagement-Systeme, Methoden, Verfahren und Qualitätsmanagement-Werkzeuge überprüfbar wird. Allerdings müssen hierfür die betriebsspezifischen angepaßten Kosten- und Controlling-Strukturen entwickelt werden.

Die Qualität war vereinfacht als Übereinstimmung mit den vorgegebenen Forderungen in Form von Merkmalswerten und Spezifikationen definiert. Mit Hilfe der Qualitätsprüfung wird die Einhaltung dieser Vorgaben überprüft. Gleichzeitig wird festgestellt, welche Abweichungen vorliegen.

Der Schwerpunkt bei der Qualitätsprüfung als Qualitätsmanagement liegt fast ausschließlich auf der operativen Ebene und auch nur bezogen auf die klassischen Qualitätsmanagement-Funktionen am Produkt. Durch die Forderungen an eine unternehmensweite Qualität mit vielen eigenständigen Qualitätskomponenten, wie z.B. Produktqualität, Dienstleistungsqualität, Umweltqualität oder Qualitätsmanagement-System-Qualität, muß der Regelkreis (Bild 11.1) der Qualitätsprüfung auf gleiche Weise auf alle Qualitäts-Komponenten und Qualitäts-Aktivitäten in den operativen und dispositiven Prozessen des Unternehmens übertragen werden. Die im Rahmen der Qualitätsprüfung festgestellten Schwachstellen und eingeleiteten Korrekturmaßnahmen sind dabei wesentliche Anstoßpunkte für den umfassenden Regelkreis des Qualitätsmanagements (Bild 11.2).

Während aber im Qualitätsprüfungsregelkreis das prozeßnahe und kurzfristige Reagieren zur Beseitigung festgestellter Fehler am Produkt angestrebt wird, steht im umfassenden Qualitätsmanagement-Regelkreis der aktuelle Stand der Qualitätsfähigkeit des Unternehmens und die mittelfristige Beseitigung von Schwachstellen in Verbindung mit der Prozeßoptimierung im Vordergrund – im Sinne des Wandels von der Fehlerentdeckungsstrategie zur Fehlerverhütungsstrategie. Nicht die Prozeßkontrolle ist der Hauptansatz der Qualitätsmanagement-Maßnahmen, sondern die Verbesserung in den vorgelagerten Planungs- und Steuerungsbereichen.

Unterstützt wird diese Aussage von der empirisch ermittelten Zehnerregel (Bild 11.3). Danach beträgt die Fehlerzahl eines Produktes in der Entwicklungs- und Planungsphase bereits 70 bis 80%, während die Fehlerbeseitigung zu 80% in

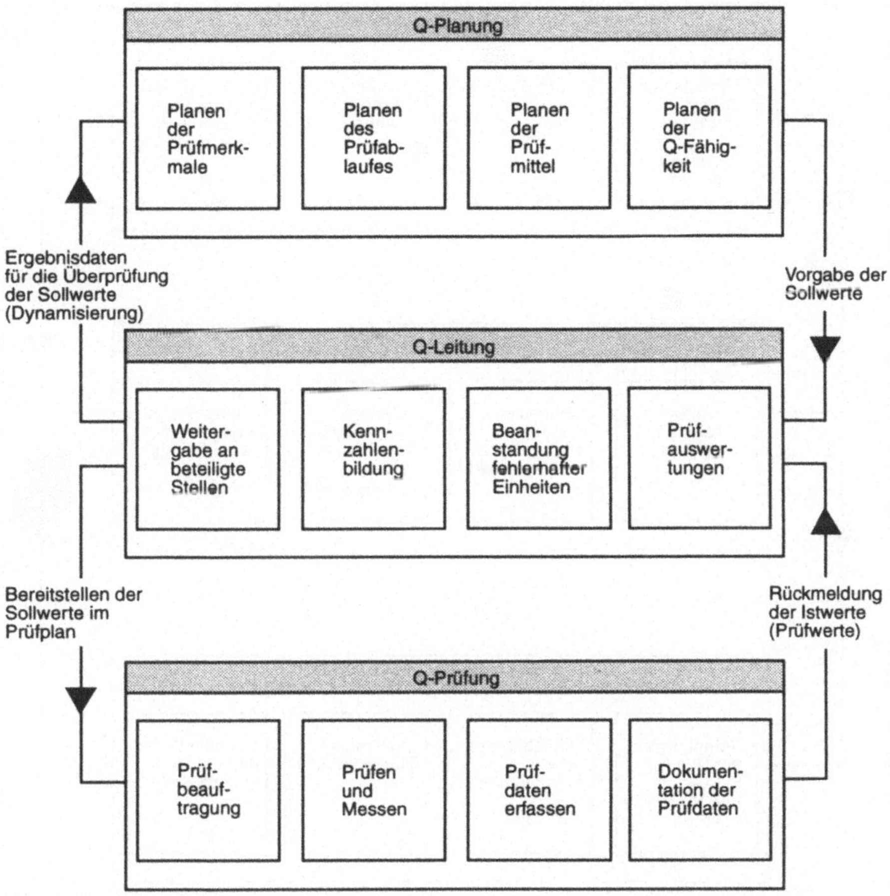

Bild 11.1. Regelkreis der Qualitätsprüfung

der Produktion und beim Kunden stattfindet. Aus diesen Werten ist die Zehnerregel entstanden. In jeder Phase steigen die Kosten zur Fehlerbeseitigung, angefangen bei der Entwicklung über Produktion bis zum Kunden, um den Faktor 10. Ein klares Argument für die vorbeugende Qualitätssicherung, die aber nur auf der Basis eines funktionierenden, umfassenden Qualitäts-Controllings möglich ist.

Innerhalb dieses Qualitäts-Controllings spielen die Qualitäts-Kosten natürlich eine große Rolle.

Nach der japanischen Qualitäts-Philosophie ist jede noch so kleine Abweichung vom Qualitäts-Zielwert als Verlust an Qualität anzusehen, für den ein zusätzlicher Aufwand zur Fehlerbeseitigung entsteht. Der Maßstab für Qualität ist also der Preis der Abweichung. Deshalb sind die aus diesen Abweichungen entstehenden Fehlerkosten permanent zu erfassen, um den Prozeß der Qualitäts-Verbesserung ständig in Gang zu halten.

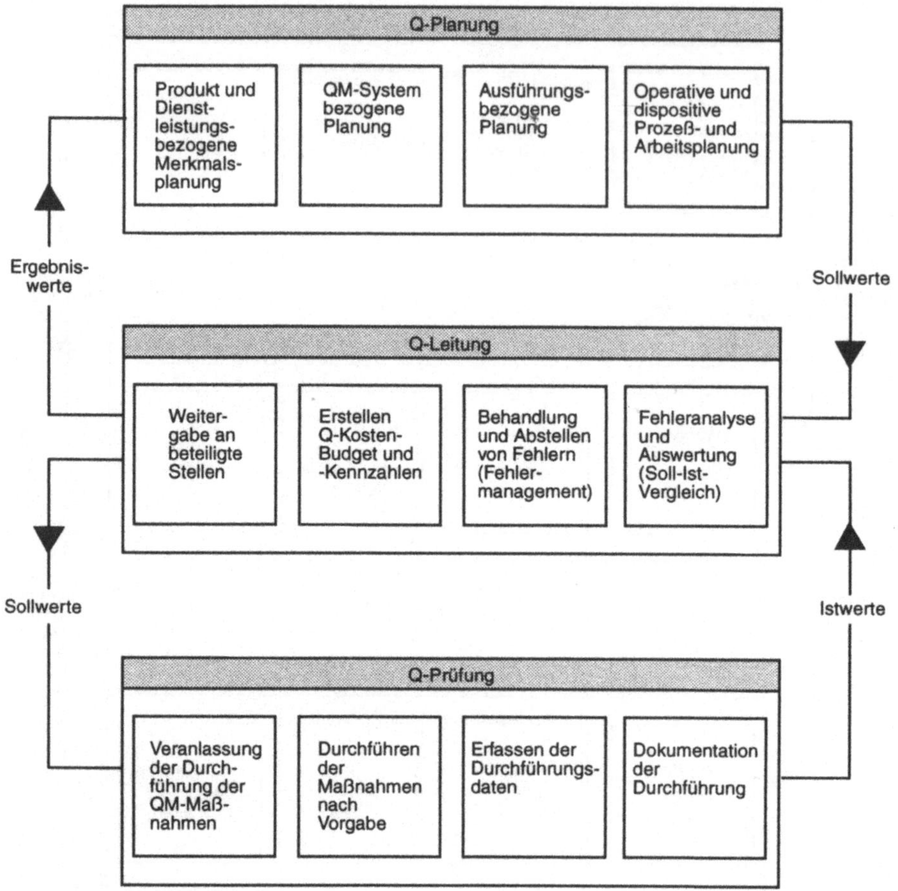

Bild 11.2. Regelkreis des Q-Management

Die Gründe für das Entstehen dieser Fehler sind vielfältig (vgl. Kap. 2.2). Die *Auswirkungen* bestehen in

- häufigen Reklamationen,
- übermäßigem Ausschuß,
- häufiger Nacharbeit,
- hohen Fehlerkosten,
- organisatorischen Störungen,
- hohen Garantiekosten,
- ausbleibenden Nachfolgeaufträgen und
- hohem Krankenstand

mit den entsprechend negativen Auswirkungen auf die Höhe der Qualitäts-Kosten. Dabei sind diese Qualitäts-Kosten aber nicht durch die Erfüllung der

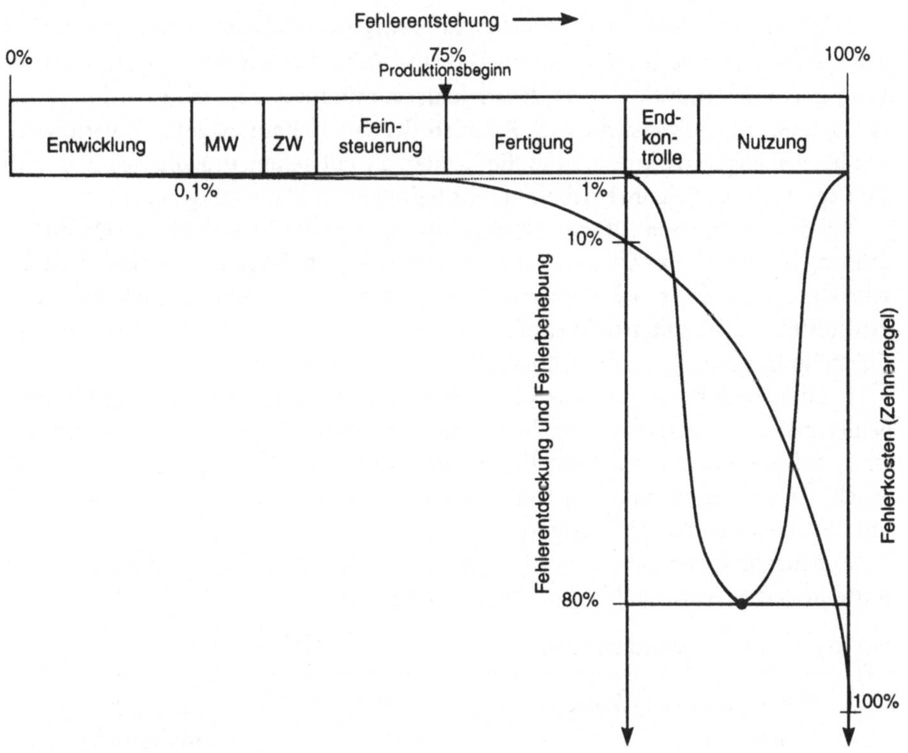

Bild 11.3. Ansatzpunkte zur Qualitätsverbesserung

Qualitätsanforderungen entstanden, sondern im Gegenteil durch den zusätzlichen Aufwand wegen der Nichterfüllung der Qualitätsanforderungen.

11.2 Qualitätskostenelemente

Eigentlich müßten die Qualitätskosten als Kosten für nicht erreichte Qualität oder auch als Nonkonformitätskosten bezeichnet werden, da in ihnen ein hoher Teil Fehlleistungsaufwand enthalten ist. Eine allgemeine Definition des Begriffs *Qualitätskosten* hat sich bisher in der Literatur nicht durchgesetzt, weil mit dieser Definition auch die dazugehörenden Kostenelemente detailliert beschrieben werden müßten. Die Qualitätskosten sind aber im betrieblichen Rechnungswesen nicht gesondert erfaßt oder ausgewiesen. Vielmehr ist im Einzelfall zu prüfen, welcher Anteil von Qualitätskosten innerhalb der konventionellen Kostenarten, Kostenstellen und Kostenträgerrechnung existiert.

Nach DIN 55350, Teil 11, versteht man unter *Qualitätskosten alle Kosten, die durch die Tätigkeiten der Fehlerverhütung, durch planmäßige Qualitätsprüfungen sowie durch intern oder extern ermittelte Fehler verursacht wurden.*

Es gibt vier Qualitätskostenblöcke (Tafel 11.1). Bei dem ersten Block handelt es sich um die Fehlerverhütungskosten. Das sind all die Kosten, die entsprechend der Rahmenempfehlung der DGQ durch fehlerverhütende und fehlervorbeugende Tätigkeiten und Maßnahmen im Rahmen des Qualitätsmanagement verursacht werden. Im engeren Sinne sind es die Kosten, die entstehen, um alle Beteiligten in die Lage zu versetzen, ihre Arbeit bereits beim ersten Mal richtig auszuführen.

Bei den Prüfkosten (Block 2) handelt es sich um die Kosten für die Qualitätsprüfung innerhalb des Qualitätsmanagements. Wie im Kapitel 10 ausführlich beschrieben, handelt es sich bei diesen Prüfkosten im wesentlichen um Personal-, Prüfmittel- und Prüfeinrichtungskosten. Die Prüfkosten entstehen also bei der Feststellung, ob die geforderte Qualität tatsächlich erreicht wurde.

Bei den Fehlerkosten (Block 3 u. 4) wird unterschieden in *interne und externe* Fehlerkosten. Sie entstehen durch zusätzlichen Aufwand, der dadurch verursacht wird, daß die Produkte die Qualität nicht erreicht hatten und deshalb zum Teil erhebliche Anstrengungen im Unternehmen gemacht werden mußten, um diese produzierten Fehler zu beseitigen.

Aus Erfahrungen der Industrie ergibt sich nach einer Praxisuntersuchung eine Aufteilung dieser Kostenblöcke in folgende Größen:

Kostenanteile an Qualitätskosten

Fehlerverhütungskosten	2 bis 15 %
Prüfkosten	60 bis 80 %
interne und externe Fehlerkosten	20 bis 30%

Die Qualitätskosten wiederum machen ebenfalls nach empirischen Aussagen zwischen 5 bis 15 % der Herstellkosten aus.

Beispiel: Als Mittelwert wäre also bei einer Annahme von 10% Qualitätskosten bei einem Herstellkostenanteil von 1.000.000,— DM der Qualitätskostenanteil 100.000,— DM, wobei für
   25.000,— DM Fehlerkosten sowie
   70.000,— DM Prüfkosten entstehen und nur
   5.000,— DM für die Fehlerverhütung
ausgegeben werden.

Bei dieser Qualitätskostenbetrachtung zeigen sich auch bereits die Strategiedefizite. Nur durch eine Steigerung des Fehlerverhütungskostenanteils als vorbeugende Qualitätsmanagement-Komponente lassen sich interne und externe Fehlerkosten sowie Prüfkosten reduzieren. Dazu ist allerdings die Bildung eines *Qualitätskostenregelkreises* erforderlich.

Dieser Regelkreis besteht aus (Bild 11.4) Qualitätskostenplanung, Qualitätskostenlenkung und Qualitätskostenerfassung.

Während bei der Qualitätskostenplanung die strategischen Kostenbetrachtungen und Kostenvorgaben für Zielvereinbarungen mit den darunter liegenden hierarchischen Ebenen durchgeführt werden, hat die Kostenlenkung innerhalb dieses Qualitätskostenregelkreises die Aufgabe, mit Hilfe von Fehleranalysen und Kostenauswertungen durch Gegenüberstellung der Soll-/Ist-Zahlen

Tafel 11.1: Qualitätskosten

Fehlerverhütungs-kosten	Prüfkosten	Fehlerkosten intern	Fehlerkosten extern
	Vorbeugeaufwand (Investitionen)	*Kosten für nicht erreichte Qualität (Zusatzkosten) Fehlleistungsaufwand (Verluste) durch Schwachstellen*	
Qualitätsplanung, Qualitätsfähigkeits-untersuchung, Lieferantenbeurteilung und -beratung, Prüfplanung, Qualitätsaudit, Leitung Qualitätswesen, Qualitätslenkung, Schulung in QM, Qualitätsförderungs-programme Qualitätsvergleich mit Wettbewerb, sonstige Maßnahmen und Anschaffungen zur QM.	Wareneingangsprüfung, Fertigungsprüfung, Endprüfung, Qualitätsprüfung bei eigenen Außenmontagen, Abnahmeprüfung, Prüfmittel, Instandhaltung von Prüfmitteln, Qualitätsgutachten Laboruntersuchungen, Prüfdokumentation, sonstige Maßnahmen und Anschaffungen zur QM.	Ausschuß, Nacharbeit, Mengenabweichungen, Wertminderung, Sortierprüfung, Wiederholungsprüfung, Problemuntersuchung, Qualitätsbedingte Aus-fallzeiten, sonstige Kosten innerbe-trieblich festgestellter Fehler.	Ausschuß, Nacharbeit, Gewährleistung, Produzentenhaftung sonstige Kosten innerbe-trieblich festgestellter Fehler, Imageverlust, Kundenabwanderung.
Erfassung über betriebliche Kostenarten-, Kostenstellen- und Kostenträgerrechnung und Prozeßkostenanalyse		*Erfassung über BDE*	*Erfassung über Beanstandungsbeurteilung*

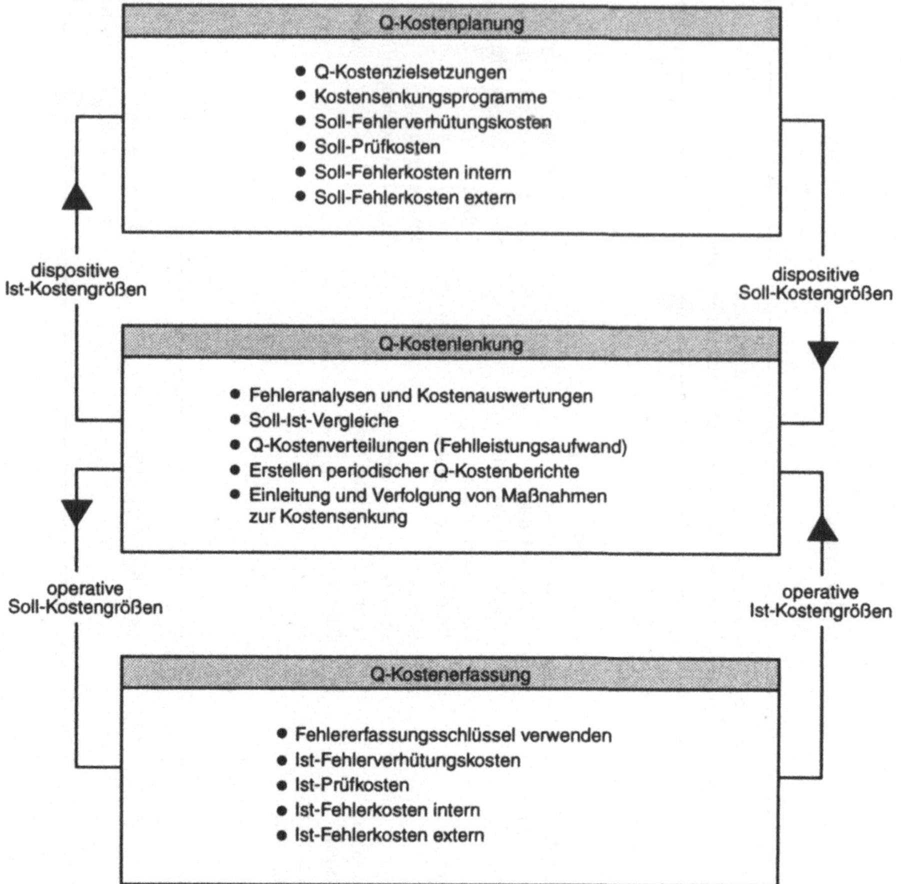

Bild 11.4. Q-Kosten-Regelkreis

die Kostenverteilungen transparent zu machen und sie in Form von Qualitätskostenberichten allen Verantwortlichen zur Verfügung zu stellen. Auch die Einleitung und Verfolgung von Maßnahmen zu Kostensenkungen fallen in diesen Bereich. Die eigentliche Kostenerfassung findet mit Hilfe von Fehlererfassungsschlüsseln entsprechend der Qualitätskosteneinteilung statt.

11.3 Erfassung von Qualitätskosten

Eine einheitliche Qualitätskostenerfassung über alle Qualitätskostenblöcke ist wegen der Verschiedenheit der Kostenausprägung nicht möglich. Deshalb ist entsprechend des jeweiligen Qualitätskostenblockes ein Kostenerfassungsinstrumentarium aufzubauen. Die Fehlerverhütungskosten und die Prüfkosten lassen sich einmal über die Kostenarten-, Kostenstellen- und Kostenträgerrechnung be-

Tafel 11.2. Beschaffungslogistik-Prozeßkosten-Erfassungsblatt

Kostenarten	Beschaffung/ Einkauf	WE-Lager	Disposition
Personalkosten			
Löhne			
Gehälter			
ges. soz. Leistungen			
Summe pro Monat			
Betriebsmittelkosten			
Abschreibungen			
Gebühren (Telefon...)			
Instandhaltung			
Miete/Leasing			
Steuern (Kfz.)			
Treibstoffe/Strom			
Versicherung			
Summe pro Monat			
Raum- und Flächenkosten			
Abschreibungen			
Brennstoffe			
Strom			
Instandhaltung			
Versicherungen			
Wasser			
kalk. Wagniskosten			
kalk. Zinsen			
Umlage			
Reinigung			
Summe pro Monat			
Bestandskosten			
Hilfsstoffe			
Büromaterial			
Verpackungsmaterial			
kalk. Zinsen			
Summe pro Monat			
Folgekosten			
Ausschuß			
Nacharbeit			
Kalk. Zinsen			
Verlust/Schwund			
Versicherung			
Summe pro Monat			
Fremdleistungskosten			
Bahn/Post			
Paketdienst			
Spedition			
Summe pro Monat			
Gesamtsumme pro Monat			

züglich der relevanten Qualitätskostenanteile untersuchen. In Abhängigkeit der vorgegebenen Hierarchiegeschäftsleitung, Centerleiter, Subcenterleiter und Team sind die erforderlichen Aufgabenstellungen zur Kostenerfassung und Bewertung den einzelnen Hierarchien zugeordnet (Tafel 11.2). Über Fehlerhitlisten, auch Top-ten-Listen genannt, werden die Fehlerschwerpunkte mit den zugehörigen Qualitätskosten erfaßt.

Eine Hilfestellung für die Erfassung der Fehlerverhütungskosten und Prüfkosten ist die *Prozeßkostenanalyse*. Bei der Prozeßkostenanalyse werden die Gemeinkosten in den dispositiven oder indirekten Unternehmensbereichen prozeßbzw. teilprozeßorientiert erfaßt, um so anteilig innerhalb des jeweils vorhandenen Gemeinkostenblockes die Qualitätskosten zu lokalisieren. Die Bezugsgrößen bei der Prozeßkostenanalyse sind nicht mehr Einheit pro Stück, sondern Kostentreiberkennzahlen, die für den jeweiligen Funktionsbereich angeben, wie hoch die Kosten pro Geschäftsprozeßausführung sind.

Im direkten Bereich lassen sich die Prüfkosten und die internen Fehlerkosten mit Hilfe von Betriebsdatenerfassungsgeräten rechnerunterstützt ermitteln. Externe Fehlerkosten sind im Rahmen der Beanstandungsbearbeitung von der dafür zuständigen Stelle zu erfassen und den verursachenden Kostenstellen zuzuordnen. Eine wesentliche Vereinfachung ist die Verschlüsselung von Fehlern in Verbindung mit einer Kostenschlüsselzuordnung. Während Fehlerart und Fehlerursache vom Prüfenden einzusetzen sind, muß die Kostenschlüsselzuordnung vom Vorgesetzten oder von dem Leiter des Qualitätswesens vorgenommen werden.

Was das Instrumentarium zur Erfassung und Auswertung von Qualitätskosten betrifft, kommen bei der Eintragung der Schlüsselwerte nicht nur Betriebsdatenerfassungsgeräte in Betracht, sondern auch viele Belegarten wie Fehlermeldeformulare, Ausschußmeldungen, Nacharbeitskarten, Gemeinkostenscheine oder Reparaturberichte. Die mit Hilfe der Schlüssel ermittelten Fehler und ihre Bewertung durch das Rechnungswesen bei Zeit- und Materialverbräuchen ergibt dann die Grundlage für Qualitätskosten-Trenderkennungen, Schwachstellenhinweisen oder die Qualitätskennziffer-Bildung.

Problemanalyse, Problemfindung, Entscheidungsfindung mit Maßnahmen, Vorgabe und Erfolgskontrolle sind die aufeinander folgenden Schritte, in die alle Beteiligten eingebunden sein müssen. Qualitätskosten-Berichte und Qualitätskosten-Besprechungen, das Führen des Qualitätskostenbudgets und die Vorgabe des Vorgehens zur Qualitätskostenerfassung anhand einer Qualitätssicherung-Verfahrensanweisung für das Qualitätshandbuch sorgen dafür, daß der Qualitätskostenanteil in bezug auf den darin enthaltenen Fehlleistungsaufwand reduziert werden kann. Dazu kommen weitere Maßnahmen (Tafel 11.3), unterteilt nach den Qualitätskostenblöcken Fehlerverhütung, Prüfkosten und Fehlerkosten.

Durch einfachere Prozeßabläufe mit überschaubareren Rahmenbedingungen und der Beteiligung der Mitarbeiter durch Selbstprüfung und Selbstcontrolling unter Beachtung des KAIZEN-Gedankens der ständigen Verbesserung, lassen sich diese Einsparungszielsetzungen tatsächlich erreichen.

Tafel 11.3. Maßnahmen zur Qualitätskostensenkung

Fehlerverhütungskosten:

- **Entwicklung/Konstruktion**
  Konstruktions-FMEA.
  QFD,
  kunden- und fertigungsgerechte
  Konstruktion,
  anforderungsgerechte Passungen und
  Toleranzen.

- **Vertrieb**
  Bessere Kommunikation am Markt,
  Besser Kommunikation mit dem
  Kunden,
  Berücksichtigung der Gesetze,
  Berücksichtigung der Richtlinien.

- **AV**
  Prozeß-FMEA,
  Arbeits- und Prüfpläne
  Vereinfachung,
  Produktionsmittel.

- **MW/Einkauf**
  Lieferantenauswahl,
  Lieferantenbewertung,
  WEP (Wareneingangsprüfung),
  Lagerung und Versand.

- **Produktion**
  Selbstprüfung,
  5M (Ziele für: Mensch, Maschine,
  Material, Methode, Mitwelt),
  geplante Instandhaltung.

- **Qualitätswesen**
  Qualitätskosten-Regelkreise,
  Fehleranalyse,
  Schwachstellenanalyse,
  Intensive Schulung,
  Prüfmittel Verbesserung.

Prüfkosten:

- **Produktion**
  anteilige Selbstprüfung,
  anteilige Zeit des Leitungspersonals.

- **Fehlerkosten:**

  Geringe Garantie und
  Gewährleistungsansprüche,
  Reduzierung von Ausschuß,
  Reduzierung von Wertminderung,

- **Qualitätswesen**
  Personalkosten,
  Reduzieren von Zwischenprüfungen,
  Reduzierung von Endprüfungen.

  Reduzierung von Stillstandszeiten,
  Reduzierung von Nach- und
  Umarbeiten,
  Schwachstellenanalysen.

11.4 Umfassendes Unternehmenscontrolling

Mit der Entwicklung der gesellschaftlichen Veränderungen und den daraus abgeleiteten Veränderungen im Markt vom Verkäufer- zum Käufermarkt, im Führungsverhalten vom hierarchischen Denken zum Teamgedanken und von der arbeitsteiligen Organisation zur prozeßorientierten, ganzheitlichen Ausführung ändert sich auch die Controllingfunktion.

Der Weg führt vom ergebnisorientierten Controlling durch das Management hin zum prozeßorientierten durch die Mitarbeiter. Beide Arbeitsweisen ergänzen sich. Weiter wird für das Management interessant bleiben, wie das Ergebnis aussieht. Aber für die kontinuierliche Ergebnisverbesserung ist es wichtiger festzustellen, wie dieses Ergebnis zustande kommt. Daran sind im entscheidenden Maße die Mitarbeiter beteiligt.

Das prozeßorientierte Controlling bezieht sich nicht nur auf das Qualitätsmanagement und auf die hier behandelte Qualitätscontrolling-Funktion. Es gibt nach dem Regelkreis-Modellaufbau weitere Controlling-Bereiche, die bezüglich der Planung, Steuerung und Durchführung nach den gleichen Gesetzmäßigkeiten und methodischen Vorgehensweisen ablaufen, wie das beim Qualitätscontrolling der Fall ist (Bild 11.5). Innerhalb dieses unternehmenumfassenden Controllings sind Logistik-, Produktions-, Marketing- sowie weitere Controlling-Bereiche zu nennen. Durch diese zusammenfassende Betrachtung werden Synergieeffekte wirksam, die die Gesamt-Unternehmenszielsetzungen hinsichtlich der Umsatz- und Gewinnmaximierung unterstützen. Dies geschieht auf der Basis einer umfassenden Unternehmensqualität, die von der Erfüllung der Zielsetzungen aus den

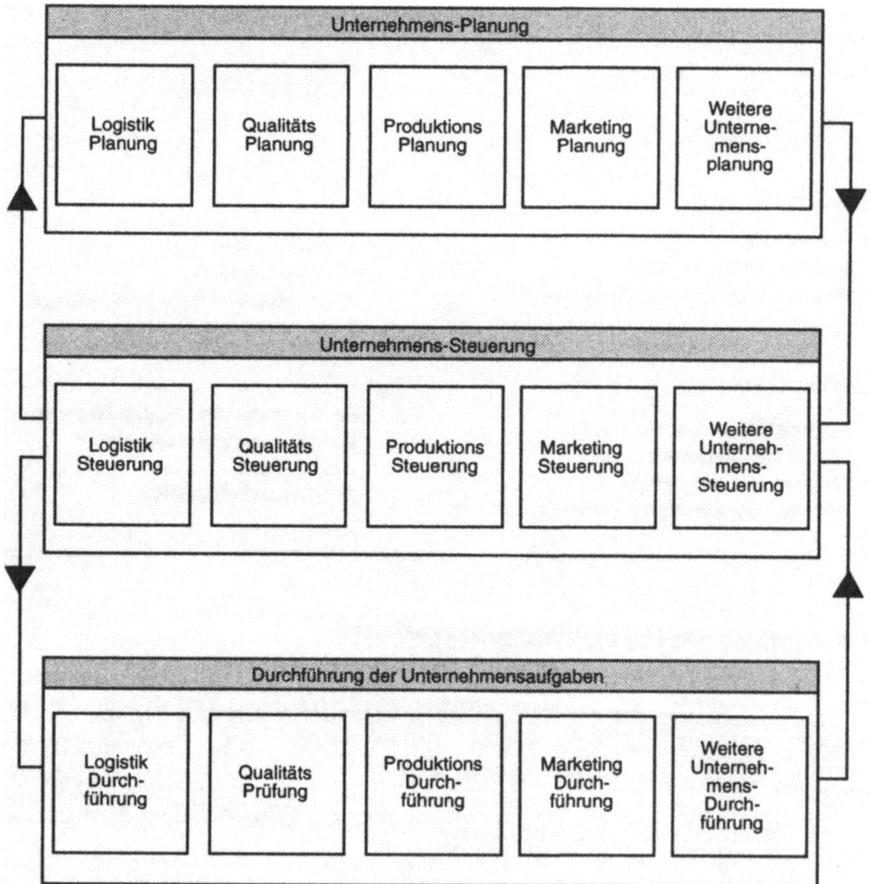

Bild 11.5. Umfassende U-Controlling Regelkreis der Unternehmen

anderen genannten Managementbereichen wie Logistik oder Produktion abhängig ist. Eine umfassende Unternehmensqualität wird nur durch ein umfassendes Unternehmenscontrolling auf der Basis eines beherrschten Prozesses in allen Unternehmensbereichen möglich.

Dabei sind Erfolgsfaktoren wie Bedarfssicherheit, Prozeßsynchronisation, Prozeßsicherheit oder Bestandssicherheit zu nennen (Tafel 11.4). Umfassendes Unternehmenscontrolling heißt, darauf zu achten, daß diese kritischen Erfolgsfaktoren erfüllt werden. Dies ist natürlich nur möglich auf Basis aktueller, vollständiger und richtiger Prozeßdaten und Prozeßzustandsgrößen (wie z.B. Mengen, Zeiten, Orte, Verbräuche oder sonstige Prozeßparameter). Daraus leiten sich die aktuellen Kennzahlen über Bestände, Auslastung, Termine, Qualitäten und Kosten der Durchlaufzeiten ab, die den Stand der umfassenden gegenwärtigen Unternehmensqualität abbilden.

Die Bereitstellung dieser Daten kann nur auf der Basis eines anforderungsgerechten *Echtzeit-Diagnosesystems* erfolgen, das aus den Komponenten:

- Betriebsdatenerfassung (BDE),
- Maschinendatenerfassung (MDE),
- Personen-/Personendatenerfassung (PDE) und
- Qualitätsdatenerfassung (QDE)

Tafel 11.4. Flexibilität durch Prozeßbeherrschung

Optimale Entscheidungsfindung auf der Basis eines beherrschten Prozesses, d.h. Erfüllung der kritischen Erfolgsfaktoren zum Erreichen von definierten Unternehmens-Zielgrößen im logistischen Viereck:

Die kritischen Erfolgsfaktoren sind:

Bedarfssicherheit

⇑

Termintreue

Prozeßsynchronisation   ⇐ Durchlaufzeitverkürzung ⇒   **Prozeßsicherheit**

Bestandsreduzierung

⇓

Bestandssicherheit

Zur **Bewertung und Messung** stehen aktuelle, logische Kennzahlen bereit, z.B. Bestände, Auslastungen, Termine, Qualität, Kosten, Durchlaufzeiten.

Echtzeit-Diagnosesysteme können zusammengesetzt werden aus den Komponenten BDE (Betriebsdatenerfassung), MDE (Maschinendatenerfassung), PDE (Personaldatenerfassung), QDE (Qualitätsdatenerfassung).

Zu Erfassen sind **Prozeßzustandsgrößen** wie Mengen, Zeiten, Orte, Verbräuche, Qualitäten und sonstige.

---

besteht. Die Komponenten dieses Echtzeit-Diagnosesystems werden unter der Bezeichnung *Integrierte Betriebsdatenverarbeitung* näher spezifiziert. Ausgangspunkt ist das Arbeitssystem, in dem der zur Zeit ausgeführte Fertigungsauftrag über die Betriebsdatenerfassung bezüglich seines Auftragsstatus gekennzeichnet wird. Das Personalzeit-Erfassungssystem ordnet diesem Arbeitssystem und dem Fertigungsauftrag den Mitarbeiter zu, der gerade diesen Auftrag an der Maschine auszuführen hat. Das Maschinendatenerfassungssystem gibt die Kennwerte des Arbeitssystems, z.B. hinsichtlich Auslastungen, Nutzungsgraden oder Störungen, vor. Die Qualitätsdatenerfassung wiederum hat die Aufgabe, die Erfüllung der gestellten Qualitätsanforderungen an dieser Stelle im Prozeß festzuhalten.

Mit Hilfe dieses integrierten Betriebsdatenerfassungssystems können dann die im Bild 11.6 dargestellten hierachischen Managementkennzahlen gebildet werden.

Über den Meister, die Betriebsleitung bis zum Management erfolgt eine Verdichtung der Daten, um entsprechend der jeweiligen hierarchischen Ebene die Kennzahlenaussage der Aufgabenstellung des Funktionsträgers anzupassen.

11.5 Computerunterstütztes Qualitätscontrolling

Natürlich läßt sich das umfassende Unternehmenscontrolling mit seiner Qualitätscontrolling-Komponente in der Praxis nur umsetzen, wenn eine anforderungsgerechte EDV-Werkzeugauswahl mit einem durchgängigen integriertem EDV-Konzept existiert. Unter dem Stichwort CAQ wurde hier bereits mehrfach diese integrierte EDV-Lösung zur Unterstützung des Qualitätsmanagements im Unternehmen angeführt, wobei die rechnerunterstützten Qualitätsmanagement-Aufgaben vielfältig sind und nur schrittweise aufgebaut werden können. Im Kern haben diese CAQ-Systeme entwicklungstechnisch mit der prozeßnahen Prüfdatenerfassung, Speicherung und Verarbeitung begonnen und sich dann mit ihrem Ausbau zur statistischen Prozeßregelung weiterentwickelt. Der Funktionsumfang hat sich dann kontinuierlich erweitert, beispielsweise um die rechnerunterstützte Prüfplanung und Prüfsteuerung, Prüfdynamisierung, Prüfauftragssteuerung, Freigabeentscheide, Lieferantenbewertungen, Qualitätskostenerfassungs- und Übernahme von Qualitätscontrollingfunktionen. Auch das gesamte Prüfmittel-Management mit Planung, Konstruktion, Beschaffung, Bereitstellung, Überwachung sowie das Instandhaltungs-Management lassen sich in CAQ einbinden. Über kompatible Softwaremodule für die einzelnen Qualitätsmanagement-Aufgabenstellungen ist eine Integration der einzelnen Anwendung in einem einheitlichen System möglich.

In den letzten Jahren hat sich eine Qualitätsmanagement-System- bzw. CAQ-Architektur in Form eines Ebenen-Konzeptes herausgebildet (Bild 11.7). Auf der Planungsebene mit dem Host-Rechnerbetrieb befindet sich die Stammdatenverwaltung auf einem Datenbankserver. Hier wird auch die Verknüpfung zu anderen Softwareanwendungen im Unternehmen, beispielsweise zum PPS-System,

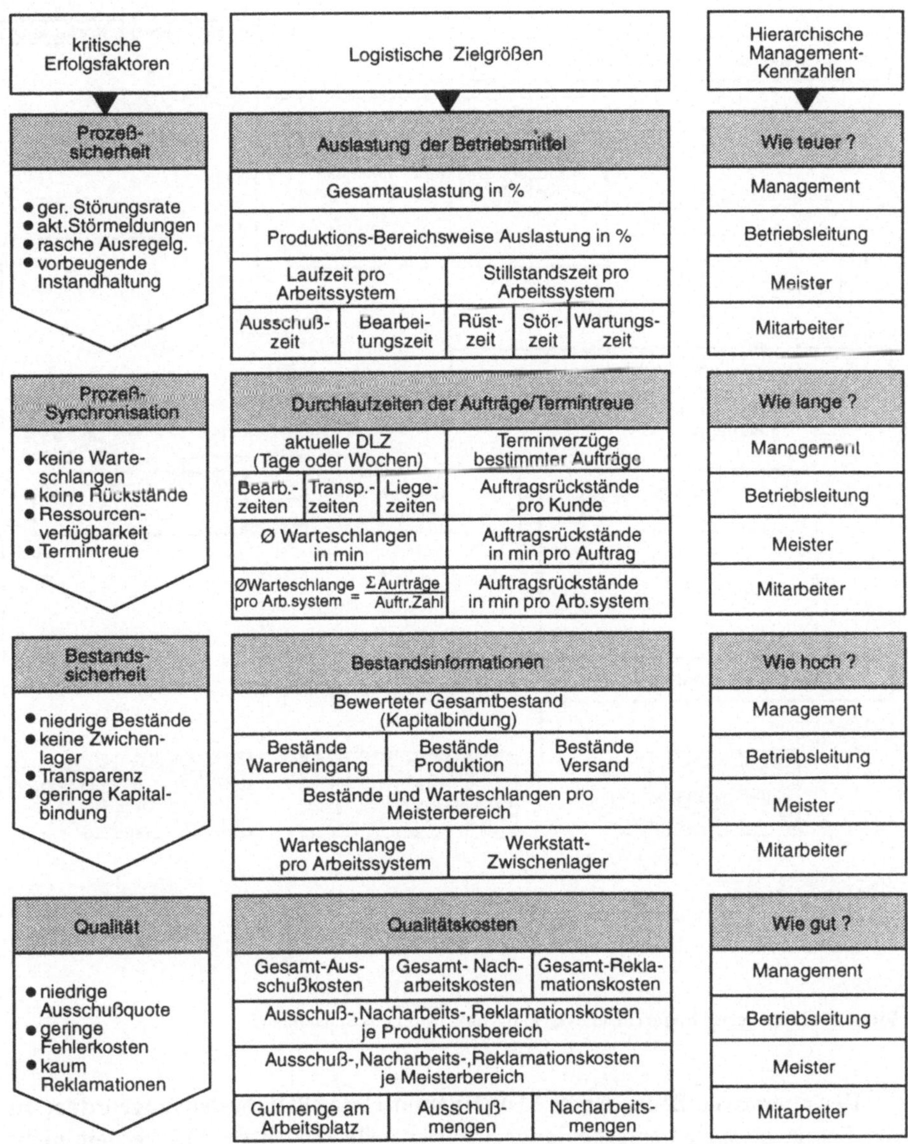

Bild 11.6. Prozeß-Controlling-Kennzahlen

hergestellt. Die Qualitätslenkungs-Funktionen werden auf der Lenkungsebene mit Hilfe von Qualitätsmanagement-Leitständen wahrgenommen. Für den Leitstand bedeutet dies die Übernahme von Stammdaten aus dem übergeordneten Host-System mit Verwaltung der Prüfpläne, Vorgabe der Prüfanweisungen, Auswerten und Dokumentieren der Prüfergebnisse mit Weitergabe an die beteiligten Stellen sowie die Bildung von Kennzahlen.

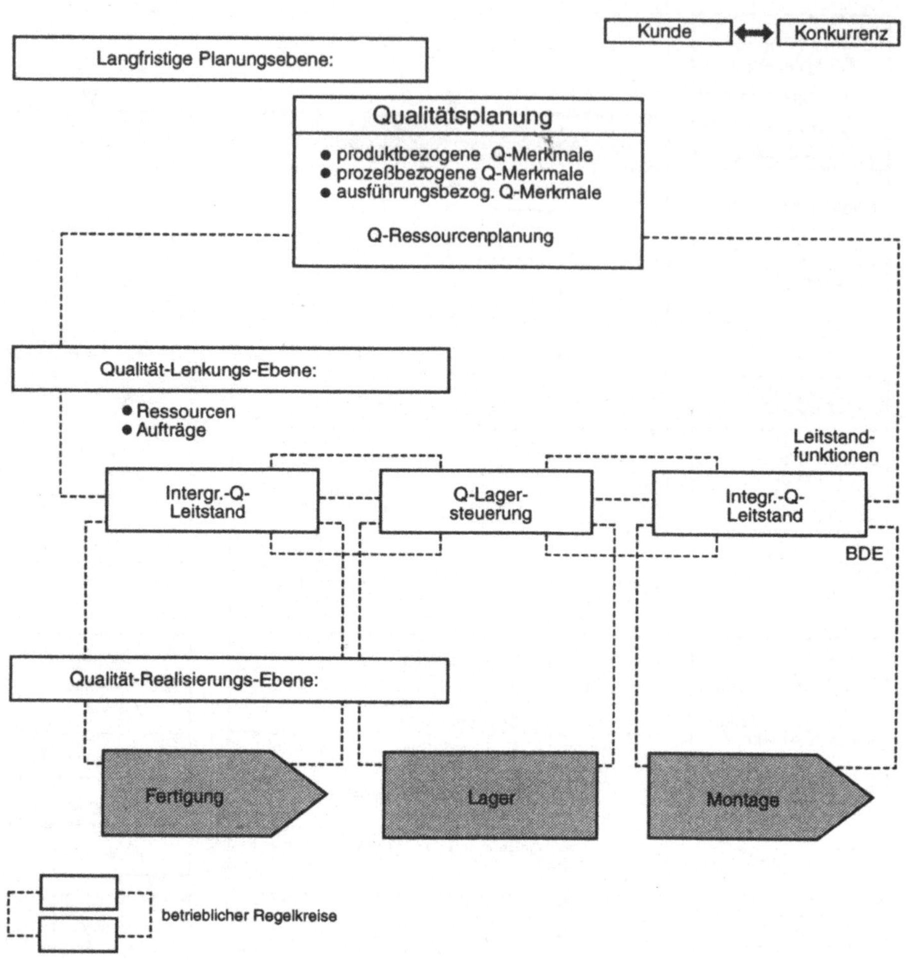

Bild 11.7. Integriertes hierarchisches Q-Planungs- und Lenkungskonzept

Der operativen Ebene ist als EDV-Hilfsmittel das BDE-System zugeordnet. In der Praxis ist es eine entscheidende Schwachstelle, daß dieses BDE-System nicht den Anforderungen hinsichtlich der Transparenzforderungen über den ablaufenden Prozeß entspricht. Aus diesem Grund ist in diesem Buch an verschiedenen Stellen besonders ausführlich auf die BDE-Komponente Bezug genommen.

In Verbindung mit dem BDE-Einsatz ergibt sich folgender Ablauf der Qualitätsprüfung. Ausgangspunkt ist eine Prüfauftragsnummer, die im System hinterlegt ist. Über die BDE-Software sind die fixen Fertigungsauftragsdaten wie Fertigungsauftrags-, Artikel-, Chargen-, Material- oder Kundennummer mit den Qualitätsmanagement-Prüfungsdaten wie Prüfauftragsnummer, Personalnummer, Qualitätsmanagement-Mitarbeiter und weitere Prüfdaten verknüpft. Auch das Ergebnis der Prüfung am Arbeitsplatz wird direkt in das BDE-System eingegeben. Bei einer beanstandeten Menge wird sofort dokumentiert, welche Fehlerart die Ursache für die Beanstandung war. Später wird dazu in der Qualitätsleitung der Verwendungsbescheid zugeordnet.

Das Zusammenspiel der Funktionen des Qualitätscontrollings geschieht in diesen drei Ebenen. In der Qualitätsplanung werden die Vorgaben zur Durchsetzung eines qualitätsorientierten Regelkreiskonzeptes entwickelt, um damit die vorgegebenen Qualitätsziele im Unternehmen zu erreichen. Die anforderungs-

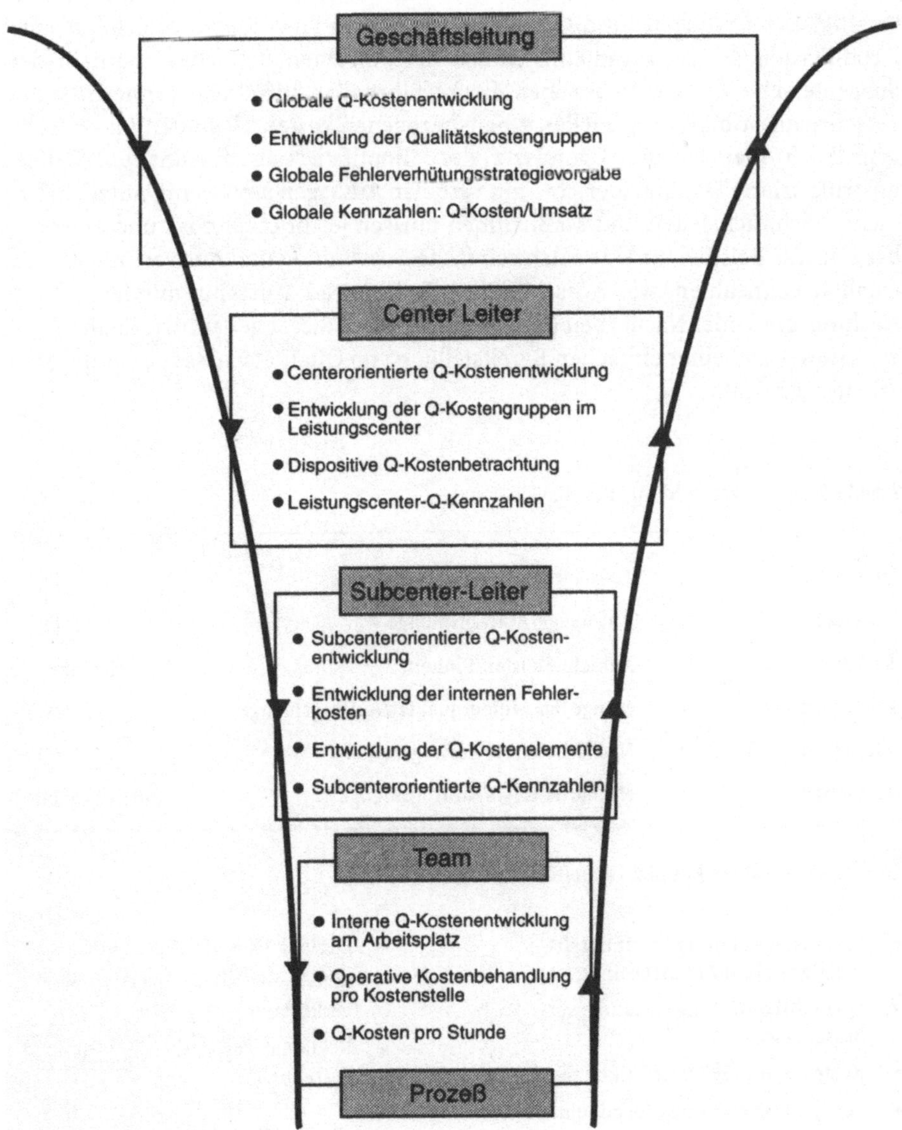

Bild 11.8. Berichtswesen beim Q-Controlling

gerechte Bereitstellung der benötigten Controllingdaten für die einzelnen Ebenen erfolgt durch die Ist-Datenerfassung mit Rückmeldung an die Qualitätslenkung. Hier wird in Form von Abweichungsanalysen ein Soll/Ist-Vergleich durchgeführt. Die Ergebnisse werden zur kontinuierlichen Qualitätsverbesserung an alle Beteiligten im Unternehmen weitergegeben.

Auch das Berichtswesen des Qualitätscontrollings hierarchisch vernetzter Regelkreise orientiert sich an diesen Ebenen (Bild 11.8).

Über das Management bzw. die Geschäftsleitung auf der obersten Ebene mit der globalen Berichterstattung durch die Centerleitung mit den centerbezogenen Qualitätsauswertungen und Kostenbetrachtungen in Ebene 2 erfolgt eine Detaillierung der Aussagen hinsichtlich der einzelnen Bereiche innerhalb der Subcenter-Ebene 3. Letztlich haben die Ausführenden auf Ebene 4 innerhalb der Teamorganisation ihre speziellen arbeitsbezogenen kostenrelevanten Auswertungen. Auch hier ist der Grundsatz der Simplifizierung einzuhalten. Lange, unstrukturierte Qualitätsberichte mit verbalen Aussagen sind wenig nützlich. Ursachen, Schwachstellen und Maßnahmen müssen leicht erkennbar und anwendbar sein. Als Beispiel für eine solche einfache Anwendung und Auswertung dienen Qualitätskennzahlen, wie Ausschußgrad, Erfolgsgrad, Ausschußminderqualität, Nachweisgrad oder Nacharbeit (Tafel 11.5). Mit Hilfe dieser genannten Kennzahlen wird dieses Ziel einer einfachen Bereitstellung von Qualitätsaussagen für die Mitarbeiter erreicht.

Tafel 11.5. Kennzahlenbildung über BDE

Ausschußgrad	=	Ausschußmenge/Auftragsmenge	(%)
Erfolgsgrad	=	Gutmenge/Auftragsmenge	(%)
Ausschuß	=	Ausschußkosten/Einheit	(DM/Einheit)
Minderqualität	=	Menge der Minderqualität/Auftragsmenge	(%)
Nacharbeitsgrad	=	Nacharbeitszeit/Auftragszeit	(%)
Nacharbeit	=	Nacharbeitszeit/Auftragsmenge	(Stunden/Einheit)

Qualitätskennzahlen können verwendet werden zur

- Prämienentlohnung (leistungsabhängige Lohndifferenzierung),
- Qualitätscontrolling (Qualitätsverbesserung),
- Kostenrechnung (Nachkalkulation),
- Fertigungssteuerung (Termineinhaltung),
- Logistik (Bestandsführung),
- Materialflußsteuerung (Durchlaufverkürzung),
- Reklamationsbearbeitung (Kundenbetreuung).

11.6 Schlußbemerkung

Der Erfolg eines umfassenden Unternehmensqualitäts-Anspruchs, wie er vom Management im Rahmen der Qualitätsmanagement-Strategie als einer von mehreren notwendigen Managementstrategien vorgegeben und von den Mitarbeitern innerhalb eines umfassenden TQM-Gedankens umgesetzt wird, kann nur über das Qualitätscontrolling feststellbar sein.

Viele Aussagen hängen nicht ausschließlich von der technischen oder organisatorischen Realisierbarkeit ab. Entscheidend ist, daß sie im Kopf der Beteiligten richtig verstanden und akzeptiert worden sind. Erst dadurch ist die Wettbewerbsfähigkeit auf unbeständigen Märkten bei globaler Konkurrenz möglich und damit auch die Sicherung der Arbeitsplätze.

Voraussetzung dafür ist aber die Herstellung der Chancengleichheit für alle Mitbewerber. Die zunehmende Integration innerhalb der EU und die damit verbundene Internationalisierung der Unternehmen erfordert aus Gründen des Wettbewerbsvergleichs, der Bildung einheitlicher Wettbewerbsbedingungen und der Fairneß untereinander die Vereinheitlichung der Wettbewerbsregeln mit der Herstellung der Transparenz der rechtlichen Rahmenbedingungen, die alle nationalen Vorgaben mit abdecken. Hierbei spielt die Normung eine wesentliche Rolle, weil sie einheitliche widerspruchsfreie Aussagen über den Stand der Technik gibt und eine leicht zugängliche Informationsquelle für alle interessierten Kreise darstellt.

Deshalb wird die Bedeutung der Normung für den freien Verkehr von Industriewaren im europäischen Binnenmarkt und auch für die internationalen Handelsbeziehungen einen immer höheren Stellenwert einnehmen. Auch wenn die Qualitätsmanagement-Darlegungen freiwillige Normen darstellen, ist davon auszugehen, daß bei nachgewiesener Einhaltung dieser Normen die Anforderungen als erfüllt gelten. Der Nachweis selber wird durch die Zertifizierung erreicht. Aus diesem Grund nimmt die Beschreibung dieser Normen und der Ablauf der Zertifizierung einen wesentlichen Raum in diesem Buch ein. Die Zertifizierung bzw. das Zertifikat ist aber nicht der Schlüssel zu einer besseren Qualität.

Die umfassende Unternehmensqualität wird nur dann erreicht, wenn das Qualitätsbewußtsein vorhanden ist und die

- Kundenanforderungen,
- gesetzlichen Forderungen,
- unternehmensinternen Forderungen,
- Forderungen aus der Qualitätsnormung,
- Forderungen aus dem Umweltschutz

mit Hilfe eines ganzheitlichen Gestaltungsansatzes zu lösen sind (Bild 11.9).
Durch die Verknüpfung der fünf Ringe:

Management, Mitarbeiter, Lieferanten,
Qualitätsmanagement-System, Qualitätsmanagement-Methoden

wird klar, daß ein Lösungsansatz für sich allein nicht zum Erfolg führen kann.

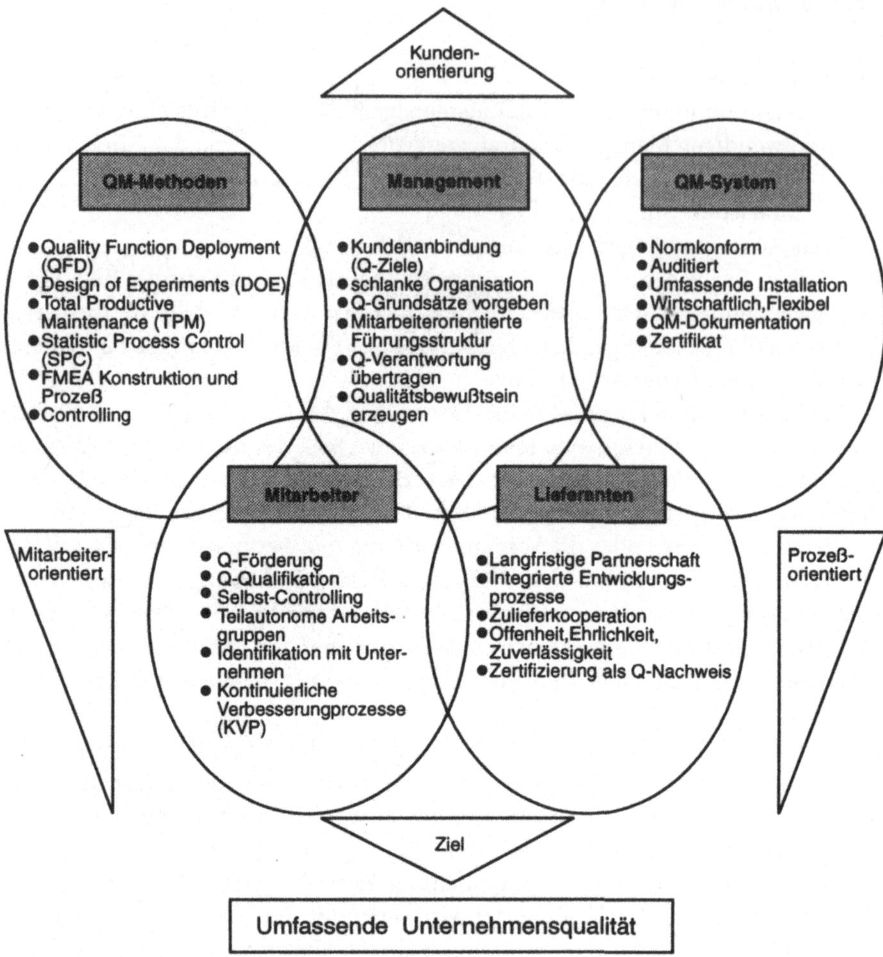

Bild 11.9. Notwendige Verknüpfungen zur Durchsetzung der Unternehmensqualität

Unter Berücksichtigung der übergeordneten Strategiefelder *Kundenorientierung, Mitarbeiterorientierung, Prozeßorientierung* muß das Management in der Lage sein, überzeugende Qualitätsgrundsätze vorzugeben und die Qualitätsverantwortung innerhalb schlanker Organisationsstrukturen an die Mitarbeiter zu übertragen.

Die Mitarbeiter müssen sich mit den Qualitätszielen des Unternehmens identifizieren und über kontinuierliche Verbesserungsprozesse für eine immer höhere Kundenzufriedenheit sorgen, die wiederum die Wettbewerbsfähigkeit des Unternehmens steigern wird.

Die Lieferanten sind unter dem Strategieansatz der Prozeßorientierung in die Geschäftsprozesse einzubinden. Das eingeführte effektive, flexible und wirtschaftliche Qualitätsmanagement-System regelt und dokumentiert das Zusammenwirken aller Beteiligten innerhalb der ablaufenden Prozesse.

Durch die Anwendung präventiver Qualitätsmanagement-Methoden zur Fehlerverhütung und Fehlleistungsreduzierung werden den Mitarbeitern und Lieferanten die Hilfsmittel in die Hände gegeben, mit denen sie direkt auf die Qualität der Produkte und Dienstleistungen Einfluß nehmen können. Prozeßorientiertes Controlling ermöglicht einen raschen Überblick, ob diese Anstrengungen zum Erfolg geführt haben. Der Beweis der Wirksamkeit des Qualitätsmanagement-Systems wird durch eine externe Zertifizierungsstelle vorgenommen und mit dem Erwerb des Qualitätsmanagement-Zertifikates dokumentiert.

Dieses Buch zum Qualitätsmanagement will dazu beitragen, Verständnis für diese Verknüpfungen zu wecken und damit die umfassende Unternehmensqualität zum Wohl aller Beteiligten zu erreichen.

11.7 Literaturhinweise

Binner, Hartmut F.: Strategie des General-Management, Ausweg aus der Krise. Springer-Verlag, Berlin, 1993

Binner, H. F.: Anforderungsgerechte Qualitätssicherung-System-Architekturen. In: CIM Management 5/92, S. 4-6

Binner, H.F.: Bedarfssicherheit: Ausgangspunkt für eine logistikgerechte Produktion. In: wt Februar 1993, Springer Verlag S 50-52

Binner, H.F.: Integrierter Leitstand-Einsatz in PPS- und BDE-Systemen. Online 92, Kolloquiumsband (Herausgeber), o.O., o.J., 130 Seiten

Binner, H.F.: Haben PPS-Systeme ausgedient? Fertigungsleitsysteme übernehmen immer mehr Aufgaben der PPS. Carl Hanser Verlag, AV 29 (1992) 4, S 142-144

Binner, H.F.: Prozeßkostencontrolling erfaßt Lean-Produktction-Nutzen. In: CIM-Management 4/93

Bläsing, J.P.: CAQ Computerunterstütztes Qualitätsmanagement, Vieweg Verlag Braunschweig 1990

Crosby, P.B.: Qualität bringt Gewinn. Deutsche Übersetzung von „Quality is free" 1976. Hamburg: Mc Graw-Hill Book Company GmbH 1986

DGQ: Entscheidungshilfen bei der Auswahl von CAQualitäts-Systemen.

DGQ: Qualitätskennzahlen (QKZ) und Qualitätskennzahlen-Systeme.

DGQ (Hrsg. Qualitätskosten: Rahmenempfehlungen zu ihrer Definition, Erfassung, Beurteilung. 5. Aufl. Beuth Verlag, Berlin, 1985

Endemann, D.: Einführung eines CAQualitäts-Systems in: Bläsing, J.P. (Hrsg.) Praxishandbuch der Qualitätssicherung, Bd. 1, München: GFMT-Verlags-KG 1986

Horath, P.; Renner, A.: Prozeßkostenrechnung. In: FB/IE 39 (1990) 3, S. 100-107

Mock, A.; Unternehmensplanung und kybernetisches Management. In: Kybernetische Methoden und Lösungen in der Unternehmenspraxis. Berlin: Erich Schmidt Verlag 1983, S. 27-41

Pawellek, G.; Best, D.: Anwendung kybernetischer Prinzipien zur Produktionsorganisation und -steuerung. VDI-Z 134 (1992) Nr. 3, S. 90-93

Pfeiffer, T.; Koeppe, D.: Kommerzielle CAQualitäts-Systeme Eine Übersicht. QZ 32 (1987) 2, S. 85-89

Plinke, W.: Industrielle Kostenrechnung. Springer-Verlag, Berlin, 2. Auflage 1993

Roschmann, K.: Betriebsdatenerfassung 1987 - Stand und Entwicklungstendenzen des BDE-Angebotes. In: FB/IE 36 (1987), 5, S. 196-240

Steinbach, W.: Anforderungen und Auswahlkriterien bei CAQualitäts-Systemen. QZ 32 (1987) 2, S. 90-94

Warnecke/Bullinger/Hichert: Kostenrechnung für Ingenieure. Carl Hanser Verlag München Wien 1981

Sachwortverzeichnis